별을
스치는
바람

* 이 도서의 국립중앙도서관 출판예정도서목록(CIP)은 서지정보유통지원시스템 홈페이지(http://seoji.nl.go.kr)와 국가자료공동목록시스템(http://www.nl.go.kr/korisnet)에서 이용하실 수 있습니다.
  (CIP제어번호: CIP2017031736)

별을 스치는 바람

이정명 장편소설

은행나무

| 차례 |

프롤로그 | 사라진 것들은 반딧불처럼 떠돈다   007

방랑자로 왔으니 다시 방랑자로 떠나네   011
어느 운석 밑으로 홀로 걸어가는 슬픈 사람의 뒷모양   039
심문   052
소년은 어떻게 군인이 되는가   064
음모   074
죽음의 재구성   086
한 대의 피아노와 그 적들   103
죽는 날까지 하늘을 우러러……   120
문장은 어떻게 영혼을 구원하는가   140
바람이 어디로부터 불어와 어디로 불려 가는 것일까   167
가자 가자 쫓기우는 사람처럼 가자   182
별 헤는 밤   204
절망은 어떻게 노래가 되는가   213
위생 검열   219
To Be, or Not To Be……   223

책벌레의 사생활	233
사라진 책들의 노래	240
괴로웠던 사나이, 행복한 예수 그리스도	255
끝없이 침전하는 프로메테우스	272
나의 별에도 봄이 오면……	286
우리들의 사랑은 한낱 벙어리였다	297
가난한 이웃 사람들의 이름과	308
프랑시스 잠, 라이너 마리아 릴케……	
이 지나친 시련, 이 지나친 피로	323
히브리 노예들의 합창	332
도대체 무슨 일이 일어났나	342
무서운 시간	357
나의 별에도 봄이 오면	367
미친개들의 나날	375
또 한 줄의 참회록	391

에필로그	후쿠오카전범수용소 전범 용의자 심문 기록	393

| 일러두기 |

1. 이 글은 소설이다.
2. 내용 중 당시의 시대상과 제도는 여러 기록을 바탕으로 했으며, 수록된 시 작품은 실제 작품에 근거했다. 다만 실존했던 인물의 성격과 행동은 소설적 개연성을 위해 재구성된 허구이다. 이 점 후손 여러분의 혜량을 부탁드린다.
3. 《정본 윤동주 전집》(홍장학 편, 문학과지성사), 《별 헤는 밤》(이남호 선, 민음사 세계시인선 30) 등 다양한 편저자의 윤동주 시집과 《윤동주 평전》(송우혜, 푸른역사), 《윤동주—한국현대시인 연구 1》(이건청, 문학세계사), 《나의 별에도 봄이 오면—윤동주의 삶과 문학》(고운기, 산하) 외 일일이 이름을 열거하지 못하는 수많은 연구자들의 저서와 연구 자료, 윤동주 시인의 친동생인 윤일주 교수, 시인의 연희전문 후배이자 그의 자필 시고를 보관해 빛을 보게 한 정병욱 교수, 친구 김정우 시인 등 많은 지인들의 다양한 저술 자료들을 참고하지 않았으면 이 책은 세상에 나오지 못했을 것이다. 사전에 일일이 양해를 구하지 못한 결례에 대해 지면을 통해 이해를 구한다.
4. 인용한 고전 작품의 번역 저작물 저작권 표기는 소설 끄트머리에 따로 하였다. 역시 사전에 허락을 구하지 못한 점에 대해 양해를 바란다.

| 프롤로그 |

사라진 것들은
반딧불처럼
떠돈다

 삶에는 이유가 없어도 좋다. 그러나 죽음엔 명확한 근거가 필요하다. 죽음 그 자체를 증명하기 위해서가 아니라 살아남은 자들의 삶을 위해서. 열아홉 살의 이 겨울, 나는 그 사실을 알게 되었고 지금의 내가 되었다.
 모래에 이는 바람처럼 전쟁의 시간은 나를 스쳐 갔다. 마모되고 바스러지면서 나는 조금씩 성장했다. 성장한다는 것은 축복받아 마땅한 일이다. 육체의 발육, 지식의 확장, 경험의 축적……. 하지만 나에게 성장은 불가역적 상실일 뿐이었다.
 이제 나는 이전의 나로 돌아갈 수 없다. 세상이 잔인하다는 사실을 몰랐던 나, 인간의 악마성에 대해 무지했던 나, 한 줄의 글이 지닌 힘을 몰랐던 나.
 1945년 8월 15일, 전쟁은 끝났다. 갇혀 있던 사람들은 모두 풀려났지만 나는 여전히 이 형무소에 있다. 바뀐 것이 있다면 창살 밖에 있던 내가 창살 안으로 들어왔으며, 입고 있던 갈색 간수복이 붉은 죄수복으로 바뀌었다는 것뿐. 내 죄수복 가슴엔 검은 번호가 선명하게 찍혀 있다.

D29745.

내가 왜 이 철창 속에 갇혔는지 나는 알지 못한다. 내가 모르는 시간에, 내가 모르는 거대한 일이 나의 운명을 휩쓸고 지나갔다고 짐작할 뿐.

전쟁 중 후쿠오카형무소 간수부 간수병이었던 나는 종전 후 진주한 미군들에 의해 하급 전범으로 분류되었고, 내가 지켰던 바로 그 감방에 수감되었다. 높은 벽돌담과 날카로운 철조망과 굵은 철창과 벽돌 방들로 이루어진 이 거대한 괴물은 헤아릴 수 없이 많은 사람들의 영혼을 집어삼켰다. 나의 영혼 또한 이 괴물은 먹어치울 것이다.

거무튀튀한 바닥 위에 하얀 햇살이 떨어진다. 수많은 피와 고름과 한숨과 신음이 스민 나무 바닥. 나는 손가락을 펼쳐 네모난 종잇장 같은 빛 속에 무엇인가를 써본다. 열아홉 살의 내 영혼은 싱싱할까? 그럴 것이다. 나의 근육은 단단하고 나의 피부는 매끄러우며 나의 피는 햇포도주처럼 붉을 테니까. 그러나 나의 눈은 참혹한 것들을 너무 많이 보아왔다.

태평양 사령부 연합군 법무국은 전시 포로 학대 혐의로 나를 기소했다. 전쟁 중 형무소에서 근무한 간수병이었으니 당연한 죄명일 것이다. 나에게 죄가 없다고는 말하지 않겠다. 때로는 의도적으로, 때로는 나도 모르게 수용자들을 학대했을 수도 있을 것이다. 소리를 지르고, 쥐어박고, 두들겨 패기도 했을 것이다. 그러니 나의 죄는 당연히 받아들여야 할 나의 몫이다. 하지만 나에겐 미군 검찰관이 기소하지 않은 또 다른 죄가 있다.

'아무것도 하지 않은 죄'.

나는 악마들이 전쟁을 일으키는 것을 막지 못했고, 더러운 전쟁을 멈추게 하지도 못했으며, 죄 없는, 어쩌면 아주 사소한 죄를 지었을 사람들이 어이없이 죽어가는 것을 막지 못했다. 나는 악마들의 광기에 침묵했고 죄 없는 자들의 비명에 귀를 닫았다.

당신은 물을 것이다. 아무것도 하지 않은 것이 어떻게 죄가 될 수 있느냐고. 범죄는 어떤 행위를 실행함으로써 성립되지 않느냐고. 그 질문에 답하기 위해 나는 써나갈 것이다.

내가 하려는 이야기는 나에 관한 이야기가 아니다. 그것은 인간의 영혼을 망가뜨린 전쟁과 죄 없는 사람이 죽어가는 참혹함에 대한 이야기이다. 내가 본 인간들과 인간이 아닌 자들에 대한 이야기, 가장 순결한 인간들과 가장 타락한 인간들의 이야기 그리고 어두운 우주를 가로질러 온 만 년 전 별빛의 눈부심에 관한 이야기.

이제 나는 안다. 세상이 얼마나 잔인하고 인간이 얼마나 망가지기 쉬운지. 그럼에도 인간의 영혼이 얼마나 아름답게 빛날 수 있는지.

내게 악마가 있느냐고 묻지 않았으면 좋겠다. 나는 분명히 대답할 수 있다. 그렇다고. 나는 악마를 보았고 심지어 당신에게 보여줄 수 있기까지 하다. 하지만 나는 그렇게 하지 않을 것이다. 대신 당신이 내게 희망이 있느냐고 물어주었으면 좋겠다. 나는 마찬가지로 그렇다고 대답할 것이다. 나는 희망의 얼굴을 보았고 그것을 당신에게 보여줄 수도 있으니까.

이 글이 어디에서 시작되어 어떻게 끝날지 모르겠다. 제대로 끝낼 수 있기나 할지조차도. 나는 다만 써나갈 것이다. 내 죄를 항변하거나 구차한 목숨을 구명하기 위해서는 결코 아니다. 나의 영혼은 이미 구원받았으니까.

이 글은 탄원서가 아니며 변론서는 더더욱 아니다. 그런 글은 글이 아니라 다만 문서일 뿐이다. 문서가 흉기가 될 수 있다는 것을 나는 안다. 몇 줄의 문장이 누군가를 전쟁터로 내몰고, 감옥에 처넣고, 몇 자의 단어가 누군가의 목에 올가미를 거는 것을 나는 보았다.

나는 이 글이 누군가에게 상처를 입히기를 원하지 않는다. 다만 이 이야기가 우리의 영혼을 구원하기를 바란다. 그렇지 않다면 이 글은 불에 타 없어져야 할 것이다. 이미 오래전 내가 수많은 글들을 그렇게 살해했듯이.

나의 이야기는 후쿠오카형무소에서 만난 두 사람에 관한 이야기다. 그들

중 한 사람은 창살 안에 갇혀 있었고, 다른 한 사람은 창살 밖에서 그를 지켰다. 한 명의 죄수와 한 명의 간수, 한 명의 시인과 한 명의 검열관.

나는 이 좁고 딱딱한 감방 안에서 그들이 살아낸 날들을 기억한다. 높고 견고한 벽돌담, 햇빛이 하얗게 부서지는 뜰. 키 큰 미루나무의 그늘, 그리고 구원받아야 할 헐벗은 영혼들을…….

방랑자로 왔으니
　　다시 방랑자로 떠나네

그것은 벨소리였다. 새벽 공기를 찢는 날카로운 금속성 소음. 나는 간수 대기실의 딱딱한 침상에서 반사적으로 튀어 올랐다. 창밖은 아직 어둑어둑했다. 무슨 일일까? 죄수들의 탈출 사건인가? 군화 끈을 조이는 사이 긴 복도에 일제히 등이 켜졌다. 귓속을 긁어대는 벨소리와 지지직거리는 스피커 잡음에 섞여 다급한 목소리가 울렸다.

"모든 간수들은 감방 인원 점검 실시하고 이상 여부를 즉각 보고하라. 순찰 간수는 즉각 중앙 복도 입구에 대기하라!"

하룻밤에 2교대로 근무하는 야간 순찰은 밤 10시 정각에 시작되었다. 긴 복도 양쪽 감방을 확인하고, 잠금장치를 점검하는 데 걸리는 시간은 한 시간 50분. 12시, 2시, 4시에 근무 교대가 이루어졌다.

나와 조를 이룬 스기야마 도잔은 마흔을 넘은 고참 간수로 칼로 깎은 목각 같은 사람이었다. 2시 근무를 마치고 대기실로 돌아왔을 때 그는 침상에 걸터앉아 각반 끈을 조이고 있었다. 순찰봉을 허리춤에 찬 그는 말없이 대기실을 나섰다. 어둠 속으로 사라지는 그의 뒷모습은 유령처럼 희미했다. 졸음에 짓눌린 눈꺼풀은 나를 잠의 늪 속으로 끌고 갔다.

나는 졸린 눈에 힘을 주고 간수부로 통하는 중앙 복도를 달렸다. 붉은 벽돌담 너머에서 개가 짖었다. 감시탑 조명은 푸른 칼날처럼 어둠을 난도질했다. 경계병들의 다급한 고함 소리가 들렸다. 좁은 복도 양옆에서 죄수복을 입은 사내들이 게슴츠레한 눈으로 창살 밖을 내다보았다. 그들의 눈에는 짜증과 울분이 덕지덕지 매달려 있었다. 간수들은 감방 문을 열고 인원 점검을 했다. 웅성거리는 소리, 죄수 번호를 부르는 소리가 경보 벨 소리에 뒤섞였다. 나 자신의 군홧발 소리에 쫓기는 것처럼 나는 달렸다.

단내를 삼키며 도착한 3수용동 중앙 복도에 한 사람이 있었다. 그때까지 내가 봐왔던 것들 중에서 가장 흉측한 몰골을 한 채. 나쁜 꿈을 꾸고 있는 것 같았다. 그러나 그것은 꿈이 아니었다. 차라리 꿈속으로 도망가고 싶을 만큼 진저리 쳐지는 현실이었다.

1층 중앙 복도에는 검붉은 핏자국이 선명했다. 식지 않은 핏방울들은 방사형으로 튀어 있었다. 그 피는 2층 복도 난간에서 떨어진 것이었다. 그는 천장 들보에 감긴 밧줄 끝에 목이 매달려 있었다. 양쪽으로 펼친 두 팔은 난간에 묶여 있었다. 피는 그의 왼쪽 가슴에서 흘러 나와 배와 허벅지를 타고 발등을 적신 후 엄지발가락 끝에 맺혔다가 바닥으로 떨어졌다.

목을 떨군 그는 나를 내려다보고 있었다. 스기야마 도잔. 제3수용동 간수부 소속 간수. 두 시간 전 나와 근무 교대를 했던 순찰자. 온몸에 까칠한 소름이 돋았다.

그 전까지 나는 죽음을 생각해본 일이 단 한 번도 없었다. 살아갈 일을 생각하기만도 버거운 나날이었으니까. 죽음은 열일곱이란 나이에 어울리는 일이 아니었다. 그때 나는 몰랐다. 내가 그 죽음의 소용돌이에 휩쓸리게 될 것을.

 나는 그의 죽음을 똑똑히 들여다보았다. 발가벗은 그의 몸은 창백했고 차갑게 식어 있었다. 하얀 이마, 짙은 눈썹과 튀어나온 광대뼈, 푹 꺼진 뺨 때문에 강인한 콧날과 날렵한 턱 선이 눈에 띄었다. 짙은 음영이 드리워진 입매는 부자연스러웠다. 나는 입을 틀어막고 복도 구석으로 달려가 몇 차례 헛구역질을 하고 젖은 눈을 닦았다.

 간수들은 중앙 복도에 벌거벗은 채 매달려 있는 시체를 치울지 그대로 둘지조차 결정하지 못한 채 허둥지둥했다. 그들은 경황이 없다기보다는 두려워하는 인상이었다.

 나는 그의 얼굴에 전등을 비추었다. 그의 입술은 굳게 다물어져 있었다. 아니 봉해져 있었다는 편이 옳겠다. 아랫입술에서 윗입술로, 다시 윗입술에서 아랫입술로 이어지는 가지런한 일곱 땀의 바늘 자국. 정교한 바느질이었다. 개떼처럼 사나운 죄수들을 한마디로 제압하던 그 입술은 이제 단호한 명령을 내리지도, 죄수들에게 욕지거리를 내뱉지도 못할 것이다.

 나는 윗니와 아랫니를 덜걱거리며 떨리는 몸에 힘을 주었다. 그러지 않으면 나사 풀린 괘종시계처럼 온몸이 분해되어버릴 것 같았다. 간수장은 백짓장처럼 하얗게 질린 채 시체를 내리고 천으로 가려 의무동으로 옮기라고 더듬거렸다. 콩이 튀듯 2층으로 올라간 간수들이 밧줄의 매듭을 풀었다. 시신은 천천히 바닥으로 내려졌다.

 "교대 순찰자가 누군가?"

 간수장은 짧고 명료하게 말하며 주위를 돌아보았다. 나는 무릎을 곧추세우며 복창했다.

 "와타나베 유이치! 오늘 밤 순찰 근무자입니다."

 간수장은 날카로운 눈으로 나를 보며 뭐라고 소리쳤다. 내 귀에는 아무 소리도 들리지 않았다. 단지 혼곤한 잠 속을 파고들던 경보기 벨 소리, 외곽 감시탑의 사이렌 소리, 경비견들이 짖는 소리, 시큼한 토사물 냄새와 어둠을 가르던 서치라이트 불빛이 뒤섞였다. 범인의 침입로와 도주로를 파악하기 위해 건물 입구를 수색하던 간수가 뛰어들며 외쳤다.

"밤사이 눈이 발목까지 쌓였지만 눈 위에는 발자국 하나 남아 있지 않습니다. 본관 주변에도 사람이 출입한 흔적은 없습니다."

그의 말이 아니라도 알 수 있었다. 외부에서 침입했다면 실내에 남아 있어야 할 눈 녹은 물이나 신발 자국도 보이지 않았다. 살인자는 어디에서 와서 어디로 갔단 말인가? 나는 끔찍한 꿈을 꾸고 있는 것 같았.

선임 간수 한 명이 어깨를 치며 도잔의 유류품을 챙기고 사건 보고를 준비하라는 간수장의 지시를 전달했다. 나는 2층으로 통하는 계단을 뛰어올랐다.

2층 복도 난간 옆에 스기야마 도잔의 것으로 보이는 갈색 간수복이 팽개쳐져 있었다. 살아 있는 동안 그는 단 한 번도 단추를 끄르거나 옷깃을 풀지 않았을 사람 같았다. 그는 제복이 어울리는 인간이었다. 어쩌면 그가 제복에 어울리는 것이 아니라 제복이 그에게 어울렸는지도 모른다. 간수복은 그의 피부였고 간수복을 벗은 그는 아무것도 아니었다.

거칠게 벗겨낸 바지자락과 소매는 뒤집혀 있었고, 단추는 뜯어져 있었다. 간수복 상의의 왼쪽 가슴을 살폈지만 흉기에 뚫린 자국은 없었다. 살인자는 먼저 숨통을 끊고 옷을 벗겼으며, 목을 매단 후 왼쪽 가슴에 쇠로 된 긴 흉기를 꽂은 것이다. 무릎이 튀어나오고 닳은 바지는 마구잡이로 널브러져 있었지만 단정한 주름은 칼날처럼 반듯했다. 무의식적으로 손을 넣는 버릇을 막기 위해 바지 주머니는 봉해져 있었다. 푸르스름한 멍이 든 무릎에는 무언가에 쓸린 듯 크고 작은 상처들이 나 있었다.

나는 낡은 간수복 윗도리의 주머니로 손을 가져갔다. 따스한 둥지 속에 손을 뻗는 소년처럼 나는 떨었다. 손끝에 새끼 새의 깃털 같은 무언가가 잡혔다. 가로로 한 번, 세로로 한 번 접은 갱지는 그의 유일한 소지품이었다. 종잇장을 펼치자 단정한 글자들이 나타났다. 작은 마을을 이룬 것 같은 글자들이 비밀스럽게 소곤거렸다.

잘 자요

방랑자로 왔으니 다시 방랑자로 떠나네
그대는 오월의 예쁜 꽃들로 나를 맞았지.
그대는 사랑을 속삭였고 어머니는 축복했지.
하지만 이제 세상은 슬픔에 잠기고
내 발길 닿는 길은 눈으로 덮였네.

나는 몰랐네. 이별이 언제 다가올지를.
캄캄한 어둠 속에서 길을 찾아 떠나야 하네.
외로운 내 길동무는 차가운 달그림자뿐.
눈 덮인 하얀 들판 들짐승 발자국 따라 걷네.

하릴없이 머문다 해도 사람들은 등을 떠밀 뿐
길 잃은 개들이 그대의 집 앞에서 짖네. 사랑은 다만 유랑하는 것,
그것이 신의 뜻이라면 다시 떠날 수밖에.
잘 자요 내 사랑!

그대의 꿈을 깨우지 않고, 그대의 단잠 깨우기 싫어

발걸음 죽이고 살며시, 살며시 문을 닫았네.
당신의 방문에 한마디 인사를 남기네. '잘 자요'
당신을 향한 나의 사랑을 그대는 보겠지.

나는 글자들을 세밀히 관찰했다. 펜을 멈춘 채 망설인 듯 퍼진 잉크 자국, 서툰 필획의 모양새와 빠르고 느린 필치, 힘을 주거나 뺀 작은 필선의 변화……. 내 혈관의 피는 흐르기를 멈추었다.

이 의문의 시는 그가 직접 지었을까? 아니면 단순히 누군가의 시를 베껴 적었을까? 곧이어 다른 의문이 떠올랐다. 이 필체가 그의 것이 아니라면? 누군가가 의도적으로 이 쪽지를 그의 주머니에 넣었다면? 그렇다면 누가, 왜 그의 안주머니에 이런 시를 넣었을까?

*

스기야마 도잔의 죽음을 말하기 전에 그의 삶에 대해 말해야 할 것 같다. 그의 삶에 대해 내가 아는 것은 많지 않다. 그는 3수용동 간수였고 나는 4수용동 소속이었다. 내가 이곳 3수용동으로 전입해 온 것이 고작 사흘 전이었다. 전입한 지 겨우 사흘 만에 살인 사건이라니.

사흘 동안 본 그의 모습은 조각조각 부서진 모자이크 타일처럼 나의 머릿속에 남아 있다. 그는 죽어서 유령이 된 것이 아니라 살아 있을 때부터 유령 같은 인물이었다. 그를 생각하면 우선 형무소 중앙 복도의 창백한 백열등 불빛이 떠오른다. 누런 간수복을 입은 그는 한 손에 죄수 명부를 들고 규칙적인 발소리를 내며 복도를 오갔다. 죄수들은 말소리를 죽이고 좁은 철창 너머 그의 뒷모습을 살폈다.

그의 얼굴은 석고 흉상처럼 온기가 없었으며, 그의 입술은 주문을 잊어버린 알리바바의 동굴처럼 다시는 열리지 않을 것 같았다. 아주 가끔 강세와 억양이 없는 쉰 목소리가 그의 마른 입술 사이로 새어 나왔다. 목에 힘을 주지도 큰소리를 내지도 않았지만 그는 아주 낮은 목소리만으로도 상대를 질리게 하는 법을 알고 있었다.

깨끗이 면도된 그의 턱은 푸른 청동 빛이었다. 가운데가 부러져 뼈가 어긋난 콧날은 오른쪽으로 휘어 있었다. 간수들은 그의 코뼈를 으스러뜨린 자에 대해 심각하게 의견을 주고받았다. 전설적인 왼손잡이 야쿠자, 노몬한 전투에서 맞붙은 키가 2미터가 넘는 소련군 병사……. 사람이 아니라 바로 옆에서 터진 포탄 파편이나 소련군의 소총 개머리판이라는 짐작도 있었다. 하지만 누구도 부러진 그의 코에 대해 명확한 답을 내놓지는 못했다.

그의 눈에 관해 무엇을 말해야 할지 알 수 없다. 나는 그 눈이 깜빡이는 것도, 그의 눈썹이 움찔거리는 것도 보지 못했다. 깊게 눌러쓴 간수모의 그림자는 그의 눈을 어둠 속에 감췄다. 눈이 영혼의 창이라면 그는 그 창을 굳게 걸어 잠근 셈이었다. 눈 아래쪽에서 입술까지 이어진 불그스름한 흉터 자국이 햇살에 번들거렸다. 그 흉터가 어디에서부터 시작되는지 아는 사람은 많지 않았다. 어쩌면 그것은 눈을 가로질러 이마 위까지 이어져 있을지도 몰랐다.

그는 후쿠오카형무소 제3수용동을 지키는 유령이었다. 그는 중앙 복도와 감방을 오가며 있어야 할 곳에 있었고 해야 할 일을 했다. 너무 적절하고 능숙해서 마치 아무 일도 일어나지 않고 있는 것처럼. 간수들뿐만 아니라 죄수들도 그의 이름을 알았다. 스기야마 도잔. 그들 모두는 그 이름을 두려워하는 것만큼이나 경멸했다.

나는 소문을 사실처럼 부풀려 흥미를 돋울 생각은 없다. 다만 그에 대해 무엇이라도 말해야 한다면 이 이야기를 먼저 하는 것이 좋을 것이다.

그가 후쿠오카형무소에 배속된 것은 1939년 여름이었다. 소장은 만주 전선의 영웅이 너저분한 형무소에 제대로 된 군인 정신을 불어넣기를 기대했다. 간수들은 정보망을 동원해 확인되지 않은 그의 뒷조사를 했지만 알아낸 것은 많지 않았다. 근거 없는 소문과 헛된 추측이 그의 독특한 행동에 덧붙여져 그럴듯한 이야기가 되었다.

들은 바에 따르면 그는 만주 주둔 관동군 23사단 64연대 소속의 오장(伍長)이었다. 그는 왜 싸우는지 모르고 싸웠으며, 왜 죽는지 모르고 죽어가는 동료들을 보았다. 속사포와 장갑차, 기병 등의 화력을 총동원한 몽골-소련 연합군에 맞선 그의 중대는 소련군 제9기계화여단에 포위당했다. 사단 사령부는 모든 부대는 독자적으로 포위망을 돌파하고 동쪽으로 퇴각하라는 명령을 내렸다.

그는 30여 명의 부대원과 낮 동안 매복했다가 포격이 멈춘 밤에 소련군 전차병을 습격했다. 2주 동안의 고립 끝에 포위를 벗어나 퇴각한 그는 전차 30대, 항공기 180대가 소실되고 사망과 부상자가 2만 명에 이르는 불구덩이 속에서 거의 유일하게 살아 나온 생존자였다.

그 이야기가 사실인지 아닌지 알 수 없었다. 확인할 수 있는 건 관동군 23사단이 노몬한에서 소련-몽골 연합군과 전투를 벌였다는 것뿐이었다. 어디까지가 진실이고 어디부터가 거짓인지 모르지만 그가 그때까지 살아 있다는 것 또한 분명한 사실이었다.

간수들은 직접 본 장면처럼 침을 튀기며 그의 무용담을 이야기했다. 그의 몸에 난 일곱 개의 총알구멍을 보았다는 간수도 있었다. 어떤 간수는 바로 옆에서 터진 폭탄 때문에 그의 왼쪽 귀가 완전히 먹었다고 했다. 그의 옆구리에 아직 손바닥만 한 포탄 파편이 박혀 있다는 자도 있었다. 소문들은 좀처럼 입을 열지 않는 그의 과묵함에 덧입혀져 그럴싸하게 들렸다.

두 번째 이야기는 몇몇 간수들이 직접 본 목격담이었다. 후쿠오카형무소에 나타난 그는 아물지 않은 총상 때문에 오른 다리를 약간 절고 있었다. 깎지 못한 수염은 텁수룩했고 눈은 야수처럼 번득였다. 그는 이 고립된 공간을 자신의 새로운 전쟁터로 생각했다. 눈에 보이는 적은 없었지만 그는 모든 사람을 적으로 간주했다. 죄수들의 작은 행동 하나, 말 한마디도 스쳐 넘기지 않고 방망이를 휘둘렀다. 그는 독사처럼 사악하고 승냥이처럼 교활했다. 죄수들은 오금을 저렸고 간수들은 슬금슬금 그의 눈을 피했다.

몇 해 전에 있었던 죄수 난동 사건은 그의 존재감을 하루아침에 형무소 안에 드러냈다. 세 명의 조선인 죄수가 어린 학병 거부자들을 꼬드겨 노역장 문을 안으로 잠그고 난동을 부린 사건이었다. 그들은 일본인 노역자 세 명을 인질로 잡고 전쟁 포로 대우를 요구했다.

고등계에 신고해야 했지만 소장은 그렇게 하지 않았다. 그는 붉은 벽돌담 안을 자신의 영토라고 생각했다. 일어나야 할 일만 일어나야 했고, 일어나지 않아야 할 일은 일어나지 않아야 했다. 담장 안으로 경찰을 부르는 것은 치욕이었다. 소장은 무기고를 열고 간수들에게 소총을 지급했다.

스기야마가 나선 것은 그때였다. 노역장 안으로 들어가 난동꾼들을 제압하겠다는 그를 소장은 멀뚱멀뚱 바라보기만 했다. 그는 간수복 윗도리를 벗으며 10분이 지나도 문이 열리지 않으면 총기 진압을 하라고 말했다. 그가 빨려들 듯 노역장 안으로 들어서자 아무 일도 없었던 것처럼 문이 닫혔.

소장은 벽시계를 보았다. 길고 가는 초침이 회칼처럼 그의 가슴을 잘게 썰었다. 5분이 지나자 간수들의 땀에 젖은 손바닥이 들고 있는 소총의 개머리판에 미끈거렸다. 소장은 진입 준비를 했다. 인명 손실은 각오한 터였다. 소장의 입에서 진입 명령이 떨어지려는 순간, 노역장 안에서 요란한 소리가 새어 나왔다. 우당탕 무언가가 부서지는 소리와 함께 희미한 비명도 들렸다.

간수들은 우르르 문을 밀고 들어갔다. 소장은 눈앞의 풍경을 믿을 수가 없었다. 그는 높은 작업용 탁자 위에 서서 허리춤에 몽둥이를 꽂고 있었다.

바닥에서 머리가 터지거나 입술이 찢어지고 눈두덩이 부은 자들이 벌레처럼 꿈틀거리고 있었다고 한다.
　그 이야기에도 어느 정도 허풍이 섞였을지 몰랐다. 다만 그가 난동자들이 인질을 잡고 있는 노역장에 혼자 들어간 것은 사실이었고, 아무 일 없이 살아 나온 사실도 부정할 수 없었다. 사건이 끝나자 그는 다시 형무소 안에서 없는 듯한 존재가 되었다. 내가 그를 처음 보았을 때도, 그 이후에도 내내 그는 유령이었고 죽은 사람이었으며 소문으로만 존재하는 인물 같았다. 그가 죽고 난 후에야 그의 존재가 명백히 느껴졌다.
　그제야 나는 그에 대해 아는 것이 아무것도 없음을 깨달았다.

*

　후쿠오카형무소 정문은 3미터 높이의 거대한 철문과 7미터의 벽돌담으로 가로막혀 있었다. 붉은 벽돌로 지은 본관동은 머리를 북쪽으로 두고 두 팔을 벌리고 누운 사람의 형상 같았다.
　규슈의 지방 형무소였던 후쿠오카형무소가 전국 규모의 기간 형무소로 승격한 것은 3년 전이었다. 태평양전쟁이 시작되자 일본은 거대한 혼란의 도가니가 되었다. 전쟁에 반대하는 지식인들과 범죄자들이 치안력이 미치지 않는 구석구석에서 설쳐댔다. 급히 형무소를 증축했지만 밀려드는 죄수들을 감당하기에는 역부족이었다. 특히 사사건건 이빨을 드러내는 반일 분자들을 격리할 수용 시설이 절실했다. 그때 본토에서 떨어진 규슈의 후쿠오카형무소가 적합한 시설로 떠올랐다.
　형무소 당국은 상부 지시에 따라 부지를 확장하고 수용동을 증축했다. 본관동에는 소장실을 비롯한 행정구역이 있었다. 특별 대우가 필요한 일본인 죄수들은 별도 건물인 1수용동에 수용되었다. 일본인 잡범들은 3수용동 서쪽에 증축한 4·5수용동에 수용되었다. 본관동 행정구역 끝에서 양쪽으로 갈라지는 2·3수용동은 조선인 전용 감옥이었다. 2수용동에는 잡범들과 살인, 강도 등 흉악범은 물론, 장기수들이 수용되었다. 특히 3수용동은 일본 내에서 체포된 반일 사상범들과 사형수들을 수용했다.

증축에 증축을 거듭했지만 형무소는 전국에서 몰려드는 죄수들로 몸살을 앓았다. 특히 3수용동에는 사건 사고와 말썽이 끊이지 않았다. 단식투쟁자가 상존했고, 폭행도 빈번했으며, 사형 집행이 잇따랐다. 조선인들은 악질적인 위험인물로 분류되어 가장 건장하고 힘센 젊은 간수들이 배치되었고 모든 명령은 몽둥이질과 함께 하달되었다.

소장실에 들어서자 진한 담배 냄새와 마호가니 책상의 냄새가 코를 자극했다. 열린 창으로 맑은 아침 공기가 들어왔다. 벽에는 천황 어새가 찍힌 표창장 아래 전국시대 문장이 새겨진 깃발과 욱일기가 나란히 걸려 있었다. 원목 장식장에는 긴 군도와 반짝이는 권총이 있었다.

소장은 반쯤 벗어진 대머리로 30센티미터 정도의 지휘봉을 신체의 일부처럼 자연스럽게 흔들었다. 잘 다려진 밤색 제복 바짓단에는 반듯한 주름이 잡혀 있었고 가슴에는 휘장이 번쩍였다.

방 안에서 한 남성의 노랫소리가 흐르고 있었다. 힘 있고 우아하지만 스산함이 깃든 목소리가 이 형무소의 모든 것을 용서하는 것 같았다. 붉은 융단이 깔린 테이블 위의 축음기에서 검은 레코드판이 돌아가고 있었다. 눈부신 아침 햇살, 천장에서 이어진 격조 있는 창틀, 우아한 성악가의 목소리, 그리고 미소 짓는 중년 남자…….

소장의 방은 시간과 공간의 흐름에서 완전히 벗어난 성역처럼 느껴졌다. 그렇게 우아한 공간이 칙칙한 벽돌 건물 구석에 숨겨져 있다는 것을 믿을 수 없었다. 소장이 바늘을 내려놓자 축음기의 잡음이 뚝 끊어졌다. 소장은 잘 다듬은 콧수염을 쓰다듬으며 귓속에서 지지직거리는 잡음의 여운을 즐기는 것 같았다.

"제3수용동 간수부 소속 간수병 와타나베 유이치, 소장님께 보고드립니다!"

지휘봉을 옮겨 잡은 소장은 두 다리에 힘을 주며 우뚝 섰다. 그는 더 이상 우아한 성악곡을 즐기던 사려 깊은 중년 남자가 아니라 석고상처럼 차가운 형무소장으로 돌아와 있었다. 음악에 심취했던 미소는 굳었고, 지그시 감았던 눈에서 차가운 냉기가 뿜어져 나왔다.

"죽은 간수에 대한 사건 보고라면 됐어. 이미 간수장에게 들었으니까……"

흐트러진 부동자세를 다잡으며 나는 생각했다. 그가 사건 내역을 알고 있다면 왜 나를 불렀을까? 이유는 간단했다. 내가 스기야마와 마지막 교대를 한 근무자였기 때문이었다. 내가 살아 있는 그를 마지막으로 본 목격자라는 뜻이었다. 일반적으로 마지막 목격자는 가장 유력한 용의자이기도 하다. 나는 떨리는 입술을 고정시키기 위해 어금니를 깨물었다.

"학병 출신인가?"

매 발톱처럼 뾰족한 소장의 목소리가 나를 들쥐처럼 움켜쥐었다. 소장은 나를 마지막 목격자로 생각할까? 아니면 유력한 용의자로 생각할까? 나는 딱딱한 부동자세로 대답했다.

"그렇습니다. 교토 제3고등학교 문과생이었습니다."

"운이 좋은 친구로군. 그 시기에 징집된 자네 친구들은 모두 남방 전선으로 끌려갔을 텐데 말이야. 자네는 본토에, 그것도 군부대가 아닌 형무소에 배속되었군."

소장의 의미심장한 눈은 고위급 군 인사나 정부 고관으로 있는 가족이나 친척이 힘을 써준 것이 아니냐고 묻는 듯했다. 하지만 징집병 배치에 관여할 정도의 영향력을 가진 친척은 내가 아는 한 없었다. 소장은 짧게 말을 이었다.

"자네가 사건을 맡아야겠어."

날더러 장례 절차를 맡아 진행하라는 지시일까? 아니면 내게 살인 누명을 씌우고 사건을 종결시키려는 걸까? 그렇다면 남방 전선으로 가는 편이 나았을 것이다. 그곳은 적을 많이 죽이는 병사가 영웅 대접받는 곳이니까. 하지만 이곳에서 사람을 죽이면 살인자가 된다. 나는 있는 힘을 다해 겨우 몇 마디를 했다.

"살인 사건이 발생했으니 경찰 고등계에 신고하도록 하겠습니다."

소장은 고개를 끄덕이며 매 같은 눈으로 나를 넘겨보았다.

"그래, 그게 일반적인 순서겠지. 하지만 이곳 후쿠오카형무소에는 일반적인 순서를 적용할 수 없어. 열도 안의 가장 위험한 병균들을 모아놓은 곳이기 때문이야. 남방 전선이나 만주 전선에선 적들과 전투를 하지만 이곳에선 병균들과 싸워야 해. 병균들에게 일반적인 상식을 적용할 수는 없지. 그런 악질들은 고등경찰이 아니라 군대를 동원해도 어쩔 도리가 없어. 이곳에서 일어나는 모든 일은 전투행위야. 이곳의 일을 다루고 제어할 수 있는 건 우리들밖에 없어. 그러니 경찰 나부랭이 이야기는 더 이상 꺼내지 말도록!"

부드럽게 시작된 목소리는 격렬한 웅변이 되었다. 내가 할 수 있는 대답은 없었다. 소장은 냉정한 지시로 말을 맺었다.

"이 사건을 맡아. 어떤 놈이, 왜 스기야마 도잔을 죽였는지를 밝혀내라고."

그는 은밀한 거래를 제안하는 장사꾼처럼 말을 이었다.

"지금 당장 간수장실로 가서 필요한 사항을 요청하도록! 간수장이 조사에 불편함이 없도록 조치할 거야. 필요한 자료는 물론, 증언이 필요하다면 재소자들과의 면담과 취조 등등……. 새로운 정황이 드러나면 즉각 보고하고!"

나는 군화 뒤꿈치를 부딪치며 부동자세로 얼어붙었다. 하지만 무엇부터 시작해야 할지 알 수 없었다. 내가 당장 해야 할 일은 거수경례를 하고 돌아서서 그 방을 나오는 것이었다.

간수실은 2, 3수용동이 갈라지는 본관동 행정구역에 있었다. 긴 복도 끝 나무문 너머 간수실과 수인 대기실이 이어졌다. 갇힌 자와 감시하는 자, 수인들과 간수들의 중립 지역이었다. 간수실 안쪽 한구석에 합판으로 벽을 친 허름한 간수장실이 있었다. 나는 아귀가 제대로 맞지 않는 간수장실의 문을 열고 들어섰다. 붉은 녹이 슨 난로 위 주전자에서 물 끓는 소리가 들렸다.

간수장은 좁은 미간에 무료한 표정을 지닌 사내였다. 짧게 깎은 머리카락은 성글었고 목소리는 딱딱했다. 처진 눈썹과 밋밋한 콧날, 희고 창백한 안색……. 쉰을 바라보는 그는 실제 나이보다 부쩍 늙어 보였다. 평생을 갈색 제복 안에 갇혀 삶의 막장에 다다른 자들과 부대껴온 그는 무언가에 쫓기듯 초조해했고 무언가를 잃지 않기 위해 애쓰는 것 같았다.

"결국 이렇게 되고 말았군."

혼잣말인지 나에게 하는 말인지 확실치는 않았지만 그 단어의 억양과 소리와 뉘앙스에는 세 가지 의미가 담겨 있었다. '결국'이라는 표현은 처음부터 이렇게 될 수밖에 없었다는 의미였다. '말았다'는 말은 이렇게 된 것이 바람직하지 않으며 이렇게 되지 않기를 바랐다는 의미였다. 두 단어는 모순을 품고 있었다. 이렇게 되는 것을 원치 않았지만 이렇게 될 수밖에 없다는 것을 알면서도 막지 않았다는 의미였다. '이렇게'가 의미하는 것은 스기야마의 죽음이었다.

"스기야마 씨가 살해당할 것을 아셨습니까?"

간수장의 얼굴에 투명한 막이 쳐지는 것 같았다. 그는 서류철 뭉치에서 빼낸 제3수용동 간수 근무 보고서철을 책상 위에 던졌다. 그는 손가락에 침을 묻혀 서류철을 획획 넘겼다.

"그자가 언젠가 일을 당할 거라는 생각을 한 사람이 나뿐만은 아닐 거야. 이렇게 끔찍한 일이 될 줄은 몰랐지만……"

그 말은 스기야마에게 죽을 이유가 있었다는 말이었다. 그에게 죽어야 할 만큼 나쁜 죄가 있었을까? 그것은 중요한 사실이 아닐지도 모른다. 어떤 사람들은 자신들의 죄가 아니라 타인이 저지른 죄에 의해 살해되니까. 전쟁이라는 끔찍한 죄 말이다. 나는 물었다.

"스기야마 간수가 무슨 짓을 했습니까?"

나는 '스기야마 씨'나 '그'라는 3인칭 대명사 대신 '스기야마 간수'라고 말했다. 대상에 대한 일체의 감정을 배제하고 눈곱만큼의 호감도 동정심도 없는 호칭은 '짓'이라는 표현과 어우러져 적당한 적개심을 드러냈다. 간수장의 태도가 누그러졌다.

"노몬한에서 살아 돌아온 그는 전쟁터의 습성을 버리지 못했어. 적병을 대하듯 죄수들을 대했고 전투를 하듯 죄수들을 다루었지. 누군가 해야 할 일이긴 했어. 어쩌면 그는 자신의 일을 성실히 한 거지. 이곳 죄수 놈들은 고분고분한 것 같지만 등 뒤에서 달려들 생각으로 가득하거든. 스기야마는 놈들처럼 짐승이 되었어."

창 너머 앙상한 회나무 가지를 스친 바람이 피리 소리를 냈다. 난로 위의 주전자가 끓는 소리를 멈추었다. 조개탄이 꺼져가는 모양이었다. 간수장은 오만한 표정을 고치지 않고 소리쳤다.

"이건 간수 하나가 죽은 게 아냐. 전쟁이 일어난 거라고. 놈들이 전쟁을 선포한 거야!"

그놈의 전쟁! 나에게서 아버지와 어머니를 빼앗아 간 전쟁. 간수장은 말을 이었다.

"살인자는 우리를 둘러싼 놈들 중에 있어. 3수용동은 겉보기와 달라. 범죄자 중의 범죄자, 악질 중의 악질들이 모여 있지. 조선인들, 반역자들, 공산주의자들⋯⋯. 늘 피 냄새가 풍기는 하수구야. 이빨을 드러내며 서로를 물어뜯고 자기 살을 뜯어 먹기도 해. 조심하지 않으면 불쌍한 스기야마 꼴이 될지도 몰라."

증오와 경멸이 간수장의 충혈된 실핏줄을 타고 흘렀다. 난로 안에서 조개탄이 픽 소리를 내며 튀었다. 나는 적진에 불시착한 조종사처럼 갈피를 잡을 수 없었으며 방향을 알 수도 없었다. 그렇다고 그대로 있을 수는 없었다. 어디로든 달려야 했다. 나는 간수장이 던진 근무 보고서철을 집어 들었다. 피살자의 최근 근무 행적을 확인할 수 있는 유일한 자료였다.

나는 반들반들하게 닳은 근무 보고서를 펼쳤다. 달콤한 종이 냄새와 아릿한 잉크 냄새, 향긋한 나무 냄새가 났다. 그것은 내가 오래 굶주려온 책과 문장의 냄새였다. 12월 1일, 2일, 3일……. 근무 보고서는 12월 22일에 멈춰 있었다. 그 뒷장의 백지들이 그의 죽음을 분명하게 증언했다.

대부분의 간수들은 귀찮기 짝이 없는 일과 보고를 "특이 사항 없음"이란 몇 자로 대신했다. 그마저 귀찮으면 큼지막한 '同'이라는 한자로 갈음했다. 하지만 스기야마의 보고서에는 전일과 거의 같은 내용도 조금씩 다르게 기록되어 있었다.

그가 죽기 전날 야간 순찰 보고에는 "총 48개 감방 349명 수인이 숙면. 순찰 시간은 오전 2시~6시. 총 348보로 3수용동 복도를 왕복 순찰. 다수의 감기 환자와 1명의 전신 타박상과 골절 환자"라고 적혀 있었다. 전날 보고서에는 "새벽 2시부터 6시까지 감시창으로 48개 감방 346명의 수인 점검. 감기 환자 기승. 타박상과 골절 환자는 회복 더딤"이라고 적혀 있었다.

특이한 점은 매일 언급되는 타박상과 골절 환자였다. 나는 그 환자의 정체와 부상 이유가 궁금했다. 나는 보고서를 한 장씩 앞으로 넘겼다. 12월 13일 자 보고에 단서가 있었다.

제28감방 수인 번호 331번. 지시 불이행과 불성실 행위로 곤봉 진압. 기진 후 의무실로 이동, 응급조치. 정수리를 비롯한 전신 타박상, 손목뼈, 갈비뼈 골절 의심.

그는 자신의 몽둥이에 당한 자들의 상태를 꾸준히 보고하고 있었다. 나는 331번 죄수의 수감 기록부를 뒤졌다.

성명 최치수. 죄목 공산주의 학습 및 국가 전복, 요인 암살 기도, 내란 음모.

형기가 따로 없는 무기수였다. 그자가 스기야마의 죽음에 대해 대답할 수 있을까? 나는 모른다. 그가 죽던 시간에 모든 죄수들은 창살 속에 갇혀 있었으니까. 깨어서 움직인 건 쥐들과 간수들뿐이었다. 온몸에 멍이 들고 뼈가 부러진 채 감방에 갇힌 죄수가 어떻게 사람을 죽인단 말인가?
그럼에도 불구하고 331번은 스기야마의 죽음에 대해 물을 수 있는 유일한 자였다.

높은 벽돌담의 어슴푸레한 그림자 아래에서 나는 스기야마의 간수복에서 발견한 쪽지를 꺼내 펼쳤다. 닳은 모서리에 보풀이 일어나 있는 종잇조각은 아직까지도 스기야마의 체온을 간직하고 있는 것 같았다.
나는 종이를 뒤집어 이면에 적힌 글자들을 살펴보았다. 검은 잉크로 적힌 글자들은 3수용동 편지 수발 대장이었다. 1942년 3월 27일. 수신 14통. 발신 5통. 아래 칸에는 발신자 이름과 주소, 수신자의 죄수 번호가 보였다.
생각을 정리하느라 망설인 첫 획의 잉크 자국은 실수를 용납하지 않는 신중한 성격을, 서툴지만 거침없는 획은 강한 행동력을 보여주었다. 사람들은 필적을 통해 자신의 존재를 고백하는 것이 아닐까?
글씨의 형태와 윤곽과 위치는 쓴 사람의 심성과 욕망뿐 아니라 당시의 기분과 분위기까지 말해준다. 획의 삐침과 굳셈에 감춰진 심성, 물음표와 따옴표, 마침표와 구두점에 숨은 성정, 자간과 행간의 간격과 밀도에서 엿보이는 심리 상태, 심지어 텅 빈 백지조차도 글을 쓰지 않은 그 사람에 대해 무언가를 말해준다.

언어는 내게 영혼의 내면을 보여주는 창이었고 나는 문장을 통해 삶의 비의를 이해했다. 나는 우리의 입을 통해 파열되거나 마찰되는 자음의 신비를 알고 있다. 막힘없이 흘러나오는 모음의 우아함도 알고 있다. 그것들은 섞이고 마찰하고 충돌하면서 음조와 의미와 분위기를 만든다.

오래전에 읽은 톨스토이의 《부활》을 떠올리면 형무소의 스산한 뜰은 눈발에 휩싸인 시베리아가 된다. 언젠가 누군가를 사랑하게 된다면 나는 카추샤를 닮은 여인을 사랑하게 될 것이다.

그렇다면 스기야마의 호주머니에 있던 시는 그의 죽음에 대해 무언가를 말해줄 수 있을까? 그럴지도 모른다. 언어가 우리의 삶을 해석해준다면 죽음에 대해 그렇지 못할 이유가 무엇인가?

나는 획과 구두점 속에 숨은 스기야마의 모습을 찾아 헤맸다. 그 결과는 이해할 수 없는 것이었다. 세 문서의 필적에서 전혀 다른 두 가지 필적을 발견한 것이다. 근무 보고서와 앞면의 문서 수발 대장의 글씨는 완벽하게 똑같았다. 거침없고 자신감에 가득 차 있었다. 그러나 이면에 적힌 시는 부끄러워하는 듯했고, 주저하는 듯했다.

감정이 배제된 앞면의 공무 기록과 자신을 숨긴 듯한 뒷면의 시는 하나의 몸에 깃든 쌍둥이처럼 이율배반적이었다. 두 사람은 동일 인물일까? 아니면 또 다른 누군가가 스기야마의 필체를 흉내 낸 것일까? 그렇다면 그 종이는 왜 그의 주머니에 있었을까?

형무소 담 위로 어둠이 내렸다. 매일 이 시간이면 어디선가 희미한 피아노 소리가 들려왔다. 나는 누가 치는지도 모르면서 유혹하는 듯한 피아노 선율을 따라 흥얼거렸다. 멀지 않은 곳에 있는 의무동 건물에서 흐릿한 불빛이 흘러나왔다. 나는 나도 모르게 빛을 따라, 더 정확히 말하면 피아노 소리를 쫓아 걷기 시작했다.

소리는 텅 빈 의무동 강당에서 흘러나오고 있었다. 나는 무언가에 붙잡힌 듯 발걸음을 멈추고 말간 유리창 안을 들여다보았다. 돛을 부풀리고 붉은 노을 속을 항해하는 범선처럼 한 대의 그랜드피아노가 침침한 어둠 속에 우뚝 서 있었다. 그것은 악기가 아니라 거대한 소리의 성전 같았다. 늘어선 열주들, 기둥을 타고 흐르는 곡선미, 세밀하고 정교한 장식들…….

피아노 앞에는 흰 옷을 입은 여자가 앉아 있었다. 그녀의 손가락이 건반을 어루만질 때마다 크고 검은 악기는 맑고 섬세한 소리를 뿜어냈다. 손가락들은 물방울처럼 건반 위를 튀어올랐고, 호기심 많은 새처럼 건반 위를 날아다녔다.

나는 넋을 잃은 채 금지된 유리창 너머의 세상을 들여다보았다. 시간이 한없이 천천히 흘러가는 것 같았다. 그녀는 노을 속으로, 어둠 속으로 그리고 침묵 속으로 날아드는, 이름을 알 수 없는 한 마리의 새 같았다.

얼마나 시간이 흘렀을까? 피아노 소리는 어둠 속으로 스며들고 연주를 마친 그녀는 허리를 똑바로 세우고 창밖을 응시했다. 홀린 사람처럼 그녀를 뜯어보던 나는 그때서야 그녀가 유령이 아니라 현실의 인간임을 확인했다. 단정한 간호복으로 보아 의무동에서 일하는 간호사인 것 같았다. 그녀의 갸름한 얼굴은 도자기처럼 매끄러웠고 머리카락에는 호박빛 윤기가 흘렀다. 둥근 이마와 가는 눈썹, 쌍꺼풀 없는 긴 눈꼬리는 신비한 분위기를 띠었다. 양볼이 달아올라 있었고 약간 벌어진 입술은 왠지 모를 궁금증을 자아냈다.

나는 당장 그녀에게로 다가가고 싶었지만 그에 못지않게 초라한 모습을 들키기 싫었다. 그녀는 입에 문 핀으로 간호사 캡을 머리카락에 고정시켰다. 그리고 피아노 뚜껑에 얼굴을 비춰 본 후 진료 기록철을 품고 총총걸음으로 강당을 가로질렀다. 그녀가 발걸음을 옮길 때마다 종아리 부근에서 하얀 치맛자락이 살랑거렸다. 그녀가 나가자 강당은 완전히 어둠 속으로 가라앉았다.

미처 깨닫기도 전에 의무동으로 들어선 나는 복도를 지나 강당 문 앞에 다다랐다. 문은 나를 기다리고 있었다는 듯 삐걱거리는 소리조차 없이 열렸다. 희미한 어둠 속에서 침묵하는 악기는 거인처럼 굳건하고 여인처럼 섬세했다. 한 걸음, 한 걸음 나는 반짝이는 검은 짐승을 향해 다가섰다. 희고 검은 건반들, 나뭇결이 살아 있는 뼈대, 굳센 힘줄처럼 강건한 현들…….

나도 모르게 건반을 어루만지는 내 손을 나는 물끄러미 내려다보았다. 얼어서 터진 손등, 검은 때가 낀 손톱. 이렇게 더러운 손가락으로도 소리를 낼 수 있을까? 나는 조심스럽게 건반 하나를 눌렀다. 맑은 소리와 함께 팽팽한 마음속의 현 하나가 진동했다. 나는 눈을 감았다.

"솔 음이에요."

물살을 거슬러 올라가는 은어처럼 반짝이는 목소리였다. 나는 시선을 그대로 건반 위에 떨구고 있어야 할지 소리 나는 쪽을 돌아보아야 할지 알 수 없었다. 그때 내가 그녀를 돌아보았던가? 혹은 그렇지 않았던가?

말간 유리 알전구의 빛 아래 그녀가 서 있었다. 힘을 준 입술은 토라진 듯했지만 나를 책망하는 것 같지는 않았다. 앞가슴에 모아 쥔 검은 진료 기록철은 하얀 간호복과 선명한 대조를 이루었다. 그녀의 손가락은 희고 길고 섬세했으며 손톱에는 발그스름한 핏기와 투명한 윤기가 흘렀다. 그녀는 얼마나 오래 나를 지켜보고 있었을까?

"G음이죠. 숫자로는 5번 음이에요. 오른쪽 다섯 번째 손가락인 새끼손가락의 음이죠. 모든 음과 화합하는 소리의 중재자. 둔중하고 어두운 저음과 섬세해서 부서져버리기 쉬운 고음을 잇는 가교예요."

그녀는 나의 몰골을 훑어보았다. 나는 부끄러웠다. 흙먼지에 찌든 간수복, 바람에 시달린 피부와 부르튼 입술, 오래 씻지 못해 꾀죄죄한 몰골…….
그녀는 희미하게 웃었다. 나를 조소하는 것일까? 아니면 동정하는 것일까? 벽돌처럼 각지고 딱딱하고 무거운 말이 기어 나왔다.

"미안합니다. 주인도 없는 방에 들어와 허락도 없이 물건에 손을 대서……."
 말을 맺지 못한 나는 마음속 어딘가의 마침표를 찾아 헤맸다. 이 크고 신비롭고 매혹적인 악기를 '물건'이라고 말해버린 미련한 혓바닥을 깨물고 싶었다. 그녀는 자기도 이 강당의 주인은 아니라고 말하며 악보대에 빠뜨리고 간 악보를 집어 들었다. 나는 용기를 내어 떠듬거렸다.
 "조금 전에 연주한 곡…… 제목이 뭐죠? 어디선가 들은 것 같은데 기억이 나지 않는군요."
 그녀는 대답 대신 내 눈앞에 악보집을 펼쳐 보였다. 맨 위에 제목이 쓰여 있었다.
 《Die Winterreise》.
 "'겨울 나그네'란 뜻의 독일어예요. 독일 시인 빌헬름 뮐러의 시에 곡을 붙인 슈베르트의 연가곡집이죠."
 "겨울 나그네……."
 나는 그녀의 말을 따라 중얼거렸다. 그녀는 설명을 이어갔다.
 "인생의 쓸쓸함과 사랑의 고통을 그린 작품인데 노래 없이 피아노 반주만으로 충분히 아름답죠. 피아노 반주는 성악가의 노래를 장식한다기보다는 전체 분위기를 이끄는 독립 음악이에요. 그렇지만 역시 슈베르트 가곡은 반주와 성악가와의 앙상블이 이루어질 때 최고죠. '피아노와 가수의 이중창'이라고 할까."
 "좋은 시절이 오면 당신의 반주도 누군가의 노래와 아름다운 앙상블을 이루겠죠?"
 그러자 한순간의 망설임도 없이 그녀가 대답했다.
 "마루이 야스지로 선생님이 불러주실 거예요. 도쿄제대 음대 교수이자 여러 장의 레코드를 취입한 일본 최고의 테너죠. '겨울 나그네' 특유의 쓸쓸한 정서와 음울한 분위기를 위해 일부러 바리톤 음역으로 조를 낮추어 불렀어요. 타고난 테너 음색에다 묵직한 바리톤 음역을 조화시키며 슈베르트 가곡의 일인자가 되셨죠. 내년 2월 이곳 후쿠오카형무소에서 마루이 선생님이 아시아 평화를 기원하는 콘서트를 할 예정이에요. 선생님은 화합과 평화를 구현하고자 하는 음악회 취지에 따라 전속 반주자 대신 형무소 근무자들 중에서 반주자를 구했어요. 그래서 틈나는 대로 연습을 해야 해요."

보일 듯 말 듯 웃는 그녀의 가지런한 이는 하얀 건반을 닮아 있었다. "슈베르트"나 "음악회"란 말을 듣는 순간부터 나의 가슴은 왠지 모르게 뛰기 시작했다. 그때까지 나는 '형무소 음악회'란 행사를 알지 못했고 생각조차 하지 못했다. 생각지도 못한 말이었다.

하기야 나 같은 말단 간수병 따위는 알아서도 안 되고 알 필요도 없는 일이었다. 그 특별한 행사는 형무소 고위 간부들과 몇몇 관계자들만 알아도 충분할 테니까.

"이와나미 미도리예요."

그녀의 탄력 있는 소프라노 음성이 물방울처럼 튀어 내 가슴에 맺혔다.

"와타나베…… 유이치…… 입니다."

나는 자기 이름조차 더듬거리는 나 자신의 머리통을 쥐어박고 싶었다. 그녀는 고개를 까딱하더니 텅 빈 마룻바닥을 가로질러 문밖으로 사라졌다. 검은 에나멜 구두가 마룻바닥에 닿을 때마다 경쾌한 소리가 났다. 반들거리는 조약돌이 하나둘 가슴에 쌓이는 것 같았다. 나는 그녀가 서 있던 빈자리를 바라보며 중얼거렸다.

"이와나미 미도리……."

그녀의 이름은 마치 아름다운 노래처럼 들렸다.

의무동 밖에는 눈발이 날리고 있었다. 눈발은 살얼음처럼 사각거리며 어둠 속을 몰려다녔다. 밤의 공기는 물기와 얼음, 추위와 무정함, 음모와 비밀,

그 밖의 알 수 없는 것들을 잔뜩 머금고 있었다.

간수병 막사는 본관 서쪽의 가건물이었다. 내가 돌아갔을 때 막사에는 불이 꺼지고 간수병들은 곯아떨어져 있었다. 통로 가운데에는 벌건 불을 머금은 조개탄 난로가 빛을 뿜었다.

나는 비실거리며 낯선 사람들의 몸 냄새가 밴 침낭으로 들어갔다. 긴 하루였다. 스기야마의 죽음, 얻은 것 없이 헤매 다닌 하루, 수수께끼의 시와 의문의 필적……. 긴 꿈을 꾼 것일까? 그렇다면 깨고 싶었다. 나는 셜록 홈스가 아니고 고등계 형사는 더더욱 아니다. 처참한 살인 사건을 해결할 능력도 범인을 잡을 방법도 없었다.

천장에서는 바람이 함석지붕 위의 눈을 쓸어 가는 소리를 냈다. 나는 어둠 속에서 다시 떠올렸다. 호박색 불빛, 아늑한 실내의 공기, 거대한 피아노, 흰 옷을 입은 소녀……. 가슴에 손을 얹자 낡은 간수복 안주머니에서 접힌 종이의 감촉이 느껴졌다.

'방랑자로 왔으니 다시 방랑자로 떠나네. 그대는 오월의 예쁜 꽃들로 나를 맞았지. 하지만 이제 세상은 슬픔에 잠기고, 내 발길 닿는 길은 눈으로 덮였네.'

스기야마가 직접 쓴 시일까? 아니면 누군가의 시를 베꼈을까? 어느 쪽이든 몽둥이질을 일삼는 폭력 간수와는 어울리지 않았다. 그렇다면 살인자가 남긴 암시일까? 놈은 왜 자신이 죽인 자의 호주머니에 알 수 없는 시를 구겨 넣었을까? 어떤 질문에도 대답할 순 없지만 시에 어떤 비밀이 감추어져 있는 것은 분명했다.

귓가를 떠나지 않았던 피아노 멜로디가 다시 떠올랐다. 한 사나이의 절망과 비정한 사랑. 시와 노래는 한 어머니에게서 난 쌍둥이처럼 닮아 있었다. 멜로디는 시를 부드럽게 끌어안았고 시는 멜로디에 덧입혀졌다. 어느 것이 먼저라 할 것 없이 시와 노래와 피아노 소리가 섞였다. 같은 노래의 가사와 반주처럼 어우러진 소리의 덩어리는 황금빛 페치카 불빛에 번쩍였다.

　세 사람의 얼굴이 동시에 떠올랐다. 죽은 스기야마와 소장과 피아노를 치던 미도리. 시와 노래와 피아노는 그들 셋을 결속하는 고리일지도 몰랐다.

*

　전쟁이 우리의 삶을 갈기갈기 찢어놓지 않았을 때, 세상이 날카로운 이빨로 나의 인생을 물어뜯지 않았을 때 나의 하루는 교토 변두리의 다락방이 딸린 어느 단층집에서 시작되었다. 어머니는 집에서 가까운 강변에서 작은 헌책방을 운영하고 있었다.
　두꺼운 책으로 쌓은 벽은 불길한 전쟁의 소식으로부터 나와 어머니를 지켜주었다. 튼튼한 서가는 방음벽이자 단열재였다. 상인들의 악다구니와 행진하는 군인들의 군홧발 소리도, 겨울밤의 냉기도 수십만 쪽의 책갈피 사이로는 스며들지 못했다. 빽빽한 서가의 미로 사이에서 나는 시대의 불온함과 미래의 불안으로부터 스스로를 지켰다. 나의 하루는 매캐한 책 먼지와 종이 냄새가 떠다니는 오래된 나무 서가 사이에서 저물었다.
　그때 알았던 인물들의 얼굴이 방금 인화한 사진처럼 선명하게 떠올랐다. 도스토옙스키, 앙드레 지드, 바이런, 라이너 마리아 릴케…… 그들의 영혼이 어둠 속에서 물끄러미 나를 지켜보는 것 같았다.
　어머니가 책방을 연 것은 내가 중학교에 들어가던 해였다. 하급 군인이던 아버지는 3년 전 군관학교에 지원했다. 많은 나이 때문에 지원이 거부되었지만, 군무대신 앞으로 혈서를 쓰는 결기로 만주군관학교에 입학했다.
　소집일 새벽, 어머니와 나는 아버지를 따라 교토 역으로 갔다. 흩날리는 눈발 너머 군장을 짊어진 아버지의 뒷모습은 나무로 깎은 장난감 병정 같았다. 온몸이 얼어붙은 남자는 다리 관절이 부러지는 듯한 동작으로 걸어갔다. 흰 김을 뿜어내는 검은 열차 바퀴에는 굵고 단단한 고드름이 매달려 있었다. 아버지의 까칠한 수염에 하얗게 성에가 엉겨 붙었다. 아버지의 속눈썹은 길었다, 나의 속눈썹이 그렇듯.

"유이치, 엄마를 잘 도와드려야 한다."

아버지가 내뿜는 하얀 입김에 얼어붙은 말의 조각이 섞여 나왔다. 검은 기차가 뿜어내는 기적 소리, 호루라기 소리, 군홧발 소리, 여인들의 울음소리가 군가 소리에 묻혀 멀어졌다. 아버지는 철로 만든 검은 괴물 속으로 걸어 들어갔다.

아버지가 떠난 후 어머니는 작은 상점을 세내었다. 서가를 설치하고 하얀 양철 간판을 달 때, 어머니의 이마에 몇 올의 머리카락이 흘러내렸다. 나는 나비 장식 머리핀 하나를 샀다. 아버지와의 마지막 약속을 지키고 싶었기 때문이었다.

진하게 쑨 풀과 질긴 종이, 비단천이 펼쳐진 서점 앞자리는 책들의 종합병원이었다. 어머니는 찢어진 표지를 풀로 붙이고, 뜯겨 나간 표지는 빳빳한 마분지로 갈았다. 풀어진 양장 실밥은 꿰맸고, 뜯어진 책등은 비단천으로 마무리했다. 되살릴 수 없을 정도로 망가지거나 페이지가 뜯겨 나간 책은 그곳에서 생을 마쳤다.

죽은 책들은 어느 집 불쏘시개나, 겨울밤의 따끈한 군고구마 봉투나, 코흘리개의 휴지가 되었다. 그러나 책이 죽을지언정 문장은 살아남을 것을 나는 알았다. 가난한 고학생은 군고구마 봉투에 적힌 플라톤의 글귀를 읽을 것이고, 아들의 콧물을 닦아주던 아버지는 뒤마의 문장에 끌려 코 묻은 종이를 도로 펼쳐볼 테니까.

매일 새벽 나와 어머니는 싸늘한 공기를 밟으며 책방으로 갔다. 잠긴 유리문을 열면 밤 동안 어둠 속에 가라앉아 있던 쿰쿰한 책 냄새가 코를 찔렀다.

오후 수업이 끝나면 나는 책으로 지어진 요람으로 돌아왔다. 손님을 맞는 앞쪽 매대는 어머니의 영역이었다. 나는 매대 뒤 좁은 서가 틈에서 새로 들어온 책 맨 뒷장에 우리 책방의 도장을 찍었다. 자기 목장의 송아지 엉덩이를 인두로 지지는 카우보이처럼. 책 먼지에 재채기를 하고, 날카로운 책장에 손가락을 베이고, 단단한 양장 모서리에 눈두덩을 찍혔지만 나는 즐거웠다.

분야별, 주제별로 책들을 정리하고 인기 있는 책을 매대 앞쪽에 진열하면 한 권 한 권의 책은 하나하나의 세상이 되었다. 문장으로 이루어진 각각의 세계는 내가 관장하는 질서에 따라 차곡차곡 서가에 꽂혔다. 톨스토이의 수필과 도스토옙스키의 《죄와 벌》을 같은 서가에 꽂을 때, 노랗게 전《오셀로》를 《리어왕》의 옆으로 옮길 때, 나는 나만의 질서와 법칙에 따라 하나의 우주를 관장하는 절대자였다.

언제부터인가 나는 냄새만으로도 책의 나이를 알았고, 목차를 훑기만 해도 책 내용을 파악할 수 있게 되었다. 껍질의 빛깔과 감촉만으로도 과육의 성숙도와 당도를 알아차리는 농부처럼. 유리문을 열고 들어서는 사람들의 표정만 보아도 그 영혼의 문양을 떠올릴 수 있었다.

대부분의 경우 나는 고객들이 원하는 책을 건넸지만 가끔은 그들이 그토록 간절히 원하는 책을 건네지 않기도 했다. 아무에게도 넘겨주고 싶지 않은 책들, 영원히 나의 것으로 간직하고 싶었던 책들이 있었다. 《말테의 수기》, 컬러판《고흐 화집》, 《노트르담의 꼽추》……. 실망한 눈빛으로 돌아서는 그들의 뒷모습을 보며 나는 가책과 함께 사랑하는 책을 지켜냈다는 짜릿한 안도감을 느꼈다.

서가 뒤쪽에는 책들의 미로가 펼쳐졌다. 수많은 책갈피 사이의 수많은 샛길들이 나를 유혹했다. 나는 혁명 전야의 파리 하수도로 숨어들기도 했고, 피가 얼어붙는 시베리아의 눈발 속에서 한 여인을 만나기도 했다. 영웅들과 신들의 땅으로 들어가기도 했고, 버려진 왕자가 갇힌 외딴섬으로 가기도 했다.

책들은 가보지 않은 도시처럼 매혹적이었다. 거대한 정신의 기둥들과 문장의 거리들, 난해한 구문의 미로와 복잡한 음절의 골목들. 낱말들은 온갖 물건들이 진열된 상점들 같았고 구두점은 오래된 가문의 문장(紋章)처럼 반짝였다. 구문들은 고요하게 숨을 쉬었고 낱말들은 들릴 듯 말 듯 속삭였다.

멀리 금각사의 지붕이 금빛으로 빛나고 서쪽 하늘이 호박빛으로 물들면 나는 현실로 돌아왔다. 네모난 유리 창틀 너머 어둠이 몰려오면 어머니는 유리문을 닫았다. 문장의 세계는 어둠 속으로 가라앉았고, 영웅들과 왕들과 사랑을 잃은 여인들은 책갈피 속에서 잠들었다.

집으로 돌아가는 어머니는 외로워 보였다. 어머니를 외롭게 하고 싶지 않아 나는 끊임없이 말을 걸었다. 그날 팔린 책의 종류를 묻고, 어떤 사람이 사 갔는지 묻고, 그 책의 내용을 물었다. 어머니는 놀라울 만큼 자세히 대답했다. 오래전에 읽었던, 별 감흥을 받지 못했던 책들, 읽고 싶었지만 지금까지도 읽지 못한 책들, 읽었지만 잊어버린 책들의 이야기들.

어머니는 가끔 웃었고 가끔은 고개를 끄덕였다. 그 웃음은 공허했다. 나는 알고 있었다. 내가 어머니의 외로움을 위로할 수 없고 어머니의 피로를 덜어드릴 수 없음을. 그럴 때면 내 가슴에선 아버지가 남겨두고 간 담배와 땀의 냄새, 그리고 희미한 슬픔의 냄새가 났다.

모래 위에 그린 그림처럼 아버지의 얼굴은 시간에 풍화되어 천천히 사그라졌다. 아버지에게선 편지 한 통 없었다. 나는 더 이상 아버지의 편지를, 아버지를 기다리지 않았다. 나는 아버지를 잊었다. 잊히지 않으려면 내가 먼저 잊어야 했다. 1퍼센트의 기적을 기대하며 99퍼센트의 삶을 저당 잡히고 싶지는 않았다.

어머니는 외롭고 나는 슬펐지만 우리가 불행한 것은 아니었다. 책으로 지은 우리의 성채는 모든 것으로부터 보호되는 절대적 안전지대였고 피난처였다. 그리고 만주의 전쟁터 속으로 걸어 들어간 아버지가 우리들에게 남긴 목숨 값이었다.

그 사실을 나는 오랜 시간이 지난 후에 알았다. 그것을 영원히 몰랐다면 좀 덜 슬프고, 덜 아팠을 것이다. 하지만 시간은 언제나 너무 늦게 오거나, 아니면 너무 빨리 온다. 우리는 언제나 너무 빨리 만난 사랑 때문에, 너무 오래 만나지 못한 사람 때문에, 그리고 너무 늦게 알아버린 진실 때문에 아파한다.

어느 운석 밑으로
홀로 걸어가는
　　슬픈 사람의 뒷모양

다음 날 아침 간수장은 정모를 눈썹까지 눌러쓰고 나를 맞았다. 제복의 힘을 빌려서라도 위엄을 드러내고 싶었던 그는 혼자 있을 때가 아니면 절대 모자를 벗지 않았다. 모자는 그의 키를 커 보이게 했고, 벗어지기 시작하는 이마를 가려주었고 흐린 눈과 밋밋한 콧날에 그럴 듯한 권위의 음영을 드리워주었다. 그는 난로 위 주전자에서 따른 차를 웃음과 함께 건넸다.

"뭐 좀 알아냈나?"

나는 통나무처럼 딱딱한 목소리로 특별한 보고 사항이 없다고 대답했다. 그는 모자챙을 고쳐 쓰며 말했다.

"자네처럼 어린 학병에겐 쉽지 않은 일이지. 하지만 내 일이겠거니 생각하고 끝을 볼 수밖에."

배려를 담은 그의 말에는 날카로운 미늘이 숨어 있었다. 그는 나를 믿지 못하고 있었다. 어쩌면 믿지 않는지도 몰랐다. 나는 안주머니에서 종이쪽지를 꺼내 펼쳤다.

"죽은 간수의 안주머니에서 발견한 메모지입니다. 알 수 없는 시구가 적혀 있습니다."

나와 탁자의 종이를 번갈아 보던 간수장은 너털웃음을 지었다.

"역시…… 제 버릇 개 못 준다더니……."

나는 바짝 긴장했다. 내 호기심을 읽은 간수장이 천연덕스럽게 말을 이었다.

"스기야마는 책벌레였지. 그는 문장들 사이에서 길을 잃은 개 같았어."

그 말은 두 가지 의미를 담고 있었다. 스기야마가 책을 좋아했다는 것. 하지만 책은 그에게 아무런 의미도 되지 못했다는 것. 간수장은 나의 호기심을 즐기듯 능글맞게 웃었다.

"그는 제3수용동의 검열관이기도 했어."

검열관이 어떤 직책인지 나는 알았다. 말이 좋아 검열관이지 뒷방 늙은이에 지나지 않는다는 것을. 3수용동으로 옮겨오기 전에 내가 근무했던 4수용동 담당 검열관은 50대 후반의 늙은 간수였다. 거친 죄수들을 힘에 부쳐하는 그에게 예우 차원으로 준 자리였다. 그는 하루 종일 작은 검열실에 우두커니 앉아 꾸벅꾸벅 졸았다. 하는 일이라곤 오후 2시쯤 우편물 수발병이 전해주는 편지를 읽는 것이 전부였다. 그런데 1급 간수 스기야마가 뒷방에서 편지 조각이나 들추는 검열관이었다고? 간수장이 변명처럼 말을 이었다.

"3수용동은 후쿠오카형무소에서도 특별한 곳이야. 이곳에 득시글거리는 조선 놈들에 비하면 네가 있던 4수용동 죄수들은 신사들이야. 그런 놈들의 서신과 저작물을 감찰하려면 검열관도 놈들만큼 지독하고, 놈들만큼 악랄하고, 놈들만큼 인정사정없어야 하지. 그는 뛰어난 간수일 뿐 아니라 뛰어난 검열관이기도 했어."

"글과는 담을 쌓고 살았을 것 같은 그가 뛰어난 검열관이었다고요?"

나의 목소리는 반박하는 것처럼 들렸다.

"글을 몰랐기 때문이야. 까막눈이었기 때문에 그는 뛰어난 검열관이 될 수 있었지."

"글을 모르는 사람이 어떻게 뛰어난 검열관이 될 수 있죠?"

난로 위 주전자의 물 끓는 소리가 그의 목소리에 섞여 자글거렸다. 간수장은 목을 가다듬고 설명을 시작했다.

"제3수용동에 조선 놈들이 몰려들자 뭔가 특별한 검열 방식이 필요했어. 조선 놈들은 일본인들과는 생각하는 방식이 다르니까 말이야. 먼저 일본어가 아닌 서신은 형무소 안에 반입 자체를 금지했어. 이곳에서 나가는 편지든 들어오는 편지든 일본어만 가능했지. 조선 놈들이 쓴 일본어를 검열하는 데는 일본어를 모르는 자가 나았지. 일본어에 익숙하지 못한 조선 놈들과 같은 방식으로 읽고 쓰면 미심쩍은 표현이나 문형을 훨씬 잘 적발할 수 있을 테니까 말이야."

"스기야마 같은 까막눈이 적임자였군요."

"소학교 문턱에조차 가보지 않았지만 그의 이해력과 학습 능력은 대단했어. 글에 관한 한 그는 귀신이었지. 그는 놀라운 열의와 속도로 일본어를 학습했어. 문장을 재는 그의 잣대엔 예리한 날이 서 있었지. 보통 사람들과는 다르게 본능적으로 금지된 단어들과 표현들을 가려냈거든. 두 가지 이상의 중의적인 의미를 가진 복잡한 문형 또한 그의 눈을 벗어날 수 없었지."

간수장은 고개를 절레절레 내저으며 이야기를 계속했다.

*

진주만 공습 후 검열은 필요 사항이 아니라 필수 사항이 되었다. 전쟁이 점점 치열해지고 사회가 혼란스러워지면서 칼과 휘발유를 품은 폭력배들과 불온 분자들이 거리를 배회했다. 치안국은 대대적인 반일 분자 검거에 나섰다. 일본 전역의 반일 조선인들과 불온 유학생들을 잡아들였지만 독립이라는 망상은 도쿄 거리와 대학가를 유령처럼 떠돌며 퍼져나갔다.

치안국은 사상범들을 체포할 때 그들이 쓴 편지, 글, 발표문과 책, 서류는 물론 개인적인 차용증까지 압수해 악랄한 사상과 썩어빠진 정신을 무장해제시켰다. 형이 확정되면 압수물 상자와 목록까지 형무소로 보내 그들의 몸뿐만 아니라 영혼을 함께 수감시켰다.

검열부를 설립한 소장은 스기야마에게 검열관 선발을 통보하고 일본어를 학습하라는 특별 지시를 내렸다. 스기야마는 글을 읽고 쓰는 간수들이 많은데 왜 글을 모르는 자신이 검열관이 되었는지 반문했다.

그는 글을 모를 뿐 아니라 증오했다. 수많은 사람을 전쟁터로 몰아넣는 명령서, 무엇을 위해서인지도 모르는 사람들을 죽음으로 내모는 선언문, 허약한 자들의 심장에 불을 질러 잿더미로 만드는 무슨 무슨 주의라 하는 것들은 그에게 세상을 타락시키는 도구일 뿐이었다. 하지만 군인에게 명령은 이해하는 것이 아니라 수행해야 하는 것이었다. 그는 이면지를 펼치고 모르는 글자들을 정성스럽게 써 내려갔다.

검열동은 3수용동 옆에 독립적으로 지어진 작은 규모의 가건물이었다. 이전에는 고문실과 사형집행실로 사용되었는데 수용동 외곽 구역에 교수대와 총살 집행장을 갖춘 대규모 형장이 증축되면서 비게 된 것이었다. 대낮에도 을씨년스럽고 스산한 분위기를 풍기는 터라 귀찮은 검열부에 떠맡기기에 딱 어울리는 장소였다.

스기야마는 아침부터 저녁까지 그곳에서 뽕잎을 갉아먹는 누에처럼 검은 글씨를 파먹었다. 그곳은 그의 외로운 전쟁터였고 그의 적은 죄수들이었다. 파괴를 일삼는 공산주의자, 고위 인사를 암살하려는 테러분자, 정부를 전복하려는 아나키스트, 도둑, 강도, 사기꾼……

그는 편지와 문서, 메모와 일기를 헤집으며 단어와 단어 사이의 불온한 의미를 탐색했고 행간과 행간 사이에서 금지된 단어를 찾아냈다. 구릉과 계곡을 넘나들며 덤불과 배수로를 수색하는 정찰병처럼 그는 활자의 의미와 기능뿐만 아니라 그것이 품은 정서와 감정까지 검색했다. 불온한 단어 하나, 미심쩍은 구절 한 줄도 그의 눈을 비켜 가지 못했다.

그의 붉은 펜 끝에서 문장은 베어지고 구문은 잘려 나갔다. 단어의 용법, 문장의 길이, 표현의 강약에 관계없이 엄격한 잣대에 한 치라도 어긋나면 그는 붉은 도장을 찍었다. 그는 자신이 하는 행위를 알지 못했고 알려고 하지도 않았다. 서신 검열 후에는 압수물 상자를 고유번호로 분류해 서가에 정리했다. 사형 집행이나 사고로 죄수들이 죽으면 저작물 상자도 함께 불태웠다.

그는 총성도, 포연도, 비명도 없는 적막한 밀실의 전쟁이 자신이 만 7년 3개월간 치러온 그 어떤 치열한 전투보다 가치 있다고 느꼈다. 그는 적병들처럼 끝없이 밀려드는 책들과 기록들 속에서 건강한 제국을 좀먹는 적, 순수한 시민들을 교란시키는 적들을 찾았다.

고개를 들면 손바닥만 한 서쪽 창이 노을에 붉게 물들어 있었다. 그는 다시 종이와 잉크의 세계 속으로 도망쳤다. 다시 고개를 들면 창에는 푸른 별빛이 비쳤다. 갈피와 갈피, 낱장과 낱장 사이에 머물다 눈을 뜨면 새벽빛이 스며들었다. 그제야 그는 핏발 선 눈을 비비며 물음표와 마침표 사이에서 잠시 눈을 붙였다.

날이 새면 그는 밤새 적발해낸 불온한 책들을 소각로로 옮겼다. 제국에 기생하며 나라를 파먹는 진딧물 같은 문서들이 불꽃에 사그라지는 것을 보며 그는 안도했다. 저항군의 마을을 불태우듯, 끈질긴 반역자들을 처형하듯 그는 그것들을 재로 만들었다. 그것은 그만의 방식으로 치른 고요한 전쟁이었다. 한 명의 적이 아니라 수만 수백만의 보이지 않는 적들, 반역의 씨앗까지 제거해야 하는 보이지 않는 전쟁.

*

간수장은 바지 호주머니를 뒤적이더니 무언가를 불쑥 내밀었다. 두툼한 손바닥에 반짝이는 라이터가 보였다.

"스기야마의 유류품이야. 필요할 테니 자네가 가져."

간수장은 담배 한 개비를 꺼내 물고 말했다. 라이터가 필요한 일이란 무엇일까? 간수장은 담배 한 모금을 길게 빨아들인 후 말을 이었다.

"스기야마가 없으니 검열 업무가 마비됐어. 서신 검열을 할 사람도, 산더미 같은 불온 저작물을 분류할 사람도 없어. 당분간 자네가 서신 및 저작물 검열과 소각을 맡아!"

간수장은 하얗게 타들어간 담뱃재를 털었다. 라이터가 필요할 거라는 간수장의 말뜻은 분명해졌다. 나는 기뻐해야 할지 괴로워해야 할지 알 수 없었다. 자신의 손으로 아들을 죽여야 하는 아브라함이 된 기분이었다.

"간수부엔 저보다 경험 많은 적임자들이 많습니다. 게다가 전 검열 업무를 전혀 모릅니다."

"내가 아는 한 적임자는 자네야! 그들에게 없는 능력이 자네에겐 있기 때문이지."

"그게 뭡니까?"

"병적 기록을 보니 입대 전 문과생에다 천황 배 전국 백일장에서 입상한 적이 있더군. 글자의 이면에 숨은 의미를 헤아리고, 행간에 감추어진 비의를 엿보는 해석력을 지녔어. 간수부에 그 정도로 문장에 능숙한 자가 또 있겠나?"

나는 간수장이 말하지 않은 사실을 알 것 같았다. 물고기가 물속에서 살고 사자가 초원을 떠날 수 없는 것처럼 간수들에게는 그들만의 세계가 있었다. 교류와 견제, 감시와 질투, 음모와 결탁을 통해 더 높은 위치에 오르는 그들만의 먹이사슬이었다. 종일 골방에 처박혀 죄수들의 편지 조각이나 뒤적이고 싶어 할 간수는 없었다. 간수장은 모두가 귀찮아하는 일을 나에게 떠넘기려는 것이었다. 하지만 나 또한 처참하게 죽은 검열관의 유령이 서성거리는 검열실로 가고 싶진 않았다. 나는 라이터를 꽉 쥐며 말했다.

"저는 검열관의 죽음에 대한 뒤처리와 조사를 해야 합니다."

"자네더러 살인자를 찾아내라고 하지는 않았어. 그럴 수도 없는 일이고! 단지 누군가 이 사건이 형무소 담장을 넘기 전에 잘 마무리하면 돼. 매일같이 고등계 형사들이 들락거려선 안 되니까. 하지만 검열 업무는 다르지. 그건 반드시 자네가 해야 하는 일이야."

간수장은 살인 사건이 전혀 중요하지 않으며, 내가 무언가를 밝히기보다 무언가를 밝히지 않기를 원하는 것 같았다. 문과생인 내가 검열 업무에 적합해서가 아니라 과도한 검열 업무에 묶여 살인 사건을 생각할 겨를도 없게 만들려는 건지도 몰랐다. 소장이 나에게 사건을 맡긴 이유가 바로 그것일까? 이 사건이 형무소의 담장을 넘지 않는 것. 형무소 안에서도 대수로운 일로 취급되지 않는 것. 그 사건을 전혀 중요하지도 않고, 필요하지도 않은 일로 만드는 것, 그래서 결국 없었던 일로 만드는 것. 그것이 내가 이 사건을 떠맡은 이유일까? 간수장은 말을 이었다.

"검열 수칙은 간단해! 일본어로 쓰이지 않은 편지는 반출입이 불가능하다는 건 말 안 해도 알 거야. 잘 모르겠으면 무조건 소각해! 마지막 한 장까지 태워버려. 알았나? 알았으면 검열실로 튀어!"

처음부터 내겐 선택권이 없었다. 지시를 따르는 것이 유일한 선택이었다. 죽은 스기야마가 원망스러웠다. 그가 죽지 않았다면 이런 짐은 떠맡지 않았을 테니까…….

나는 검열동으로 통하는 묵직한 나무 쪽문을 열고 철저히 고립된 스기야마의 세계로 들어섰다. 좁고 긴 통로는 대낮인데도 사람의 그림자조차 보이지 않았다. 검열관을 제외하면 누구도 이용하지 않을 것 같은 외진 통로였다. 침침한 어둠 속으로 한참을 나아간 후에야 심문실의 낡은 문짝이 보였다.

자물쇠를 열고 문짝을 밀자 낡은 나무 책상과 두 개의 의자가 눈에 들어왔다. 스기야마는 그곳에서 몽둥이를 휘두르며 불온 문서 작성자들과 불온 서적 소지자들을 심문했을 것이다. 방 한쪽에는 가죽을 덧씌운 철제 의자가 있었다. 의자라기보다는 고문을 위한 형틀로 보였.

나는 서둘러 문을 닫고 자물쇠를 채웠다. 심문실과 나란히 위치한 자료실은 전시 국민 행동 요령, 동원 물자 증산 지도서, 황국 신민의 의무를 강조한 교육서 등을 구비하고 형무소의 도서관 역할을 했다.

검열실은 심문실과 자료실을 차례로 지나면 나타나는 복도 맨 안쪽방이었다. 크고 무거운 자물쇠를 따고 문을 열자 종이와 마른 잉크의 냄새가 쏟아져 나왔다. 문득 육체의 배고픔보다 견디기 힘든 영혼의 허기가 느껴졌다. 나는 오래된 곰팡이 냄새와 공기 중에 떠도는 책 먼지를 간절히 원하는 인간이었다. 나의 영혼은 흰 종이 위를 꼬물거리며 검은 활자를 갉아먹는 누에처럼 잠들고 싶었다. 나는 줄지어 선 서가의 좁은 통로를 꿈을 꾸듯 걸었다.

엎질러진 잉크가 푸르스름하게 얼룩져 있는 낡은 나무 책상 위에 검열 도구들이 보였다. 칼과 가위, 돋보기와 핀셋, 금지 단어를 삭제하는 검은 펜이 꽂힌 필통, 일본어 사전, 영어 사전, 옥편, 그리고 스기야마가 직접 정리한 조선어 단어장. 책꽂이에는 낡은 서류철들이 꽂혀 있었다. 〈자료실 도서 목록〉 〈반입 저작물 목록〉 〈검열 보고서〉 〈소각 문서 목록〉…….

나는 〈검열 보고서〉를 펼쳤다. 스기야마는 검열 내용을 꼼꼼하게 적고 문제 부분을 적시해두었다. 〈소각 문서 목록〉에는 사라져간 책들과 작가들과 시인들의 이름이 있었다. 투르게네프의 《첫사랑》과 《아버지와 아들》, 《너새니얼 호손 단편집》, 단테의 《신곡》…….

스기야마가 책 제목에 그은 붉은 줄은 죽은 책들이 흘린 핏자국 같았다.

소각된 저작물 중에는 한 조선인 미곡상의 외상 장부도 있었다. 소각 이유는 "진위를 해독할 수 없는 숫자의 무한 반복"이었다. 간수장은 "전시에서는 모든 인쇄물이 국가의 이익에 반하는 불온 문서다"라고 말했다. 그 말은 국가라는 괴물이 책을 얼마나 증오하고 두려워하는지 보여주었다. 모든 권력과 체제는 책을 두려워했고 책과 불화했다. 책 때문에 망한 나라들과 쫓겨난 군주들과 망명한 귀족들이 얼마나 많았던가.

책상 옆에는 우편 행낭 두 개가 있었다. 하나는 수인들이 보내는 엽서였고, 하나는 외부에서 온 우편물이었다. 발송 엽서들은 필요한 물품을 보내달라는 부탁이 대부분이었다. 하지만 그들은 만족스러운 답장을 받지 못했다. 물자 부족은 형무소 안팎이 다르지 않았으니까.

나는 문제가 될 만한 표현을 굵은 붓으로 칠하고 엽서들을 행낭에 모으는 것으로 검열 작업을 진행했다. 얕은 책상 서랍을 열자 서류철 묶음이 들어 있었다. 묶음 끈을 풀고 표지를 벗겨낸 1년 전 근무 일지였다. 순간 어떤 생각이 머릿속을 스쳤다.

나는 간수복 안주머니에서 나달나달한 종이를 펼쳤다. 구겨진 이면지에는 서랍 속 폐기 서류철 날짜의 전날이 적혀 있었다. 한 가지가 확실해졌다. 수수께끼의 시구는 스기야마가 직접 쓴 것이었다. 서류철을 넘기자 푸른 잉크가 눈에 들어왔다.

참회록

파란 녹이 낀 구리 거울 속에
내 얼굴이 남아 있는 것은
어느 왕조의 유물이기에

이다지도 욕될까.

나는 나의 참회의 글을 한 줄에 줄이자.
──만 이십사 년 일 개월을
　　무슨 기쁨을 바라 살아왔던가.

내일이나 모레나 그 어느 날에
나는 또 한 줄의 참회록을 써야 한다.
──그때 그 젊은 나이에
　　왜 그런 부끄런 고백을 했던가.

밤이면 밤마다 나의 거울을
손바닥으로 발바닥으로 닦아보자.

그러면 어느 운석 밑으로 홀로 걸어가는
슬픈 사람의 뒷모양이
거울 속에 나타나 온다.

바늘 끝처럼 뾰족한 획들은 사람을 찌르는 흉기 같았다. "파란 녹이 낀 구리거울" "왕조의 유물" "부끄런 고백"……. 꽉 짜인 구조 속에서 상징들이 긴밀히 소통했고, 단어들은 서로 어울리며 의미를 증폭시켰다. 나의 머릿속은 폭풍이 부는 밤바다처럼 어둡고 두렵고 혼란스러웠다. 나는 뛰어난 시를 쓸 수는 없지만 그것들을 읽어왔다. 한 자의 시어에서 시인의 냄새를 맡고, 한 줄의 글에서 그의 생각을 짐작할 수도 있었다. 이 시를 지은 수수께끼의 시인은 누구일까? 스기야마와는 어떤 관계일까?

"만 이십사 년 일 개월"이란 표현은 스기야마가 시를 쓰지 않았음을 증명하고 있었다. 그가 글을 배운 건 후쿠오카형무소에 온 이후였다. 그런데 왜 그는 이 시를 베껴서 서랍 속에 두었을까? 그의 안주머니에 있던 시와 이 시는 어떤 관계일까?

단서를 찾기 위해 나는 다시 시의 첫 줄부터 뜯어보았다. 그러나 완벽한 구조 속에서 조응하는 시어들은 나의 어설픈 분석을 허락하지 않았다. 나는 냉정하려 했지만 시가 뿜는 정서적 힘에 동요하고 있었다. 그때 두 줄의 표현이 나의 눈에 걸렸다.

'만 이십사 년 일 개월' '그 젊은 나이에 왜 그런 부끄런 고백을 했던가.'

그가 누구든 이 시를 쓴 것은 만 24년 1개월이 되던 시점이었고, 그때 그는 치욕적인 행위를 했다. 내가 찾아야 할 사람은 그 사람이었다.

서가 너머 복도는 깜깜한 어둠 속에 가라앉아 있었다. 나는 뻑뻑해진 두 눈을 비볐다.

다음 날 오후, 나는 죄수 세 명의 저작물 목록에서 열두 권의 책을 선별해 손수레에 실었다. 교수형을 당한 죄수의 압수물인 《로미오와 줄리엣》과 스탕달 소설 한 권, 공산주의 사상서 두 권과 내용을 알 수 없는 조선어책 여섯 권이었다.

새로 들어오는 반입서를 보관할 서가 공간을 확보하려면 처형당한 자들의 책과 기존에 압수한 불온서적을 정기적으로 솎아내야 했다. 죽은 죄수들의 압수물들, 보관 기간이 지난 행정 문서들과 1년이 넘은 근무 일지들은 소각하는 것이 원칙이었다.

소각실은 검열실에서 50미터쯤 떨어진 곳에 있었다. 나는 열 권의 책과 폐기 문서를 손수레에서 내리고 미리 작성한 소각품 목록과 소각물들을 대조했다. 목록과 물품에는 이상이 없었다.

나는 형장으로 향하는 사형집행인처럼 내키지 않는 발걸음을 질질 끌며 차갑게 식은 채 제물을 기다리는 소각로로 다가갔다. 문을 열자 풀썩 재 먼지가 일었고, 타버린 종이와 잉크의 매캐한 냄새가 났다. 발작적으로 기침이 나왔다.

한참 후에야 겨우 기침을 멈춘 나는 라이터를 켜 들고 가물거리는 불꽃을 바라보았다. 로미오와 줄리엣은 독약과 단검이 아니라 이 불꽃 때문에 죽을 것이다. 스탕달의 위대한 영혼 또한 이 작은 불꽃에 스러질 것이다. 그리고 이름 모를 조선인 작가들도……

나는 맨 위에 있는 책 표지의 조선어 제목을 골똘히 들여다보았다. 그의 이름은 파란 불꽃 아래에서 떨고 있었다.

백석 시집《사슴》.

한 시인의 영혼을 절멸시키는 죄를 나는 어떻게 씻을 수 있을까? 조선어를 모르는 것이 내게는 다행이었다. 조선어를 읽을 수 있었다면 결코 그 책을 불태우지 못했을 테니까. 나는 눈을 감은 채 맨 앞장을 뜯어내 불을 붙였다. 소각로에 시집을 던져 넣자 불꽃은 가장자리를 타고 안으로 옮겨 붙었다. 둥글고 각진 조선어들이 불길 속에 오그라들었다.

나는 헐벗은 내 영혼을 위로했던 스탕달을, 셰익스피어를, 로미오와 줄리엣을, 쥘리앵 소렐을 화염 속으로 밀어 넣었다. 열두 권의 책은 한 줄의 연기로 사라졌고, 한 줌의 재로 남았다. 나는 아직 불씨들이 깜박이는 재 위로 손을 가져갔다. 죽어버린 책들의 식지 않은 체온은 따스했다. 바스러진 활자들, 죽어버린 단어들, 스러진 음절들……

오래 참은 숨을 내뿜는 고래처럼 거친 숨을 몰아쉬며 나는 되새겼다. 소각은 검열관인 나의 당연한 업무이며 타버린 책들은 불온 분자에게 압수한 불온서적이라는 사실을.

나는 잠든 단어와 문장을 돌보는 파수꾼이 되고 싶었지만 책을 불태우는 집행자일 뿐이었다. 나는 압수된 책들을 읽을 수 있었지만 그 책들을 불태워야 할 사람도 나였다. 그것은 내게 불행이었을까, 다행이었을까?

심문

심문실은 좁고 어두웠다. 실내에는 시큼한 곰팡이 냄새가 났고 덩그러니 놓인 낡은 나무 책상에는 핏자국이 얼룩져 있었다. 나는 고갯짓으로 331번 최치수를 의자에 앉혔다. 딱딱한 나무 의자는 얼음처럼 차가웠다. 331번은 부러진 뼈가 아물었는지 안정된 눈빛이었고 심문실 구조에도 익숙한 것 같았다.

번득이는 그의 눈빛은 어린 시절 내가 교토에서 보았던 조선인들의 눈빛을 떠올리게 했다. 그들은 어른이든 아이든 냉담하게 쏘아보았고 무언가를 잃어버린 사람들처럼 주위를 두리번거렸다. 그들은 무엇을 잃어버렸을까? 나중에야 나는 그들이 잃어버린 것이 자신들의 나라, 나아가 자신들의 존재 자체라는 것을 알게 되었다.

"331번!"

나의 목소리는 나 자신도 겁먹을 정도로 날카로웠다. 그가 퉁명스럽게 대꾸했다.

"내 이름은 331번이 아니라 최치수요."

"조선 이름 말고 창씨명을 대시오!"

"그런 이름은 없소."

그는 비웃음을 오물처럼 입가에 흘리며 말을 이었다.

"일본 이름이 필요하면 아무렇게나 부르쇼. 죄수 번호 끝자리가 1번이니 이치로(一郞)라고 하든가. 죄수 서열로 쳐도 오야붕이니 틀린 이름은 아닐 거요."

틀린 말은 아니었다. 이치로는 한 집안의 큰아들을 뜻하는 이름이기도 하니까. 나는 쓸데없는 시비로 시간을 낭비하느니 바로 본론으로 들어갔다.

"12월 13일 있었던 부상 건에 대해 말하시오."

그는 질문의 의도를 파악하려는 듯 굵은 눈알을 굴렸다.

"별일 아니오. 손목뼈에 금이 가고 이마가 깨져 피를 좀 흘렸을 뿐이니까."

"당신에겐 별일 아닐지 몰라도 난 그렇지 않소. 왜냐면 당신을 개처럼 팼던 그 간수가 바로 12월 22일에 죽었기 때문이지."

그의 표정엔 어떤 동요도 없었다.

"12월 13일…… 그날도 죄수들은 일렬로 노역장으로 이동했죠. 난 적당히 게으름을 피우며 감방에 남았소. 그 간수가 감시창을 열더니 왜 나가지 않았냐고 소리치더군요. 감기에 걸렸다고 했더니 감방으로 들어와 곤봉으로 이마를 후려쳤소. 머리가 터졌지만 열흘 독방행으로 노역을 빠졌으니 내겐 남는 장사였지."

딱딱하게 진술을 시작했던 그는 우스개를 늘어놓을 정도로 여유를 되찾았다.

"그가 죽었다는데 당신은 놀라지 않는군."

"내가 놀라고 두려워해야 하는 거요? 난 그를 죽이지 않았으니 그럴 이유가 없소."

그의 말에는 일리가 있었다. 그에겐 누구도 뒤집지 못할 알리바이가 있었으니까. 살인이 일어난 2시에서 4시 사이 그는 분명 감방에 갇혀 있었다. 그것도 일반 수용동과 떨어져 철저한 감시하에 있는 독방에 갇혀 있었다. 그에게 12월 22일 일을 묻는 건 철통같은 후쿠오카형무소 보안 체계에 대한 의구심이고 소장과 간수장에 대한 추궁이었다. 나는 사냥감을 놓쳐버린 어린 사냥개 같았다.

"331번! 내가 궁금한 건 12월 22일 일이 아니라 바로 당신이란 인물이오."

그는 죄수복 소매 안으로 두 손을 마주 잡고 허리를 반듯하게 등받이에 기댔다. 그의 손목에 채워진 수갑이 반짝였다. 그는 차가운 미소를 지으며 말했다.

"내가 어떤 놈인지는 나도 오래전에 잊었소."

불안한 건 내 쪽이었다. 나는 기록철을 펼치고 말을 꺼냈다.

"본명 최치수! 나이는 마흔둘. 조선 반도 개성 출신. 17세 때 주재소 습격, 일본인 상인 폭행, 일본인 상점 방화 시도 기록이 있고……. 22세 때 화염병으로 개성경찰서를 홀랑 태우고 곧바로 만주로 도피했군."

그는 나의 조급함을 투명한 물컵처럼 들여다보는 것 같았다. 나는 서둘러 말을 이었다.

"당신이 다시 기록에 등장한 건 9년 전 도쿄 한복판이었어. 우에노공원에서 있었던 천황 탄신일 기념행사장의 폭탄 투척 사건으로 현장에서 체포되었지. 폭탄이 불발된 탓에 무기징역을 언도받고 도쿄형무소에서 복역하던 중 조선인 기결수들은 후쿠오카형무소로 집결시킨다는 내무성 방침에 따라 이곳에 이감되었어. 7년 동안 탈출을 16회 기도했고, 27회에 걸쳐 348일간의 독방 신세를 졌군."

나는 낡은 책 한 권을 책상 위에 던졌다. 그의 압수물 상자에 있던 유일한 책이었다. 용의주도한 그는 고등경찰에게 잡힐 경우 증거물이 될 것을 우려해 은신처에 단 한 권의 책도 남기지 않았다. 하지만 읽는 것도 소지하는 것도 금지된 그 책은 그가 유일하게 소지했던 경전이었다. 쥐 오줌에 얼룩진 표지에 희미한 제목이 보였다.

《공산당 선언》 칼 마르크스.

그의 얼굴은 격렬한 화산활동을 하는 것 같았다. 그는 주름진 미간과 달아오른 눈시울로 나를 차갑게 쏘아보며 말했다.

"그자가 죽던 시간에 난 독방에 갇혀 있었소."

"그건 변명이 될 수 없소. 누구보다 오래 이곳에 있었고 이 형무소를 잘 아는 당신이라면 귀신처럼 독방을 빠져나올 방법 또한 모르란 법이 없을 테니까. 게다가 당신은 스기야마의 몽둥이에 뼈가 부러지고 이마가 터졌으니 동기는 충분하오."

그는 알 듯 모를 듯한 웃음을 흘렸다.

"스기야마라고 했소? 내가 그자에 대해 무엇을 알고 있는지 말해줄까?"

나는 미끼를 문 물고기처럼 그에게 달려들었다. 그는 무엇을 알고 있을까? 그리고 무엇을 감추고 있을까? 그가 말했다.

"스기야마 도잔은 평생을 군인으로 살았소. 하지만 결국 나약한 인간으로 죽었지."

나는 나보다 훨씬 강하고 아는 것이 많고 교활한 자와 대적하고 있었다. 그럴수록 나는 오기가 생겼다.

"조심하쇼. 당신이 무슨 일을 꾸미고 있든 내가 밝힐 테니까!"

그는 싱긋 웃으며 짧게 되물었다.

"어떻게?"

"난…… 문장을 통해, 당신을 읽을 거요."

그는 눈살을 꿈틀거리더니 말도 되지 않는 소리라는 듯 웃음을 흘렸다.

"터무니없는 소릴 하는 자가 또 있었군. 글로 사람을 읽는다느니 하는 헛소리는 히라누마 놈만 지껄일 줄 알았더니……"

나의 귀가 번쩍 띄었다. 나는 그 네 음절의 이름을 머리에 새겼다. 히라누마.

검열실의 어둠과 적막은 책들의 숨소리를 품고 있었다. 반입 저작물 목록부에는 수인 번호와 반입물 목록, 반입 날짜가 깨알같이 적혀 있었다.

책들은 철창 속에 갇힌 죄수들처럼 어둠 속에 유폐되어 있었다. 위고, 톨스토이, 스탕달, 세르반테스……. 활자 속으로 도망친 그들의 숨결은 책갈피 사이에 살아 있었고 그들의 영혼은 책 속에 깃들어 있었다. 종이는 그들의 피부였으며, 잉크는 그들의 피였고, 사철 실은 그들의 인대였다.

나는 교토의 먼지투성이 서가 틈에서 그들을 만났고 그들의 위로를 들으며 자랐다. 그들을 떠난 후 나는 고아가 되었다. 나의 영혼은 길을 잃었으며 나의 꿈은 어둠 속을 헤맸다.

반입 저작물 목록을 서너 장 넘기자 히라누마 도주의 기록이 나타났다. 죄수 번호 645번. 645번 압수물 상자를 뒤지면 무언가가 나올 것이다. 나는 600번대 서가 통로로 다가갔다. 서가 위에는 죄수 번호를 표기한 패찰이 붙은 상자들이 먼지를 뒤집어쓰고 있었다. 그러나 유독 645번 상자의 손잡이만은 손때가 묻어 반들거렸다. 누군가가 자주 상자를 꺼내 열어본 것 같은 인상이었다. 그렇게 자주, 자유롭게 압수물을 살필 수 있는 사람은 검열관밖에 없었다. 나의 머릿속은 가마솥처럼 뜨거워졌다. 히라누마 도주가 검열관 스기야마의 죽음과 관계가 있을까?

상자를 열자 맨 위에 그의 인적 사항이 적힌 서류가 보였다.

히라누마 도주.

1917년 만주국 간도성 화룡현 명동촌 출생. 1932년 은진중학교 입학 후 1935년 평양 숭실중학교 3학년 편입. 신사참배 거부로 학교가 폐교된 후 용정으로 귀향. 22살 되던 1938년 연희전문학교 입학. 1942년 도일해 릿쿄대학 영문과에 입학. 같은 해 가을 교토 도시샤대학 영문과 편입. 1943년 7월 사상범으로 고등계 경찰에 체포되어 시모가모경찰서에 구금. 1944년 2월 22일 기소되어 치안유지법 위반으로 2년형 언도.

그의 죄목은 사회 혼란을 부추긴 대부분의 다른 반일 분자들과 비슷했다. 나는 그의 압수 저작물들이 적힌 목록을 펼쳤다. 도스토옙스키의 《죄와 벌》, 앙드레 지드의 《좁은 문》, 보들레르의 시집 《악의 꽃》, 폴 발레리와 프랑시스 잠 그리고 라이너 마리아 릴케의 시집들…….

나는 낯익은 작가들과 시인들의 이름을 떠듬떠듬 소리 내어 불렀다. 그 이름들은 어두운 나의 가슴속에서 별처럼 가물거리며 반짝였다. 나의 가슴은 못대가리로 달려드는 망치처럼 쾅쾅 뛰었다. 히라누마의 압수물 상자 안에는 열대여섯 권의 책들이 있었다. 하나같이 손때가 묻어 있었으며 귀퉁이가 낡아 있었다. 상자 맨 위의 책을 집어 들었다. 라이너 마리아 릴케의 《말테의 수기》였다.

혈관 속의 피가 빠르게 돌기 시작했다. 언젠가 전쟁이 끝나면 릴케를 다시 읽을 수 있기를 나는 소망했다. 하나님은 내 소망을 들어주는 대신 기적을 베풀었다. 전쟁이 끝나지 않았는데도 릴케를 읽을 수 있게 되었으니까.

그때 책갈피 사이에서 무언가가 팔랑거리며 떨어졌다. 나는 노르스름하게 바랜 종잇장을 조심스레 집어 들었다. 그리고 거기 적힌 한 편의 시를 천천히 읽었다.

자화상

산모퉁이를 돌아 논가 외딴 우물을 홀로 찾아가선
가만히 들여다봅니다.

우물 속에는 달이 밝고 구름이 흐르고 하늘이 펼치고 파아란 바람이 불고 가을이 있습니다.

그리고 한 사나이가 있습니다.
어쩐지 그 사나이가 미워져 돌아갑니다.

돌아가다 생각하니 그 사나이가 가엾어집니다. 도로 가 들여다보니 사나이는 그대로 있습니다.

다시 그 사나이가 미워져 돌아갑니다.
돌아가다 생각하니 그 사나이가 그리워집니다.

우물 속에는 달이 밝고 구름이 흐르고 하늘이 펼치고 파아란 바람이 불고 가을이 있고 추억처럼 사나이가 있습니다.

기계의 위대함은 경외할 만하다. 나사들, 태엽들, 톱니바퀴와 작은 쇠붙이들……. 잘 만들어진 기계는 인간의 영혼에 봉사한다. 정교한 시계와 방적기와 자동차와 비행기는 인간의 의지를 북돋우고 욕망을 자극하고 삶을 바꾸어놓았다. 그 시는 스위스 시계처럼 완벽했다. 쇠붙이가 아닌 언어로 만들어진 기계, 나사와 태엽과 톱니바퀴와 크랭크와 밸브 대신 어휘와 음절과 구문, 수많은 구두점으로 조립된 그 기계는 놀랄 만큼 정교하게 작동하며 시계가, 자동차가, 방적기가 제공하는 편리함과 안락함 이상의 충만감을 주었다.

물끄러미 손에 든 시를 들여다보는 순간 불현듯 스기야마의 서랍에서 발견된 〈참회록〉이란 시가 떠올랐다. 〈자화상〉과 〈참회록〉, 쌍둥이처럼 닮은 두 편의 시에는 같은 냄새가 배어 있었다. 차분한 자기 성찰, 자신과의 갈등, 시대의 혼돈, 실오라기 같은 희망……

"우물"과 "구리 거울"을 들여다보는 "사나이"는 공통적으로 나르시스적 자아의 상징이었고, 절망이 희망으로 치환되는 구조도 유사했다. 〈참회록〉의 "녹슨 구리 거울" "슬픈 사람"과 〈자화상〉의 "외딴 우물" "미워져 돌아가는 사나이"에 비친 절망은 마지막 연에서 "슬픈 사람의 뒷모양"이 나타나는 "거울"과 "추억처럼 사나이"가 있는, "파아란 바람"이 부는 "우물"이란 열망으로 치환되었다.

단 두 편의 시를 읽었을 뿐이지만 나는 그 시인을 알 것 같았다. 마치 오래전부터 사귄 친구처럼 복잡한 거리에서라도 그를 알아볼 수 있을 것 같았다. 균형 잡힌 얼굴, 유순하지만 열망을 담은 입. 매 순간 거울과 우물에 비치는 맑은 눈동자.

히라누마란 자가 쓴 시일까? 아니면 스기야마가 다른 누군가의 시를 베낀 것일까?

그것을 알려면 그를 만나야 했다.

소리 없이 심문실 문이 열리고 645번이 들어섰다. 반듯한 그의 얼굴은 침침한 공간과 완벽하게 이질적이었다. 빡빡머리와 가지런한 눈썹 때문에 그의 이마는 더욱 반듯해 보였다. 꼬리가 긴 눈은 깊은 우물 같았고 반듯한 콧날은 섬세한 동시에 강인했다. 부르튼 입술은 새긴 것 같은 미소를 짓고 있었다. 마치 꿈을 꾸는 듯한 표정이었다. 그렇게 선한 눈매와 평화로운 미소를 가진 사람이 왜 이런 곳까지 와야 했을까?

나는 서류철을 다시 들여다보며 그의 죄목을 확인했다. 조선 독립운동과 관련된 치안유지법 위반. 어쩌면 그건 죄가 아닐지 모른다. 그것이 죄라면 모든 조선인들을 형무소의 철창 속에 처박아 넣어야 할 테니까. 먼저 입을 연 쪽은 내가 아닌 그였다.

"당신도 죄 없이 끌려왔군요."

부인하고 싶었지만 그럴 수 없었다. 전쟁이란 괴물이 나에게 어울리지 않는 군복을 입혀 이곳까지 끌고 온 건 사실이었으니까. 나는 내가 해야 할 일이 그를 읽는 것임을 자각했다.

그는 '당신이'도 '당신은'도 아닌 '당신도'라고 말했다. '이'라는 주격 조사는 죄 없이 끌려온 사람이 다른 누구도 아닌 나라는 의미다. '당신도'의 '도'는 나 아닌 누군가가 끌려왔으며 그들 또한 죄가 없다는 두 가지 사실을 말한다. 그것은 자신의 결백에 대한 항변일까? 그렇다 해도 소용없다. 나는 재판장이 아닌 말단 간수병에 불과하니까. 나는 말했다.

"모든 죄수들은 자신에게 죄가 없다고 하지. 흉악한 살인자도 교활한 사기꾼도 누군가에게 속았거나, 술에 취했을 뿐이라고. 하지만 죄 없이 감옥에 들어오는 사람은 없소. 당신이 에드몽 당테스라면 모를까……"

'에드몽 당테스'란 말에 그의 두 눈이 반짝였다. 그는 싸움을 거는 것처럼 대꾸했다.

"인간의 죄를 대신해 독수리에게 간을 쪼여 먹힌 프로메테우스도 있지요."

나는 당황하는 동시에 흥분했다. 그는 《몬테크리스토 백작》과 그리스신화를 읽은 자였다. 우리는 같은 책을 읽었고 같은 작가와 주인공을 알았으며 같은 추억을 공유했던 것이다. 나는 말했다.

"프로메테우스는 불을 훔쳤소. 누구를 위해 무엇을 훔쳤든 도둑질은 처벌받아야 하오."

"무력하고 순진한 것도 죄가 될까요? 메르세데스를 사랑하면서도 몬데고와 당그라르, 빌포르의 음모를 막지 못한 에드몽 당테스처럼."

그는 대답을 원하는 것이 아니라 그의 머릿속에 갇힌 인물들, 뒤마와 에

드몽 당테스와 몬데고와 당글라르와 빌포르와 메르세데스의 이야기를 하고 싶은 것 같았다.

"순진하고 무력한 것이 죄는 아니지만 죄의 빌미는 될 수 있소. 누구도 자신을 지키지 못하는 자를 대신 지켜줄 수 없을 테니까."

나라를 지키지 못한 조선인들이 죄인이라는 나의 강변에 그는 고개를 끄덕였다. 받아들이고 싶지 않지만 나의 말에 수긍할 수밖에 없는 좌절감이 그의 눈빛에 내비쳤다. 틈을 주지 말고 그를 덫으로 몰아야 했다.

나는 간수복 윗주머니에서 두 장의 종이를 꺼내 책상 위에 펼쳤다. 〈자화상〉과 〈참회록〉이라고 쓰인 서툰 글씨의 잉크가 번져 있었다. 그의 얼굴에 놀라움과 두려움이 함께 떠올랐다. 나는 말했다.

"《말테의 수기》 책갈피 사이에 〈자화상〉이란 시가 적힌 쪽지가 있었소. 당신의 압수물에서 나왔으니 당신이 쓴 게 확실하지요?"

"고등경찰에게 압수당한 건 맞지만 그 책은 헌책방에서 산 거요. 많은 사람의 손을 거친 책인데 어떻게 내가 쓴 시라고 단정하는 거요?"

"언어는 한 인간의 총합이오. 한 인간의 언어는 그의 지문과 같소. 그의 출생과 성장, 기억과 과거를 모두 간직하고 있죠. 〈자화상〉과 〈참회록〉은 한 어머니에게서 태어난 쌍둥이와 같소. 당신이 〈자화상〉을 썼다면 〈참회록〉 또한 당신 시가 분명하오."

"두 시가 같은 사람 것이라면 명확한 논리로 증명하시오!"

그는 내가 쳐놓은 언어의 덫 속으로 걸어 들어오고 있었다. 어쩌면 내가 그의 올가미 속으로 걸어 들어갔는지도 모른다. 나는 말했다.

"〈자화상〉 첫 줄의 '외딴' '홀로' '가만히'란 시어들, 〈참회록〉의 '녹이 낀' '밤' '홀로'라는 표현은 그가 외로움에 익숙한 사람임을 보여주고 있소. '참회의 글을 한 줄로 줄인다'거나 '말없이 우물가를 오가는 사나이'라는 표현은 그의 과묵함을 말해주지요. 자신을 미워하고 가엾어 하다가 그리워하는

〈자화상〉의 주인공과 삶의 무게를 온전히 받아들이고, 녹슨 왕조의 유물을 온몸으로 닦는 〈참회록〉의 주인공은 좌절하지만 절망하지는 않는 인간이오. '욕된 왕조의 유물'이란 표현은 그가 조선인임을 드러내고 있소."

그는 깊은 우물 속을 들여다보는 듯한 미묘한 표정으로 가만히 나의 눈을 들여다보았다. 한참 후에야 그는 나의 성급함을 나무라는 것으로 자신을 방어했다.

"난 형무소에 갇힌 죄수에 불과하오. 그 시의 작자가 나라면 그 증거를 대야 할 것이오."

나는 기다렸다는 듯 말했다.

"〈참회록〉엔 당신이 그 시를 쓴 결정적인 증거가 있소. '만 이십사 년 일 개월'. 그것은 시를 쓴 시점의 시인의 나이오. 그가 왜 그 시점에 〈참회록〉이라는 시를 썼겠소? 어떤 일을 참회했겠소?"

그것은 대답을 구하는 질문이 아니라 추궁이었다. 수형 기록에 의하면 조선의 연희전문학교를 마친 그가 도쿄 릿쿄대학에 입학하기 위해 일본으로 건너온 건 2년 전이었다. 1942년 초는 정확히 그가 만 24세 1개월 되던 시점이었다. '만 이십사 년 일 개월'이란 문장을 쓰는 순간 그는 그 시가 자신의 것일 수밖에 없음을 고백했던 것이다. 남은 것은 그가 어떤 일을 참회했는지를 밝혀내는 것뿐이었다. 나는 추궁을 이어나갔다.

"조선인이 합법적으로 일본으로 오려면 도항 증명서가 필요하오. 불법 밀항선을 탈 수도 있지만 유학생이라면 반드시 도항 증명서가 필요하죠. 도항 증명서를 발급받으려면 창씨개명이라는 조건이 필요하오. 일본으로 오기 위해 당신은 창씨개명을 해야 했소. 히라누마 도주! 당신의 조선 이름은 '오래된 왕조의 유물'이었고, '녹슨 구리 거울에 비친 욕된 얼굴'은 당신의 창씨명이었소. 당신은 도항 증명서를 위해 버려야 했던 자신의 이름을 보며 참회했던 거요."

그는 헐벗은 과거로부터 도피해 온 도망자 같았다. 눈빛은 지쳐 있었고, 표정은 굳어 있었으며, 목소리는 쉰 것처럼 들렸다. 그는 터진 입술을 혀로 축이고 말했다.

"일본으로 건너오기 전에 썼던 시일 뿐이오. 발표한 적도 없는 시를 쓴 게 죄가 됩니까?"

"시를 쓴 것이 죄는 아니오."

그의 눈은 '그런데 왜 지금 그 시가 문제가 되는지'에 관해 묻고 있었다. 나는 대답해주었다.

"이 시가 살인 사건에 관련되었기 때문이오. 사흘 전 살해된 간수의 옷 주머니에서 〈참회록〉이란 시가 적힌 쪽지가 나왔소. 저자는 〈자화상〉을 쓴 시인과 동일인이죠. 그가 왜 당신의 시를 베껴 썼는지, 이 시가 그의 죽음과 어떤 관계가 있는지…… 난 그걸 알아야 하오."

그는 안개 속에 서 있는 것 같았다. 경계하지도 긴장하지도 않는 텅 빈 눈동자. 문신처럼 새겨진 입가의 미소.

소년은 어떻게
　　군인이 되는가

　간수장실의 석탄 화로는 온기를 간직하고 있었다. 따뜻해진 피가 혈관 속을 흐르며 기진맥진한 몸이 나른하게 풀렸다. 간수장은 내가 건넨 검열 대장을 읽는 둥 마는 둥 하더니 결재란에 도장을 찍었다. 나는 어떤 말을 해야 하고 어떤 말을 하지 말아야 할지 머릿속을 정리했다.
　"저…… 스기야마 간수 사건 말입니다."
　아귀가 맞지 않는 문짝처럼 나의 입은 삐걱거렸다.
　"스기야마가 왜? 그 작자가 살아서 돌아오기라도 했나?"
　간수장은 심드렁한 표정으로 한쪽 귀를 후볐다. 방금 들은 내 말을 파내려는 것 같았다.
　"그가 죽기 전 소지했던 시의 단서가 어렴풋이 드러나고 있습니다."
　그는 파낸 귀지를 훅 불어 날렸다. 시 나부랭이가 살인 사건에 무슨 상관이냐는 표정이었다. 그럴 만도 했다. 정체불명의 낙서 몇 줄이 살인의 단서가 될 수는 없었으니까. 그가 말했다.

"그 사건은 특별히 나올 게 없을 거야. 검열 업무에 집중하도록!"

"사건 조사 때문에 검열에 소홀하진 않겠습니다. 검열 대장을 보시면 업무에 차질이 없다는 걸 아실 것입니다. 다만 피살자 사인과 사망 경위를 좀 더 구체적으로 확인하고 싶습니다."

"그런 거라면 의무동에서 보내온 검시서를 보면 되지 않나?"

"간단한 검시서 양식으로 파악할 수 없는 것이 있습니다. 의무동으로 가 검시의를 만나서 사망 정황이나 경위를 알아보는 것이……."

간수장은 집어 들었던 신문을 책상 위에 팽개치며 소리쳤다.

"어린 친구가 큰일을 낼 참이군. 의무동 구역이 어딘 줄 알기나 해? 규슈제국대학 의대 연구진이 밤을 새워 연구에 몰두하는 성역이야. 검안실과 연구실은 간수들도 허가 없이는 들어가지 못하는 일급 보안 시설이라고! 자네가 마음대로 드나들 곳이 아냐!"

간수장의 표정은 엄숙했다. 조직 속에서 평생을 살아온 자들을 움직이는 것은 조직의 위계와 규범이었다. 나는 올가미를 던지듯 말했다.

"살인 사건 조사는 소장님 직접 지시 사항입니다. 스기야마 간수의 근무 일지 기록을 토대로 331번 죄수를 심문했습니다. 스기야마에게 심각한 폭행을 당해 골절상을 입은 최치수란 자였습니다."

일그러진 간수장의 얼굴에 의문과 호기심이 떠올랐다.

"놈이 자신을 구타한 간수에게 원한을 품고 죽였다는 건가?"

"그것을 확인하려면 의무동에 가서 검시의를 면담하고 시체도 꼼꼼히 확인해야 합니다."

간수장은 생각지 않던 월척을 건진 낚시꾼처럼 빙글거렸다.

"좋아. 허가서를 써주지. 하지만 의무동에선 행동을 조심해. 필요한 일만 끝내고 투명 인간처럼 조용히 빠져나오라고!"

그는 의무동 출입증에 도장을 찍으며 명령했다. 명령은 부탁처럼 들렸다.

의무동은 본관동 오른쪽에 있는 2층 건물이었다. 본관동과 긴 통로로 연결되어 있어 한 건물처럼 보였지만 서로 다른 별천지였다. 의무동 복도에는 땀과 오물에 찌든 역겨운 냄새 대신 싸한 소독약 냄새가 떠다녔다. 그 청결함의 냄새에 가벼운 현기증이 났다. 그것은 깨끗하고 고결한 세상으로 들어가기 위해 내 몸이 치러야 할 대가처럼 느껴졌다.

후쿠오카형무소에 의무동이 들어선 것은 전국 규모의 기간 형무소로 승격되면서부터였다. 그 이전에는 형무소에 우글거리는 범죄자들과 반역자들은 언제 죽어도 그만이었고 의무실 또한 필요 없었다. 행정동 구석의 명색뿐인 의무실에는 변변한 의료 장비조차 없었고, 의료진이라고 해야 예순을 바라보는 늙은 의사와 40대 간호사가 전부였다. 업무라고는 사형 집행, 질병, 폭력과 난동으로 죽은 사체 처리가 대부분이었다. 죽어가는 자를 살리고 앓는 자를 고칠 의술은 필요 없었다.

상황이 달라진 것은 규슈제대 의과대학의 모리오카 교수가 형무소에 의무동 설립을 주도하면서였다. 그는 새로운 수술 기법을 거듭 성공시키며 의학계의 주목을 받는 외과의였다. 호감을 주는 사교가였고 너그러운 자선가였으며 음악, 미술, 연극, 문학에 조예가 깊은 교토 사교계의 지식인이기도 했다.

대학을 떠나 형무소로 가겠다는 그의 선언은 누구도 예상치 못한 사건이었다. 언론은 히포크라테스의 정신을 계승한 그의 결단을 대서특필했다. 그는 대학병원엔 좋은 의사들이 넘치지만 죄수들 또한 치료받을 권리가 있으며 자신을 필요로 하는 사람들 곁으로 가겠다고 말했다. 치료뿐 아니라 질병 퇴치와 의료 발전을 위한 연구에도 진력하겠다고 강조했다. 병원장은 경악했고 시장까지 그의 형무소행을 막고 나섰다.

그는 모든 사람에게 이해받기 위해 노력하는 것이 얼마나 부질없는지 알았다. 그는 10여 명의 전문의와 20여 명의 인턴, 20명의 연구진 그리고 20명이 넘는 간호사로 의료진을 꾸렸다. 모리오카 교수가 부임하자 소장과 간수들뿐만 아니라 3수용동의 죄수들 또한 열렬히 그를 맞았다. 추위와 굶주림과 몽둥이질에 망가져도 제국대학 의사들의 치료를 받을 수 있다는 기대 때문이었다.

　나는 기분 좋은 공기 속을 떠다니듯 걸어 병실과 간호사실, 치료실과 주사실을 지났다. 새로 증축된 의무동의 조명은 모든 것을 희고 반짝이게 했다. 그곳에서는 색 바랜 죄수복이나 우중충한 간수복을 찾아볼 수 없었다. 대신 금테와 장미 무늬목 안경을 낀 의사와 눈부시게 흰 가운을 입은 간호사들이 바쁘게 오가고 있었다. 나는 제복이 그 인간의 영혼을 대변한다고 생각했다. 죄수들의 영혼은 바래고, 간수들은 우중충하며, 의사들은 깨끗하고, 간호사들은 순결할 거라고.

　부검실은 의무동 지하의 끝 방이었다. 스기야마의 시신은 텅 빈 부검실 중앙의 금속 테이블 위에 반듯이 누워 있었다. 시신 곳곳에 푸르거나 검거나 불그스레하게 삭은 멍이 보였다. 하나의 멍 위에 다른 멍이 겹친 부위도 있었다. 유독 짙은 멍 자국이 있는 어깨 부위의 피부는 찢어져 있었고 어깨뼈가 부러진 듯 처져 있었다. 일반적인 몽둥이라기보다는 둔중하면서도 날카로운 금속 흉기로 후려 맞은 것 같았다. 거무튀튀한 굳은살이 박인 무릎 부위에는 쓸려서 생긴 생채기들이 보였고 깨진 뒤통수에는 피딱지가 말라붙어 있었다. 하얀 각질이 일어난 입술은 단정한 바늘땀으로 봉해져 있었다. 뜯어진 양장본 사철을 꿰매던 어머니를 떠올릴 정도로 꼼꼼하고 깔끔한 바느질이었다.

　테이블 뒤에는 수술용 마스크로 얼굴을 가린 의사가 서 있었다. 부검실과 시체실을 담당하는 수석 연구원 에구치 신스케였다. 거수경례를 하자 그는 물기를 닦아낸 손을 내밀었다. 마스크를 벗고 이를 활짝 드러내며 웃는 그는 40대 초반의 신사였다. 가운 아래로 하얀 셔츠 옷깃이 살짝 엿보였다. 전쟁에 시달린 남자들은 나이에 비해 겉늙기 일쑤지만 혹독한 전쟁을 피해온 그는 어쩌면 외모보다 다섯 살 정도 더 먹었는지도 몰랐다. 맑은 표정으로 문을 나선 그는 사형 참관인이나 시신 수습차 방문한 가족을 위한 면담실로 향했다. 그는 내가 읽기 편하게 책상 위에 부검서류철을 펼쳤다.

"사망에 이른 1차적 원인은 후두부 가격으로 인한 두개골 파열과 뇌출혈이오. 실신한 상태에서 전신에 둔기로 타격당한 흔적이 있소."

매끄럽게 공명하는 목소리는 그의 지력과 권위, 세련된 취향을 동시에 드러냈다. 어린 영양은 사자가 그르렁거리는 소리만 들어도 꼬리를 내리고 도망가야 한다는 것을 안다. 그는 어린 영양처럼 주눅 든 나에게 친절한 눈빛을 보내며 흰 천으로 시신을 덮고 개수대로 가서 손을 씻었다. 서늘한 공기 속에서 비릿한 냄새가 났다.

"그 둔기가 어떤 것이었는지 말씀해주실 수 있습니까?"

"간수들이 소지하는 진압봉 같소. 멍의 형태에 진압봉의 요철이 남아 있고, 두개골 열상에 남은 둔기 흔적의 지름이 진압봉과 일치했소. 결정적 사망 원인은 가슴에 꽂힌 금속 흉기요. 날카롭고 긴 흉기로 심장을 찔렀지. 찔렀다 뽑은 것이 아니라 완전히 몸속에 박아 넣었소."

자루 없는 흉기는 형무소에서 흔한 물건이었다. 죄수들은 쇠붙이만 보면 그것으로 사람을 죽일 궁리부터 했다. 그들은 숟가락을 갈아 예도를 만들었고 녹슨 쇠창살을 잘라 흉기를 만들었다. 자신들을 가둔 철조망을 두 줄 석 줄로 꼬아 강도를 높이고 끝을 갈아 소맷자락에 숨기고 다니기도 했다.

"시체는 목에 밧줄이 감긴 채 2층 복도 난간에 매달려 있었습니다."

"목을 맨 것은 그의 죽음과 직접적인 관련이 없소."

"이미 죽은 사람의 목을 달아맸다는 말씀입니까?"

그는 투명한 안경 너머로 나를 바라보며 고개를 가로저었다. 대답할 수 없으며 대답하지 않겠다는 의지로 보였다. 나는 다시 물었다.

"입술을 바느질로 봉한 건 무슨 뜻일까요?"

그는 이번에도 똑같은 각도와 똑같은 간격으로 도리질을 했다. 그의 고갯짓은 대답을 찾아야 할 사람이 자신이 아니라 나라는 의미였다. 부검 결과는 명백했지만 흩어진 단서의 조각들은 일관된 하나의 그림을 이루지 못하고 있었다.

부검실을 나온 나는 의무동 복도를 걸었다. 모든 것이 희고 빛나는 그 공간을 빨리 빠져나오고 싶었다. 그곳은 나와 같은 인간에게 어울리지 않았다. 나는 축축하고 어두운 잿빛 공간, 죄진 자들의 공간에나 어울리는 인간이었다.

*

거대한 것들은 우리 자신도 모르게 다가온다. 우리가 자전하는 지구의 굉음을 듣지 못하는 것처럼. 1941년 12월 8일 아침 또한 여느 날과 다름없었다. 전차는 종소리를 울리며 거리를 지났고, 기모노를 입은 여인들은 바쁜 걸음을 옮겼으며, 남자들은 성난 얼굴로 거리를 노려보았다.

나도 모르게 내 운명이 바뀌고 있다는 사실을 전해준 사람은 그날 오후 책방에 들어선 한 대학생이었다. 그는 아침부터 라디오에서 같은 내용의 임시 뉴스가 끝없이 나오고 있다고 말했다. 나는 책방 옆 전파사로 달려갔다. 유리문 앞에 사람들이 복닥거리고 잡음 속에 격앙된 목소리가 들렸다.

"오늘 오전 6시, 대본영 육해군 본부는 서태평양에서 미국, 영국군과 전투 상황에 돌입했다. 해군 항공대가 하와이 진주만을 공습해 미군 대형 함선에 대규모 피해를 입혔다."

전파사를 나왔을 때 나는 다른 사람이 되었고, 뉴스를 듣지 않았던 나와 타인이 되었다. 거리의 남자들은 턱을 불끈거리며 호외에 눈을 박고 있었다.

주먹만 한 활자들이 신문에서 뛰쳐나와 내 얼굴을 두들겨 패는 것 같았다.
「제국, 영미에 선전포고」「아군 공군, 호놀룰루 대폭격, 진주만에서 미 함선 2척 격침」……

전쟁 속에서 태어나 전쟁과 함께 자란 내게 전쟁은 새삼스러운 일이 아니었다. 만주에서, 중국에서, 태평양에서 하나의 전쟁이 끝나기도 전에 다른 전쟁이 시작되었다.

그러나 이전과 완전히 다른 이 새로운 전쟁은 사나운 발톱으로 시민들의 삶을 옥죄어왔다. 소학교는 국민학교로 바뀌었고, 남자들은 양복 깃을 고쳐 만든 국민복을 입었다. 사적인 모임은 금지됐고, 물자는 배급제로 바뀌었다. 어묵 공장은 군 보급 식품 공장이 되고, 양복점은 군복 공장이 되었다. 아이들은 집 안을 뒤져 쇠붙이란 쇠붙이를 모두 학교로 가져갔다. 그들은 작은 못대가리가 총알이 되어 적의 심장을 뚫을 거라고 믿었다. 거리 모퉁이에는 모래주머니 방공호가 생겼다. 전차는 아무 일도 없는 것처럼 모래주머니와 모래주머니 사이를 오갔다.

라디오는 앵무새처럼 끊임없이 태평양 곳곳의 승전보를 읊었다. 랑군, 수라바야, 네덜란드령동인도……. '승리의 그날까지 원하는 것을 참자'는 구호가 귀를 따갑게 했다. 나는 간절히 승리를, 그리고 승전보에 뒤따라오는 특별 배급을 기다렸다. 배급으로 받은 설탕과 콩과 과자는 전쟁에 지쳐 잿빛이 된 우리 마음에 빨갛고 노란 색들을 칠해주었다.

교련 교사들은 똑 부러지는 구령을 외치며 학교 안을 직각 보행했다. 제식훈련과 응급치료법으로 시작된 교련은 학기가 끝날 무렵 총검술과 사격술로, 미군 비행기 식별 요령과 각종 폭탄의 폭음과 화염 색깔에 따른 대피 요령으로 이어졌다.

우리는 발목에 찬 각반을 하루 종일 풀지 않았다. 전선으로 간 선배들과 전사들의 고충을 함께 한다는 결기. 언제라도 전선으로 달려갈 수 있고, 그래야 한다는 각오. 우리는 언제든 교복이 군복이 될 수 있고 또 그렇게 되어야 한다고 생각했지만 실제로 그런 일이 일어날 거라고는 생각하지 않았다. 교토역 광장에서 입대하는 선배들을 만세로 배웅하면서도 나는 그것이 내게 닥칠 일이라고는 상상조차 하지 않았다. 우리는 진짜 전쟁을 전쟁놀이쯤으로 알고 키득거리던 세상 물정 모르는 소년들에 지나지 않았다. 그러나 운명은 모두에게 공평했다.

여름방학을 앞둔 어느 날, 공습처럼 날아든 빨간 딱지가 갓 열일곱 된 내 삶의 한복판에서 터졌다. 그때 나는 어머니의 책방 서가 틈에 쭈그리고 앉아 《올리버 트위스트》에 빠져 있었다. 드르륵 유리문이 열리는 소리가 기억난다. 나의 이름을 부르는 누군가의 목소리도.

와타나베 유이치 군!

낮고 음울한 음성이 나의 백일몽 속으로 흘러 들어왔다. 나는 선잠에서 깬 것처럼 읽던 책을 덮고 비척대며 서가 틈을 빠져나왔다.

국민복을 입은 집배원은 나를 흘깃 보더니 우편 행낭에 고개를 묻고 편지 묶음을 뒤적였다. 그가 내 눈길을 피하려 한다는 것을 알 수 있었다. 그는 얼마나 많은 소년들의 눈길을 피해야 했을까? 집행을 기다리는 사형수 같은 눈들, 피할 수도 도망갈 수도 없는 올무에 걸린 어린 짐승 같은 눈들, 진창 앞에서 돌아가야 할지, 건너가야 할지 결정하지 못한 채 어쩔 줄 모르는 눈들.

한참 후에야 그는 행낭 속에 처박았던 표정 없는 얼굴을 들고 봉함 편지와 인주를 내밀었다. 나는 엄지에 인주를 묻혀 우편물 수령 장부에 지장을 찍었다. 그는 나와도 어머니와도 눈을 마주치지 않고 목각 인형처럼 발길을 돌렸다. '대본영'이라는 세 글자가 적힌 봉투 안에는 붉은 쪽지 한 장이 들어 있었다.

집결 일시: 쇼와 18년 3월 27일 06시 30분
집결 장소: 교토역 광장 동편

스무 자도 되지 않는 파편 같은 글자들, 문장을 이루지도 못하는 글자들이 나의 멱살을 조였다. 그때 나는 알았다. 전쟁터에서 죽어가는 모든 군인들은 문장에 의해 살해된다는 것을. 사람을 죽이는 것은 총탄도 포탄도 아니었다. 세상을 지옥으로 만들고 사람을 죽이는 데에는 한 줄의 글이면 족한 것이다. 몇 개의 단어와 숫자, 구두점에 의해 소년들은 병사가 되고, 전장으로 이동하고, 전투에 투입되었다. 그들은 총탄과 총검에, 고막을 터뜨리는 폭음에 고통을 느끼지도 못한 채 죽어갔다.

나는 죽음이 아니라 문장이 두려워 들고 있던 디킨스를 떨어뜨렸다. 바닥에 떨어진 디킨스는 나약해 보였다.

"아."

정물처럼 서 있던 어머니가 들릴 듯 말 듯 한 소리를 냈다. 사철 실을 꿰매던 어머니의 엄지에 붉은 피가 맺혀 있었다. 어머니는 바느질을 하는 것이 아니라 절망 앞에 무너지지 않기 위해 안간힘을 쓰고 있었던 것이다.

입영하던 날 새벽, 나는 빡빡 깎은 머리카락을 문지르며 그 길을 먼저 걸어간 아버지를 생각했다. 나무 병정처럼 마르고 딱딱하던 아버지. 여전히 검은 기차는 증기를 내뿜었고 군악대는 군가를 연주하고 있었다. 군인이 되는 것은 두렵지도 억울하지도 않았다. 다만 새벽마다 무거운 책방 덧문을 혼자 열기엔 너무 조그만 어머니가 걱정될 뿐이었다.

훈련을 마친 나는 후쿠오카형무소 간수병으로 배치되었다. 높은 담장과 날카로운 가시 철책과 차가운 창살이 나의 미래를 에워쌌다. 죄수들이 붉은 죄수복 속에 갇힌 것처럼 나의 젊음은 갈색 군복에 감금당했다. 나는 책으로부터, 활자로부터, 문장으로부터 철저히 격리되었다. 어떤 책도 허용되지 않았고, 전단지 한 장도 엄격하게 통제되었다. 읽을 것은 딱딱한 명령서가 전부였고, 쓰는 글자라고는 순찰 일지가 전부였다.

한 줄의 문장에도 배고팠던 나는 활자라면 닥치는 대로 읽었다. 수감 기록부와 징벌 기록부, 명령서와 행정 문서는 물론 건물 표지판과 출입문 명패까지 게걸스럽게 읽었다. 하지만 그것은 감정을 일으키지 못하는 활자, 마른 빵처럼 씹는 것만으로 만족해야 하는 죽은 글에 불과했다. 나의 영혼은 언제나 영양부족 상태였다. 나는 살아 있는 문장을 만나고 싶었다. 따뜻한 김이 오르는, 촉촉한 속살을 가진, 갓 구워낸 문장. 그러나 그것은 전시의 군인에겐 어울리지 않는 사치일 뿐이었다.

나는 그렇게 꿈속으로 들어가듯 전쟁 속으로 걸어 들어왔다. 그곳이 꿈인지 현실인지 명확히 알지 못했지만 나는 간절히 돌아가고 싶었다. 빨리 전쟁이 끝나고 군복을 벗어던지고 교복으로 갈아입고 스탕달을 읽고 싶었다. 하지만 나는 전쟁이 언제 끝날지 알지 못했고 과연 끝나기나 할지도 알 수 없었다.

마침내 전쟁이 끝났을 때 나는 군복을 벗어 던졌다. 그러나 내가 갈아입어야 할 옷은 교복이 아닌 죄수복이었다.

음모

피복 노역장은 숙련된 장기수들, 아니면 운이 좋은 죄수들의 해방구였다. 군복 수선, 피복 정비나 염색 작업이 편하지만은 않지만 실내 작업이라는 사실만으로도 호사라 할 만했다. 그들이 그곳에서 손수레를 끌고, 염색을 하고, 재봉질을 하는 동안 신참들은 추위 속에서 야외 노역에 시달렸다. 야외 노역자들은 굳은 몸을 억지로 움직여 벽돌을 찍고, 등짐을 옮기고, 손수레를 끌고, 언 땅에 삽질을 해야 했다.

노역 시간에는 일체의 잡담이 금지되었으며 잠시만 한눈을 팔아도 일감이 산더미처럼 쌓였다. 작업 규정을 어기면 간수들의 몽둥이질이 쏟아졌다. 그들은 고문당해 죽고, 얼어 죽었으며, 병들어 죽고, 맞아 죽었다. 시체는 10일 동안 보관되었다. 통보를 받은 가족이 찾아오지 않으면 해부용으로 기증되었다. 살아서 이 지긋지긋한 곳을 나가는 것이 유일한 바람이었지만 탈출에 성공한 사람은 없었다. 얕은 언덕에는 무연고자들의 무덤이 생겨났다. 전쟁이 격해지고 죄수들이 늘수록 묘지도 점점 넓어졌다.

오후 4시부터 5시까지 야외 활동은 해방의 시간이었다. 기진맥진한 죄수들은 식어가는 햇살을 쫓아 양지바른 담 밑으로 몰려들었다. 동향이라는 이유로, 같은 성이라는 이유로, 같은 유학생이라는 이유로, 이도 저도 속하지 못하면 같은 조선인이라는 이유로 뭉친 그들은 음모를 꾸미는 것처럼 끊임없이 이야기를 웅얼댔다. 그들은 어디까지가 진실이고 어디부터가 거짓말인지 모를 이야기로 자신의 결백을 주장했다. 그들은 도둑과 사기꾼과 폭력배와 간첩이었지만 교활한 일본인의 함정에 걸려 죄를 뒤집어썼다는 서로의 억울함을 깊이 이해했다.

　형무소 뜰이 장바닥처럼 시끌벅적해지면 감시병들은 바짝 긴장했다. 초소병들은 뜰을 주시하며 기관총에 실탄을 장전했다. 나는 담을 따라 걸으며 양지바른 벽에 몰려 있는 331번 죄수 패거리를 주시했다. 그들은 하나같이 문제가 있는 자들이었다. 주먹질을 일삼았고 패싸움도 서슴지 않는 형무소 안의 또 다른 권력이었다.

　죄수들이 간수들을 공격하는 일은 드물지 않았다. 그들은 몽둥이찜질과 독방행을 무릅쓰고 표적으로 삼은 간수를 곤경에 빠뜨렸다. 마음에 들지 않는 간수의 근무 시간에 싸움을 벌이고, 담당 노역반의 기계를 고장 내 생산량을 미달시키기도 했다. 내가 다가가자 그들은 일제히 쑥덕임을 멈추었다. 나는 몽둥이를 든 손에 힘을 주며 소리쳤다.

　"간수병 와타나베 유이치요. 스기야마 피살 사건을 맡아 조사할 전담 조사관이니 협조하시오."

　사내들은 나를 아래위로 훑어보았다. 앞이마가 벗어지기 시작하는 부두 노역자 출신의 156번 이만오가 비아냥댔다.

　"난 또 전담 조사관이라 하길래 고등계 경찰이라도 투입된 줄 알았더니 새로 전입해 온 학병이라니……. 어쨌든 우린 아무 짓도 하지 않았소."

　10년 전 시모노세키로 밀항한 그는 3년 전 도쿄 부두 노동자 난동 주모자로 징역 7년을 선고받았다. 일을 꾸미고 벌인 건 일본인 노동자들이었지만 일자무식인 그가 총대를 멘 것이었다. 나는 찬찬히 사내들을 뜯어보았다. 어떤 자는 바닥에 침을 뱉었고 어떤 자는 손톱 밑의 때를 후비며 딴청을 피웠다. 그들이 무언가 숨기고 있다는 것은 분명했다. 이 형무소 안에 무언가를 숨기지 않는 자는 없을 테니까. 나는 말했다.

"무슨 짓을 했다고는 하지 않았소. 하지만 앞으로 무슨 짓을 할 수도 있지. 쌈질, 구타, 따돌림, 규정 위반 그리고 독방행 같은 게 당신들 장기잖소?"

최치수와 함께 폭탄 사건에 연루되어 들어온 954번 김굉필이 능글맞은 표정으로 말했다.

"학병이라면 스물이 채 안 됐을 텐데…… 철부지가 살인 사건을 수사한다고?"

깨진 안경알 너머 쥐 같은 눈을 반짝이는 397번 강명우가 김굉필을 나무라듯 설명했다.

"소장도 이 사건이 형무소 담장 밖으로 나가면 제 모가지가 남아나지 않는다는 걸 알 테지. 그러니 고등경찰을 부르지 못하는 거야. 쉬쉬하며 사건을 덮을 생각이겠지."

그들은 제각각의 방식으로 나를 길들이고 있었다. 겁을 주고, 어르고, 뺨을 치고, 달래었다. 얼굴이 달아올랐다. 당장이라도 곤봉을 뽑아 그들의 이마를 후려치고 싶었다. 강명우가 나를 달래듯 말했다.

"간수가 죽은 건 안됐지만 우리와는 상관없는 일이오. 그러니 우릴 그냥 내버려둬요."

릿쿄대학 법학부 출신으로 사회 혼란 행위로 잡혀온 그는 스기야마의 곤봉에 머리가 터진 적이 있는 인물이었다. 나는 대답했다.

"당신들을 어떻게 하진 않을 테니 겁먹지 마쇼. 하지만 살인자는 반드시 찾아낼 거요."

나는 도장을 찍듯 한 명 한 명 눈을 맞추었다. 이만오는 눈살을 꿈틀거리며 이죽거렸다.

"근거도 없이 우리 목에 올가미 씌울 생각은 마쇼. 난 놈의 죽음에 대해 아무것도 모르지만 한 가진 알지. 그건 놈이 천벌을 받았다는 거요. 그러니 그 꼴 나기 싫거든 함부로 나서지 마쇼."

평생 부두에서 등짐을 지며 살아온 그는 먹물이 스민 자들의 냄새를 본능적으로 싫어했다. 그는 내 표정에서 먹물의 냄새를 맡았던 걸까? 나는 마른침을 삼키며 대꾸했다.

"날 협박하는 거요?"

"당신이 겁을 집어먹는다면 협박이겠지."

"함부로 말하지 마시오. 조사관 직권으로 독방으로 보낼 수도 있으니까."

날이 선 나의 말에 사내들은 힐끗힐끗 흰자위를 굴리며 딴청을 피웠다. 이만오는 거무튀튀한 입술을 씰룩이며 주먹으로 자신의 두터운 가슴을 쿵쿵 쳤다.

"그럼 그렇게 하쇼. 일주일은 눈 감고도 버틸 수 있으니. 몽둥이찜질도 좋소. 일주일이면 터진 머리도 아물 테니까."

그는 머리를 들이밀며 몽둥이가 달려들기를 기다렸다. 나는 그를 쏘아보며 몽둥이를 움켜잡은 손을 떨었다. 몽둥이를 뽑는 순간, 쳐드는 순간, 그를 후려치는 순간 나는 그에게 질 것이었다. 그는 개처럼 얻어맞고 독방으로 가고 싶겠지만 난 스기야마가 아니었다. 몽둥이는 목적이 아닐뿐더러 수단이 될 수도 없었다.

그 순간 무리의 눈길이 먼발치의 한 사내에게 쏠렸다. '331'이란 숫자가 선명하게 새겨진 넓은 가슴, 보통 사람보다 머리 하나가 더 큰 우람한 사내. 최치수는 쏟아지는 눈길에 아랑곳하지 않고 걸음을 옮겼다. 수용동과 수용동 사이, 초소와 초소 사이, 수용동과 외곽 담 사이, 외곽 담의 꺾어진 모서리에서 다음 모서리까지……. 담 끝까지 다다른 최치수가 다시 무리 쪽으로 돌아왔다. 이만오가 커다란 목소리로 물었다.

"말해보시오, 최 동무! 누가 그 빌어먹을 간수 놈을 죽였을 것 같으냐 말이오."

최치수의 몸에서 비릿한 바람 냄새가 났다. 최치수는 발갛게 달아오른 코끝을 만지며 말했다.

"누가 죽였는지는 중요하지 않아. 누가 살아남느냐가 중요하지."

그건 이만오와 무리들이 아니라 나에게 들으라고 하는 말이었다. 말을 끝낸 최치수는 담 너머 하늘을 바라보았다. 담 모서리에는 높은 경계초소가 있었다. 두 명의 초소병과 실탄이 장전된 기관총 한 정. 밤이면 자동으로 궤적을 그리며 형무소 곳곳을 비추는 2000와트의 탐조등. 그는 예리한 눈으로 푸른 하늘이 아니라 수용동의 위치와 구조, 담장 높이와 초소 간격을 감시하는 것 같았다. 감시병들이 자신을 감시하고 있는 것처럼.

저녁 해는 마지막 빛을 가물가물 뿜고 있었다. 사내들은 점점 목소리를 높였고 이야기는 열기를 더해갔다. 그들은 조사관인 나의 존재는 안중에도 없이 자기들끼리 논쟁을 벌이기도 하고 동조하기도 했다. 긴 나팔 소리가 들렸다. 야외 활동 시간은 끝났다. 나는 소리쳤다.

"다들 흩어져!"

사내들은 어기적거리며 발걸음을 돌렸다. 해진 신발 밖으로 비어져 나온 발들, 갈라지고 노랗게 죽어가는 발톱들, 트고 벌겋게 갈라진 발꿈치들. 간수들은 방목이 끝난 양떼를 점검하는 양몰이꾼처럼 바쁘게 인원 파악을 했다. 죄수들은 알아들을 수 없는 조선어를 구시렁거리며 호각 소리에 맞춰 노역장으로 몰려갔다.

나란히 걸어가는 최치수 패거리의 죄수복이 나의 눈에 들어왔다. 그들의 죄수복 바짓가랑이는 다른 자들과 달리 발목이 드러날 정도로 유난히 짧았다. 튀어나온 무릎 부분은 하나같이 닳아서 나달거렸다. 습관적으로 자주 누구에겐가 무릎을 꿇었던 것 같았다. 그들 모두를 무릎 꿇린 자는 누구일까?

간수실로 돌아온 나는 서류철을 뒤졌다. 내가 찾는 서류는 최근 1년 동안의 독방 수감자와 수감 기간을 기록한 독방 기록부였다.

독방동은 제3수용동과 공동묘지 사이의 둔덕에 자리 잡은 허름한 시멘트 건물이었다. 두꺼운 철문이 굳게 닫힌 직사각형 방들은 어른 한 명이 누우면 양쪽 벽에 어깨가 닿을 듯 빠듯했다. 가로 1미터, 세로 2미터에 채 못 미치는 방은 여름철에는 불가마처럼 달아오르고 겨울이면 얼음 창고처럼 얼어붙었다.

급식이라고는 하루에 주먹밥 반 덩이와 된장국 반 공기가 전부였다. 자기 발로 걸어 들어가 거적에 말려 나오는 자들이 태반이었다. 겨우 제 발로 걸어 나와도 보름 정도는 지나야 일상으로 돌아올 수 있었다. 독방 일지를 훑어보는 간수장은 귀찮은 표정이 역력했다.

"독방 일지에 살인자의 이름이라도 써 있다던가? 이 멍청한 친구야! 진짜 범인이 누구든 그건 상관없어. 조선 놈들은 무조건 한 놈씩 매달고 조지면 저절로 불게 되어 있어! 매에는 장사가 없으니까."

간수장은 눈가에 잔주름을 지으며 섬뜩하게 웃었다. 자기가 하지도 않은 살인을 자백한다고? 그렇다면 그것은 자백이 아니라 거짓말이 아닌가? 나는 독방 기록부를 들여다보았다. 족칠 때 족치더라도 기록을 확인하고 족쳐야 했다. 간수장은 미심쩍은 얼굴로 말했다.

"봐봐야 별것 없어. 골치 아픈 조선 놈들 이름만 그득해. 397번, 156번, 331번, 543번, 954번, 645번……"

간수장은 입꼬리를 씰룩거렸다.

"난 그 개 같은 자식들의 이름을 하나하나 다 외우고 있어. 강명우, 이만오, 최치수, 최철구, 김굉필, 히라누마 도주!"

낯선 조선 이름을 줄줄이 읊던 간수장은 바닥에 침을 뱉었다.

"더러운 돼지들의 이름으로 입을 더럽혔군."

나는 6개월 전부터 독방으로 간 자들의 죄수 번호와 수감일, 수감 기간을 훑느라 기록부를 뒤적였다. 간수장은 일그러진 얼굴로 말을 이었다.

"놈들은 혹독한 독방 생활을 휴가처럼 즐겼어. 짧으면 사흘에서 길면 보름, 주거니 받거니 독방을 드나들었지. 하지만 수퇘지처럼 미련한 놈들은 뒈지지도 않더군."

나는 기록부에 적힌 번호들을 손가락으로 짚으며 말했다.

"그런데 지난 8월에는 약속이나 한 듯 2주 동안 모든 독방이 텅텅 비어 있었어요."

간수장은 헛웃음을 흘리며 심드렁하게 대꾸했다.

"그땐 올여름 중에서도 가장 더운 혹서기였으니 당연하지."

"그렇게 과격했던 자들이 혹서기에는 왜 고분고분해진 거죠?"

"혹서기 독방행은 골로 가는 특급열차라는 걸 알 테니 몸조심을 한 거겠지, 이 미련한 친구야!"

"혹서기라고 독방행을 피하는 분별이 있는 자들이라면 평소에도 행동을 자제할 수 있었을 텐데 이상하지 않습니까?"

"이상하긴 뭐가 이상해!"

"그들은 일부러 독방행을 원한 것처럼 들락거렸던 것 같아요."

"그 방을 보면 그런 생각 못할 거야. 독방은 성한 사람도 일주일을 버티기 힘든 곳이야. 외진 공동묘지 옆이라 간수들도 근처에 가길 꺼려서 허위 순찰 보고서를 밥 먹듯이 올린다고. 그런데 놈들이 뭣 때문에 독방행을 택했다는 거지? 거기에 꿀단지라도 숨겨놓았다는 거야?"

간수장이 짜증스럽게 소리쳤다.

"꿀단지는 아니라도 뭔가 숨기고 있을지 모릅니다. 어쨌든 독방을 조사해야 합니다."

나는 말을 끝내기도 전에 걸음을 옮겼다. 독방동은 여덟 개의 독방과 작은 초소가 있는 초라한 건물이었지만 두꺼운 벽은 요새를 방불케 했다. 산허리를 타고 온 바람에 지날 때마다 검은 전나무가 짐승의 울음소리를 냈다.

간수장은 초소 문을 벌컥 열고 들어갔다. 난로에는 불씨가 꺼졌고 두꺼운 솜옷을 껴입은 늙은 간수가 웅크리고 있었다. 추위에 지친 그의 얼굴은 푸르뎅뎅했고, 교대 시간을 기다리는 눈에는 핏발이 서 있었다. 간수장이 소리쳤다.

"독방 순찰이다! 문 열어!"

늙은 간수가 허둥지둥 움직이자 허리에서 열쇠 뭉치 쩔렁거리는 소리가 났다. 독방 철문들에는 굵은 빗장쇠와 두 개의 커다란 자물쇠가 채워져 있었다. 간수는 굼뜬 손길로 자물쇠를 열고 빗장을 풀었지만 두께가 10센티미터는 될 것 같은 철문은 늙은 그가 감당하기 힘들었다. 복도로 들어서자 양쪽에 나란히 네 개씩의 감방이 보였다. 간수가 감방 문을 열어젖히자 악취가 코를 찔렀다. 상한 음식 내 같기도 하고 묵은 똥오줌 내 같기도 하고 그 악취들이 섞인 듯한 역겨운 냄새였다. 늙은 간수가 말했다.

"이곳 죄수들은 대부분 고문이나 몽둥이질로 한두 군데 부러지거나 찢어진 상처를 가지고 옵니다. 덧나고 곪아 터진 상처의 냄새 때문에 여름에는 문을 열지도 못합니다."

나는 소맷자락으로 코를 틀어막고 첫 번째 독방으로 들어섰다. 밖에서 2미터는 되어 보이던 감방 폭은 안으로 들어서자 절반 정도에 불과했다. 이웃한 옆 감방과의 사이에 자갈과 모래로 채운 두꺼운 이중 옹벽이 있었기 때문이었다.

그것은 감방이라기보다는 한 사람을 옥죄기 위해 만든 덫 같았다. 회칠조차 되지 않은 벽은 심하게 얼룩져 있었고, 거무튀튀한 바닥은 땀과 토사물과 고름에 절어 있었다. 벽과 천장에는 손톱으로 긁은 흔적과 얼룩덜룩한 자국이 보였다. "順" "愛" 같은 한자들, 알 수 없는 조선 글자들, "28, 27, 26, 25……" 나란히 쓰인 남은 출방 날짜.

안쪽에는 허리 높이의 나무 칸막이가 있고 한쪽은 사람이 드나들 수 있도록 트여 있었다. 칸막이 뒤쪽을 넘겨다보던 내가 코를 싸쥐며 물러서자 늙은 간수는 열쇠 꾸러미를 만지작거리며 키득댔다.

"거긴 똥통이야, 이 사람아. 죄수들은 제 변기를 직접 들고 와 변기대에 놓고 쓰다 독방형이 끝나면 들고 나가지. 돼지 같은 조선 놈 똥통까지 간수들이 치울 순 없으니 말이야."

나는 깊게 숨을 들이쉰 후 칸막이 뒤를 살폈다. 감방 바닥과 같은 높이에 나무덮개가 있었다. 덮개 가운데에는 둥근 구멍이 있고 앞부분에는 손잡이가 있었다. 나는 한 손으로 코를 막고 다른 손으로 손잡이를 들어올렸다. 허벅지 깊이의 바닥에 오물에 전 나무판이 있었다. 원통형 나무 변기를 놓는 변기대였다. 벽에는 엄지 굵기의 쇠창살이 쳐진 손바닥만 한 환기창이 보였다.

철문을 나서자 햇살이 눈부셨다. 331번 최치수, 645번 히라누마 도주, 그리고 독방동을 들락거린 자들은 어떻게든 연결되어 있는 것이 분명했다. 독방동 모퉁이를 돌자 거센 바람이 불어닥쳤다. 산 위에서 날아온 흙바람에 굵은 모래가 눈에 들어갔다. 늙은 간수는 나의 한쪽 눈을 까뒤집고 한참을 불어내다가 벌겋게 달아오른 내 눈을 보며 말했다.

"산에서 불어오는 똥 바람이 사시사철 말썽이야. 바람에 실려 온 엄청난 양의 모래들과 흙먼지들이 수용동 벽 아래에 쌓이는데 죄수들이 한 달에 두 가마니씩 퍼서 치워야 할 정도야."

머릿속으로 화살 하나가 휙 지나갔다. 무슨 생각이었는지 기억조차 힘들 정도로 빠른 속도였다. 나는 나도 모르게 소리쳤다.
"모든 독방 문을 열어요!"
두 눈을 껌뻑이던 간수 영감이 허겁지겁 복도를 따라 달렸다. 오래 잠겨 있던 감방 문이 끽끽 쇳소리를 내며 열렸다. 나는 막무가내로 감방으로 뛰어들어 변기를 들어내고 무릎 깊이의 변기대 바닥으로 뛰어내렸다. 쿵! 빈 공간의 떨림이 발끝으로 전해졌다. 허리춤에서 몽둥이를 뽑아 변기대 모서리를 긁어내자 작은 홈이 드러났다. 나는 눈을 질끈 감고 홈에 손끝을 넣어 젖혔다. 흙과 나무뿌리와 돌 냄새를 머금은 미지근하고 습한 공기가 훅 솟아올랐다. 발밑에 텅 빈 구멍이 검은 아가리를 벌렸다. 내가 저지른 일을 나 스스로도 믿을 수 없었다.

요란한 사이렌 소리가 울렸다. 헐레벌떡 달려온 소장의 얼굴은 내 발밑의 구멍처럼 텅 비어 있었다. 나는 오물 냄새가 나는 굴속으로 손전등을 비추었다. 땅굴은 좁고 길게 이어졌다. 네 발로 기어야 겨우 지나갈 정도로 좁은 공간에는 공기가 거의 통하지 않아 숨이 막혔다. 5분쯤 어둠 속을 기어들어 갔을까? 막다른 땅굴 끝에 닳아빠진 나무 숟가락과 납작하게 갈아낸 돌, 깨진 밥그릇과 사금파리가 널려 있었다.

"두더지 같은 놈들."

뒤따라 기어오던 간수장이 씩씩거렸다. 뒷걸음질로 기어 독방으로 돌아나오자 사방이 어둑했다. 본관동과 외곽 담장, 수용동 옥상에 일제히 서치라이트가 비치고 있었다. 순찰 병력은 배로 늘었고 간이 망루에도 간수가 배치되었다. 간수장과 나는 흙투성이 옷을 털지도 못한 채 소장실로 불려 갔다.

"인원 점검 결과 사라진 죄수는 없습니다. 땅굴을 판 놈은 아직 이 안에 있습니다."

간수장은 땀으로 진득한 이마를 소매로 훔쳤다. 소장은 사나운 눈으로 그를 노려보았다.

"놈들이 빠져나가지 못한 게 문제가 아니라 놈들이 땅굴을 판 게 문제야! 이 일이 알려지면 어떤 일이 닥칠지 모르나?"

소장이 송곳니를 드러내며 소리쳤다.

"알고 있습니다. 당장 스기야마를 죽인 놈을 밝히고, 땅굴도 흔적 없이 메우겠습니다."

"스기야마를 죽인 놈을 밝힌다고? 어떻게!"

소장이 허리춤의 군도를 움켜쥐었다. 간수장은 다급한 눈짓으로 나를 가리키며 말했다.

"어리지만 강단 있는 녀석입니다. 쥐새끼 굴을 적발하고 갈아엎는 데 큰 몫을 했습니다."

소장은 반쯤 센 콧수염을 매만지며 나를 쏘아보았다. 경위를 보고하라는 무언의 명령이었다. 나는 본능적으로 입을 열었다.

"살인 사건을 조사하던 중 스기야마에게 심하게 얻어맞은 최치수라는 자를 주시했습니다. 살해 동기가 충분하다고 생각하고 관찰하던 중, 놈을 따르는 패거리들의 죄수복 무릎이 유난히 낡고 튀어나온 걸 보았습니다. 놈에게 무릎을 꿇어서일 거라고 생각했지만 놈의 죄수복도 마찬가지였습니다. 수감 기록을 확인했더니 놈들의 독방행이 유난히 잦더군요. 지옥 같은 독방동을 자청해서 드나든 것입니다. 무슨 일을 꾸미기엔 독방만큼 조용하고 방해받지 않는 곳도 없을 것입니다. 외진 위치와 두꺼운 이중벽 때문에 그만큼 감시가 소홀하니까요."

소장은 반쯤 놀라고 반쯤 호기심을 담은 눈을 치켜떴다.

"놈들이 그곳에 땅굴을 팠다는 것은 어떻게 알았지?"

"독방동은 강한 산바람이 지나가는 길목에 있습니다. 독방동 간수는 산바람에 실려 온 흙이 형무소 담 아래에 수북이 쌓인다고 했습니다. 독방 벽에는 작은 창살 창이 있었습니다. 산바람이 불 때 땅굴에서 파낸 흙을 창살 밖으로 뿌려 증거를 없앤 것입니다. 형무소 담 아래 수북이 쌓인 흙과 모래는 산 위에서 날려 온 것이 아니라 땅속에서 파낸 것이지요."

"변기대에 땅굴이 있다는 건?"

"변기대는 독방 순찰자들도 눈길조차 주지 않는 곳입니다. 만에 하나 간수들이 독방을 뒤져도 똥통을 들추지는 않을 것입니다. 모두가 피하는 더러운 곳이라 상대적으로 들킬 염려가 없었던 것입니다."

간수장은 자신감을 되찾은 목소리로 끼어들었다.

"간수 피살 사건과 독방 탈출 기도 사건은 별개의 사건이 아닙니다. 즉각 두더지 같은 놈들을 잡아 올리겠습니다."

간수장은 다시 나를 향해 눈을 찡긋거렸다. 나는 두려움을 쫓기 위해 목소리를 높였다.

"스기야마의 과도한 폭력과 몽둥이질에 대한 죄수들의 반감은 깊었습니다. 그는 죄수들 중 몇몇 요주의 인물들을 집중적으로 감시했습니다. 그중 한 명이었던 최치수는 스기야마가 자신이 꾸미는 탈출 모의를 알아채자 없애버린 것입니다."

"그렇다면 최치수란 놈이 범인인가?"

소장이 물었다.

"아직까지는 추측일 뿐입니다. 심문해서 자백을 받아야 합니다."

그러자 소장은 군도를 잡은 손아귀에 힘을 주며 소리쳤다.

"그럼 빨리 놈을 잡아서 조져!"

죽음의
재구성

 심문실 바닥은 흥건하게 젖어 있었다. 중앙에 큰대자 모양의 형틀과 등받이 없는 나무 의자가 있었다. 한쪽에는 크고 작은 집게와 지렛대, 사슬과 뾰족한 기구들이, 반대편에는 물이 채워진 시멘트 욕조가 보였다. 공기 중에서 녹슨 쇠와 피 냄새가 났다.
 발가벗은 331번은 들보에 두 팔이 묶여 있었다. 짓이겨진 눈두덩에서 피가 흘렀고 차꼬에 쓸린 발목에도 피딱지가 보였다. 팔뚝까지 오는 고무장갑을 낀 고문 수사관은 최치수의 몸에 연신 물을 끼얹었다. 최치수는 턱을 떨며 덜걱거리는 소리를 냈다. 몽둥이가 날아들 때마다 그의 몸에서 신음이 새어 나왔다. 멍과 상처와 핏자국이 최치수의 몸에 새겨졌다.
 고문 수사관은 누런 이를 드러내며 웃었다. 그는 자신이 망가뜨린 인간과 같은 인간이었다. 집으로 돌아가면 어린 아들을 안아주는 아버지, 망가진 주방의 선반에 못질을 해주는 남편, 친절한 이웃일 그가 자신과 같은 아버지, 남편, 이웃을 패며 웃고 있었다. 그가 웃고 있다는 사실이 나는 믿기지 않았다.

"잘해봐. 사전 조치는 충분히 했으니 술술 불어댈 거야."

그는 외투 단추를 채우고 계단을 올라서며 말했다. 죄수가 그의 퇴장만으로 안도감을 느끼고 상대적으로 유순하고 서툴러 보이는 내게 모두 털어놓을 거라는 의미였다. 내 역할은 적당한 시점에 등장해 귀찮은 그의 조서 작성을 대신하는 것이었다.

고문 수사관이 방을 나간 것을 확인한 나는 대들보에 연결된 도르래를 풀었다. 331번은 모래 기둥처럼 바닥에 무너졌다. 두툼했던 그의 어깨는 축 늘어지고 뼈에선 덜걱거리는 소리가 났다. 의자에 끌어다 앉히자 그는 터진 눈두덩을 찡그렸다. 죄수복을 어깨에 걸쳐주자 그의 눈빛이 흔들렸다. 나는 조서철을 펼치고 뭉툭해진 연필심을 바닥에 간 후 물었다.

"331번! 얼마나 오래 지하 터널을 팠소?"

누가 보아도 그것은 어리석은 질문이었다. 그 대답을 뱉지 않기 위해 그는 24시간의 몽둥이질을 버티지 않았던가. 나는 대답을 기다리는 대신 부삽으로 토탄 몇 덩이를 난로에 퍼 넣고 불을 붙였다. 약한 불기운이 그의 젖은 얼굴에 이글거렸다. 나는 언제, 무슨 질문을 던져야 할지 생각했다. 나의 머릿속을 들여다보기라도 한 듯 그가 먼저 말했다.

"조급해할 필요 없어. 어차피 일은 글렀고 난 죽을 일만 남았어. 남은 일은 자백뿐이겠지. 죽기 전에 누군가에게 자백해야 한다면 자네에게 하는 게 나을 수도 있겠군."

비틀어지고 뭉개진 그의 쉰 목소리는 신음처럼 들렸다.

"매로 곤죽이 되면서까지 다물었던 입을 왜 이제 와서 열겠다는 거죠?"

"자네는 문장으로 날 읽었어. 수감 기록부에서 내가 공산주의자임을 알았고, 독방 기록부에서 내가 독방 단골이라는 사실도 읽었지. 누구도 그런 미친 짓을 상상하지 않았지만 독방에서 땅굴을 판 사실도 캐냈어. 공산주의자는 이루지 못할 꿈을 꾸는 미친 자들이니까. 그런 자네라면 내 조건을 받아들일 거야."

"조건? 난 일개 간수병일 뿐이에요. 협상이라면 내가 아니라 간수장이나 소장과 해요."

"그들은 날 죽이는 것에만 관심이 있지만 자넨 나와 이 형무소의 이야기에 흥미를 가지고 있어. 그렇지 않나?"

그의 말은 나의 턱 아래 침샘을 찌릿하게 만들었다. 나는 침착해야 한다고 다짐하며 말했다.

"내겐 당신을 살려줄 만한 능력이 없어요."

"살려주기를 바라진 않아. 자넨 그냥 내가 하는 말을 기록해. 한 자도 빠뜨리지 말고, 덧붙이지도 말고. 물론 내가 하는 말을 믿을 수 없을지도 몰라. 어쩌면 그건 거짓말일 수도 있어. 하지만 토를 달면 안 돼. 내가 진술하는 대로 기록하기만 하면 돼."

"왜 그래야 하죠?"

"이곳에서 일어난 일들을 누군가 기록으로 남겨야 해. 언젠가 전쟁이 끝나고, 이 수용소가 흔적 없이 사라져도 이곳에서 어떤 일들이 일어났는지 알 수 있게."

"보관 기간이 지난 서류들은 파기하는 것이 원칙이에요. 영원히 남는 기록이란 없어요."

331번은 나의 머리를 가리키며 편안한 웃음을 지었다.

"그 속에 새겨진 기록은 사라지지 않아. 이 수용소의 담이 무너지고, 서류들은 불타도 네 머릿속의 기억은 남을 거야. 그러니까 전쟁이 끝나고 이 형무소가 사라져도 넌 죽어선 안 돼!"

그의 두 눈이 번득였다. 나는 머뭇거렸다. 그는 믿을 수 없는 인물이고 설사 믿는다 해도 그의 진의를 알 수 없었다. 그가 진실을 말할 거라 생각하지 않았고, 진실을 말한다 해도 나를 이용하려는 미끼에 불과할지 몰랐다. 그는 나의 혼란은 안중에도 없다는 듯 말을 뱉어냈다.

"7년, 이 빌어먹을 형무소로 온 지 7년이 지났어."

그것은 하나의 이야기였다. 삐걱거리며 자갈길을 굴러온 수레바퀴 같은 남자의 이야기. 쫓기고, 도망치고, 숨다가 갇혀버린 사내의 삶, 세상을 터뜨릴 폭탄을 안고 적들의 도시로 숨어들었지만 적들이 아닌 자신의 삶을 터뜨려버린 어느 테러리스트의 이야기.

나는 책상 위의 연필을 집어 들었다. 거무튀튀한 조서 용지는 굶주린 것처럼 그의 이야기를 기다렸다.

"이곳에 왔던 그날부터 나는 탈출을 꿈꾸기 시작했어."

나의 연필은 그의 말을 따라 종이 위를 달려 나갔다. 그는 감았던 눈을 떴다.

"나는 죽음에서 벗어나려고 땅을 팠지만 내가 판 것은 죽음으로 가는 길이었어."

*

331번이 후쿠오카형무소로 온 것은 1938년 7월이었다. 그의 죄목은 요인 암살 기도와 내란 음모였다. 그는 삶의 반을 무거운 짐을 실은 수레처럼 삐걱거리며 쫓겼고 나머지 반은 갇혀 살았다. 수차례의 공공 기관 방화로 경찰에 쫓기던 그는 스무 살 나던 해에 두만강을 넘었다. 만주 벌판은 조선인들에겐 이상향이었다. 따뜻한 아랫목도, 농사지을 땅도 없는 것은 마찬가지였지만 적어도 총독부나 고등경찰의 압제와 일본 상인의 행패는 피할 수 있었다.

선양 조선인촌에 자리 잡은 그는 노름판과 술판을 기웃거리는 천덕꾸러기였다. 싸움을 손에 쥐고 매만지는 그의 타고난 능력은 고성과 쌍욕과 먹

살잡이와 주먹질이 오가는 난장판에서 빛을 발했다. 밀린 술값을 받아달라는 주막 여인네부터, 가게 돈을 들고 튄 일꾼을 잡아달라는 미곡상, 바람난 여편네의 정부를 죽여달라는 거상들이 그에게 돈 꾸러미를 건넸다. 시장 바닥의 모든 사람들이 그의 고객인 동시에 피해자가 되었다.

얼마 있지 않아 노름판을 기웃거리는 그에게 쥐처럼 작은 눈을 가진 남자가 다가왔다. 주막 구석방에서 두어 시간 그와 술을 마신 최치수는 곧 짐을 꾸려 그 남자를 따라갔다. 그가 있을 곳은 장바닥이 아니었다.

그들은 이틀 동안 걸어 털외투를 입은 20여 명의 사내들이 웅성거리는 산속 토굴에 도착했다. 불안과 배고픔에 지친 수염투성이 사내들은 일본인들에게 모든 것을 빼앗긴 자들이었다. 토지 몰수로 논밭을 빼앗겼고 공출로 쌀과 곡식을, 세간을, 마누라를, 조선어를, 고향을 빼앗겼던 것이다. 일본인들을 죽일 수 있다면 그들은 무슨 일이든 하려 들었다. 문제는 그들이 단 한 명도 죽이지 못했다는 것이었다.

무성한 수염 때문에 나이보다 열 살은 늙어 보이는 사내는 자신을 소속도 계통도 없는 항일 유격대의 군단장이라 소개했다. '항일 유격대'라는 그럴듯한 명칭을 썼지만 그들은 기실 군자금을 빌미로 조선 상인들에게 돈을 뜯는 도적 떼에 불과했다. 고약한 입내를 풍기는 군단장은 술주정뱅이에 지나지 않았다.

군단장은 자신의 패거리를 선양 최고의 조직으로 키워줄 최치수의 주먹과 배포를 탐냈지만 곧 영리한 사냥개가 아니라 사나운 늑대 새끼를 소굴에 들인 자신의 우둔함을 자책해야 했다. 얼마 가지 않아 최치수 자신이 군단장을 위협하는 무리의 중심인물이 되어버렸던 것이다. 어쩔 수 없었던 군단장은 관동군 밀정에게 거짓 정보를 흘렸다. 최치수란 놈이 패거리를 꾀어 관동군 선양 사령부를 습격할 것이니 먼저 놈을 치라는 것이었다.

관동군 1개 대대의 군홧발 소리가 골짜기를 울렸다. 관동군 대대장은 병력을 기동시키는 대신 최치수 패거리가 제 발로 걸어 나오기를 기다렸다. 지루한 대치가 계속되었다. 험준한 지형은 최치수의 편이었다. 마침내 관동군이 밀고 올라갔을 때 산채는 비어 있었다. 벼랑을 기어오른 패거리는 이미 골짜기를 벗어나고 있었다.

스무 명이 넘는 패거리를 이끌고 선양을 떠난 최치수는 연해주로 쫓겼다. 밤이면 산을 넘고 낮에는 낙엽에 몸을 숨기고 잠드는 산짐승 같은 생활이 이어졌다. 천신만고 끝에 연해주에 도착했을 때 패거리는 열네 명으로 줄어 있었다. 추위와 굶주림, 그리고 산짐승들이 그들을 삼켰다. 그들이 추위와 배고픔을 견디며 산맥을 헤매는 사이에 무장한 관동군 대대에 치명적인 타격을 가한 선양 도적 떼의 소문은 입에서 입으로, 전신선을 타고, 증기기관차에 실려 그들보다 먼저 연해주에 도착해 있었다.

걸레처럼 너덜거리던 그들은 거의 죽음 직전에 러시아 공산주의 분파의 유격대를 만나 하부 조직으로 편성되었다. 그곳에서 마르크스를 만난 최치수는 철저한 사상으로 무장한 공산주의자로 변모했다. 싸움에 대한 그의 타고난 재능은 계급투쟁론과 만나 빛을 발했다.

6개월 후 그가 이끄는 부대는 관동군 보급 부대를 습격했고, 보급 열차를 탈취했고, 관동군 장성들과 지휘관들을 암살했다. 연해주 지역은 그의 영토가 되었지만 굶주린 사자 같은 그에게 연해주는 좁았다. 더 많은 적과 더 강력한 상대와 더 치열한 전투를 원했던 그는 블라디보스토크로 향했다. 짓무른 야채와 생선 비린내가 코를 찌르는 밀항선의 밑창에서 사흘을 버틴 끝에 그는 불빛이 번쩍이는 도쿄만에 내렸다.

도쿄에도 공산주의 조직은 유학생을 중심으로 칡넝쿨처럼 뻗어 있었다. 하지만 그들은 활자로만 공산주의를 접한 창백한 안경잡이들에 불과했다. 그들은 밤새워 싸움에 관한 책들을 외웠지만 일본 놈들에게 어떻게 적용할지 몰랐고 울분을 삭일 뿐 행동하는 법을 알지도 못했다. 그들에게 공산주의는 수십 번 고민하면서도 행동하지 못하는 불임의 사상, 수백 번 토론하면서도 실행하지 못하는 헛된 이론에 불과했다.

최치수는 활자가 혁명의 발목을 잡는 훼방꾼, 박멸해야 할 유해물이라고 확신했다. 그에게 글은 수천 년 동안 약자를 억압하는 도구에 불과했다. 돈 있는 자들은 법전을 이용해 없는 자들을 철창에 넣었고, 고리대금업자들은 장부를 통해 가난한 자들을 착취했다. 관리들은 백성들의 피를 빠는 데 임금의 교지를 이용했다. 그는 도쿄 유학생 모임에 참석해 그들의 문약을 조소하며 책이 사라진 시대야말로 태평성대라고 일갈했다.

"스스로 쌓아 올린 활자의 감옥에 자신을 가두어버린 지식인들. 생각만 많을 뿐 손발을 움직이지 못하는 먹물들. 일본 놈들의 목표는 그것이다. 지식인이라는 허울을 덧씌워 행동하지 못하는 책벌레를 만들어버리는 것. 세상을 바꿀 지식을 가졌지만 그것을 행할 손발이 없는 벌레들은 세상을 뒤엎고 싶지만 징그러운 몸뚱어리를 꿈틀거릴 뿐 할 수 있는 게 없지."

행동에 나선 최치수는 도쿄 지역 공산주의 점조직을 구축해나갔다. 얼마 후 도쿄 시내 곳곳에서 원인 불명의 화재와 관료, 은행원, 군수업체 간부 피습 사건이 잇따랐다. 고등계 경찰들은 그것이 도쿄에 침투한 공산주의자의 소행임을 알아차리지 못했다. 사회가 불안해지면서 늘어나는 폭력 사건이거나 금품을 노린 강도 사건으로 여겼다.

일본에 온 지 3년이 되던 해 그는 최고의 작품을 기획했다. 비틀어진 모든 것들을 제자리로 돌려놓을 단 한 번의 습격. 4월 29일 천장절, 장소는 우에노공원. 육군 장성과 내무대신을 비롯한 각부 대신들까지 참석하는 일왕의 생일 축하 행사장에 폭탄을 던지는 것이었다.

조력자는 입영 영장을 받고 도피 중인 릿쿄대 화공학부 출신의 조선 유학생 김굉필이었다. 둥근 안경을 쓴 그는 전형적인 지식인의 풍모를 풍겼다. 최치수는 그에게 접근해 사제 폭탄을 만들 수 있냐고 물었다. 김굉필은 대신

은신처를 제공해달라고 요구했다. 징병을 거부한 조선인은 장기형을 피할 수 없었으니 그것이 그의 유일한 살길이었다.

김굉필은 최치수가 구해다 준 화약과 폭발물에 관한 책을 밤새워 파고들었다. 폭탄 제조법을 알려주는 책은 없었지만 열댓 권의 책을 읽자 머릿속에 화약의 메커니즘과 기폭 장치, 그리고 화염을 증폭시키는 이론적 가닥이 잡혔다. 최치수는 간단한 실험 도구와 필요한 화공 원료를 구해주었다. 4월 28일까지는 무슨 일이 있어도 폭탄을 만들어야 했다.

며칠 밤을 샌 김굉필은 거사 이틀 전에야 간신히 두 개의 폭탄을 최치수에게 건넸다. 그에겐 거사가 끝나는 대로 만주로 갈 도피 자금과 경로가 제공될 것이었다. 그러나 최치수가 던진 폭탄은 터지지 않았다. 그는 현장에서 체포되었고 도피 자금 한 푼 없이 열도를 헤매던 김굉필도 고등계 경찰에 덜미를 잡혔다.

검사는 최치수에게 사형을 구형했으나 재판부는 무기형을 선고했다. 그들은 최치수에게 오래오래 고통을 주길 원했으며 구차하게 오래 사는 것이 얼마나 고통스러운지 가르치려 했다. 그리고 그가 고통에 굴복하는 것을 보려 했다. 그러나 그들은 몰랐다. 인간의 의지가 구차한 삶을 얼마나 질기도록 견디는지.

실패 요인은 김굉필이 만든 불발탄이었지만 최치수는 김굉필도 불발탄도 원망하지 않았다. 잘못은 불발탄이 아닌 김굉필이 읽은 책에 있었다. 김굉필에게 잘못이 있다면 알량한 책 몇 권으로 세상을 바꿀 수 있다고 생각한 무모함이었다. 무모하다고 죄를 물을 순 없었다. 지긋지긋한 형무소에서 남은 생을 보내는 것만으로도 그는 충분히 벌을 받았으니까.

최치수의 몸에서는 학습된 인간들에게 없는 야생의 냄새가 났다. 그는 언제 달려들지 모르는 짐승처럼 종잡을 수 없고 다루기 힘들었다. 존재만으로도 그는 주변의 죄수들뿐 아니라 간수들까지 두렵게 했다.

스기야마가 후쿠오카형무소로 왔을 때 최치수는 본능적으로 알아차렸다. 세 발의 총알과 네 조각의 폭탄 파편을 몸에 심은 채 만주에서 돌아와 자신의 영역에 들어선 이 침입자가 자신과 같은 냄새를 풍기며 자신과 같은 방식으로 살아가는 짐승이라는 것을. 그들은 서로의 몸에서 자신들이 떠나온 만주의 모래바람 냄새를 맡았다. 그들은 높은 담으로 에워싸인 형무소 안에서 자신의 영역을 걸고 싸워야 했다.

스기야마는 사흘이 멀다 하고 최치수를 심문실로 불렀다. 이유는 충분했다. 대답 소리가 작다는 죄, 집결 시간에 늦었다는 죄, 간수를 똑바로 쳐다보았다는 죄 혹은 똑바로 쳐다보지 않았다는 죄. 몽둥이는 최치수의 눈꺼풀을 찢고 이마를 깨뜨렸으며 이를 부러뜨렸다. 최치수는 부어서 떠지지 않는 눈으로 자신의 고통을 쏘아보았다. 그가 가진 유일한 무기는 견디는 것이었다.

"어떻게 죽고 싶나?"

스기야마는 바닥을 뒹구는 최치수의 목덜미를 발로 눌렀다. 최치수는 부러진 이를 드러내며 웃었다.

"죽고 싶지 않아. 죽으면 내가 지는 거거든."

바스러진 말들이 터진 입술 사이로 새어 나왔다. 심문이 끝나면 독방행이 기다렸다. 독방 안은 관 속처럼 어둡고 조용했다. 사흘이 지났다. 찢어진 눈두덩이 아물고 욱신거리던 멍 자국도 삭았다. 악취에 질식할 것 같아 최치수는 창가로 다가갔다. 변기 아래 통풍구로 약한 바람이 들어왔다. 그는 창살을 움켜쥐고 향기로운 냄새를 맡았다. 보드라운 새순의 냄새, 웃자란 봄풀의 냄새, 어린 산새의 깃털 비린내. 그것은 삶의 냄새였고 희망의 냄새였다.

일주일 후 독방을 나온 최치수는 눈부신 빛 속을 걸으며 생각했다. 싸우는 방법을 바꾸어야 한다고. 단순히 견디는 것만으로는 부족했다. 무언가를 해야 했다. 그러나 무엇을 할 것인가? 무엇을 할 수 있기나 한가?

그가 가장 먼저 한 일은 쇠약한 몸을 추스르는 것이었다. 그는 감방 창살에 매달려 턱걸이를 시작하고 쪼그려 앉았다 일어나기와 팔굽혀펴기로 근육을 다듬었다. 야외 활동 시간에는 운동장 구석구석을 걷는 것으로 심폐 기능을 강화했다.

보름이 지나자 그는 다시 야수가 되었다. 그는 동료 죄수에게 주먹을 날리고 일본인 간수에게 달려들었다. 그를 기다리는 것은 악취가 가득한 독방이었다. 일주일 후 그는 터진 입술로 가래침을 뱉으며 독방 문을 나섰다. 길든 고양이처럼 얌전해진 것 같았지만 감추어진 그의 발톱은 여전히 날카로웠다. 세 번째 독방행에서 나온 그는 탈옥이라는 새로운 시도로 형무소를 발칵 뒤집었다.

첫 탈옥 시도는 감시하던 간수를 밀치고 무작정 담을 향해 달려간 것이었다. 까마득한 담벼락을 기어오르려고 버둥거리던 그는 곧 뒤따라온 간수의 몽둥이에 쓰러졌다. 탈옥 시도라기보다 어설픈 장난처럼 보였다. 탈옥이라고 하기도 무의미했지만 징벌은 엄중했다. 그에게 내려진 조치는 열흘간의 독방행이었다.

두 번째 시도는 야간 노역조로 자원해 노역장을 빠져나가 감시가 허술한 형무소 뒷담을 넘다 배수로에서 발각된 것이었다. 퇴근했던 소장이 급히 복귀했고 간수장은 사색이 되었다. 탈옥 기도를 자신의 권위에 대한 도전이라고 여긴 소장은 초주검이 되어 심문실에 잡혀 온 그를 직접 심문했다. 비록 실패하긴 했지만 일본 최고 기간(基幹) 형무소 탈옥은 시도만으로 즉결 처분이 가능했다. 그러나 최치수에게는 사형 집행 대신 일주일, 보름 혹은 한 달씩의 독방형 처분이 내려졌다.

신기한 점은 보통 사람이라면 견디기 힘든 가혹한 독방행에도 불구하고 매번 자신의 발로 걸어 나온 것이었다. 더 신기한 점은 겨우 체력을 회복한 그가 세 번째, 네 번째, 다섯 번째 탈옥 기도를 반복했다는 점이었다.

점점 진화된 그의 탈옥 시도는 한 편의 잘 짜인 연극이나 곡예처럼 흥미진진했다. 하지만 그 연극은 늘 실패로 끝났고 관객들의 웃음거리가 되었다. 노역장에서 찍은 벽돌을 실은 군용차에 몰래 올라탔을 때에는 거의 성공한 것처럼 보였다. 경비병들이 옷더미를 싣고 형무소 정문을 아슬아슬하게 벗어나는 트럭을 세우기 전에는. 300미터에 이르는 좁은 하수구를 기어 탈옥하려는 시도 또한 거의 성공할 뻔했다. 마지막 30미터를 남겨놓고 그가 유독가스에 질식하기 전까지는.

어느 새 그와 간수들 사이에 무언의 상호작용이 생겨났다. 그가 독방에서 나온 지 보름이 지나면 간수들이 먼저 움직였다. 더 큰 사고를 치기 전에 사소한 규율 위반을 빌미로 독방행 처분을 내렸다. 간수들은 그의 난폭한 행동을 차단할 수 있었고 그는 몽둥이질을 피할 수 있었다. 독방은 비는 날보다 차는 날이 많아졌다.

최치수는 시계처럼 정확했고 계절처럼 변함없었다. 그와 그의 패거리들은 벌집을 드나드는 꿀벌처럼 번갈아 독방을 오갔다. 정확한 주기로 반복되는 그들의 독방행을 눈여겨보는 사람은 없었다. 하지만 스기야마는 최치수의 눈빛에서 미심쩍은 냄새를 맡았다. 언제 터질지 모르는 시한폭탄처럼 최치수의 몸 안에서 째깍거리는 시계 소리를 들었다.

스기야마는 최치수를 심문실로 불러들였다. 며칠 동안 면도를 못한 최치수의 턱에는 억센 수염이 나 있었다. 그는 노인처럼 쇠약했지만 무기력하지는 않았다. 스기야마는 담배 한 개비를 내밀었다. 연기 한 모금을 깊게 빨아들이던 최치수가 별안간 캑캑 기침을 했다.

"담배 피우는 법도 잊어버렸나? 걱정 마. 네 계획대로라면 곧 지겹도록 피울 수 있을 테니까."

푹 꺼진 눈두덩 아래에서 스기야마의 눈빛이 번득였다. 최치수의 목덜미에서 경동맥이 급하게 뜀박질했다. 이 간수 놈은 사냥개의 코를 가지고 있다.

"무슨…… 뜻이지?"

"질문은 내가 하는 거야. 넌 대답만 하면 돼!"

스기야마가 몽둥이로 책상을 내리쳤다. 둔탁한 소리가 이 형무소에서 살아온 최치수의 시간들을 산산조각 냈다. 스기야마의 냉랭한 목소리가 들렸다.

"언제부터 그 짓을 했는지는 묻지 않겠어. 왜 그 땅굴을 팠는지도 알고 싶지 않아."

최치수는 차가운 물을 뒤집어쓴 것 같았다. 사냥개 같은 간수 놈에게 터널이 발각된 것인가? 그는 가까스로 냉정을 되찾았다. 스기야마가 터널을 발견한 건 불행 중 다행이라 할 만 했다. 만약 다른 간수가 150미터의 탈출 땅굴을 발견했다면 당장 비상벨을 눌렀을 것이다. 그러나 스기야마는 세상이 자신을 중심으로 돈다고 생각하는 놈이었다. 최치수는 숨을 가다듬었다.

"비상벨을 누르거나 상부에 보고해버리면 간단할 텐데 왜 일을 복잡하게 만들지?"

스기야마는 길게 담배 연기를 내뿜었다.

"비상벨을 누르거나 간수장실 문을 여는 순간 이 사건은 내 손을 떠나게 돼. 형무소의 모든 간수들이 달려들겠지. 모든 망루의 기관총은 독방을 겨누고, 서치라이트는 온 형무소를 비추고, 경비견들은 혀를 빼물고 네 놈의 체취를 쫓을 거야. 결과는 명백해. 네 놈은 총에 맞거나 개 떼에게 온몸을 뜯기거나 잡혀와 교수형을 당하겠지."

스기야마는 구경꾼이 되고 싶지 않았다. 그가 원한 것은 정정당당한 대결이었다. 도망가려는 자와 잡으려는 자, 탈출하려는 자와 막으려는 자. 사람과 사람이 아닌 개와 개의 싸움. 최치수가 말했다.

"날 살려주려는 건가?"

"난 널 살려주려는 게 아냐. 나 아닌 다른 놈 손에 네가 죽는 걸 보고 싶지 않을 뿐이야. 싸움이 끝날 때까지 넌 마음대로 죽으면 안 돼."

멀리서 무거운 철창의 빗장이 걸리는 소리가 들렸다. 최치수의 입술은 석고처럼 굳었다. 스기야마는 천천히 말을 이었다.

"넌 모두 끝났다고 생각하겠지만 싸움은 지금부터야. 네가 파낸 쥐구멍을 네 손으로 메워. 바늘구멍만 한 틈도 남기면 안 돼. 그럼 이 일은 너와 나만 아는 비밀로 묻어두지."

천장의 알전구가 싸늘한 빛을 떨구었다. 그들은 투명한 빛의 그물에 함께 갇힌 물고기 같았다. 최치수는 내일 이 시간에도 자신이 살아 있을까 생각했다.

"이미 늦었어. 터널에서 파낸 흙은 모두 바람에 날려 갔으니 메울 흙을 구할 길이 없어."

"똥통 속으로 땅굴을 판 놈이 무슨 짓을 못하겠나? 네 입으로 흙을 게워 내든 또 다른 땅굴을 파서 흙을 퍼 오든 상관하지 않겠어. 하지만 형무소 외벽으로 향하는 땅굴은 1미터도 용납하지 못해. 너는 물론 네 두더지 똘마니들까지 싹 무연고자 묘지로 보내버릴 테니까."

최치수의 팔뚝에 솜털이 곤두섰다. 교대로 독방을 드나들며 땅굴을 팠던 자들이 하나씩 떠올랐다. 스기야마는 말을 이었다.

"그게 싫다면 두더지굴을 계속 파고 형무소를 빠져나가. 네가 이기면 자유를 갖게 되고, 내가 이기면 넌 원래 자리로 돌아올 테니까 공정한 싸움이지. 올해 말까지 둘 중 하나를 해. 터널을 메우든가 달아나든가. 어떻게 되든 올해 말에는 이 형무소에 사이렌 소리가 울릴 거야. 탈옥한 죄수를 수색하는 사이렌이거나 땅굴을 발견한 간수의 비상 사이렌이거나."

독방 근무를 자청한 스기야마는 최치수를 밀착 감시했다. 최치수가 그를 살해하기로 결심한 것은 그로부터 3개월 후였다. 스기야마의 감시는 그때까지 계속되었고 터널은 미완성이었으며 탈출은 불가능했다.

그는 1944년 마지막 날, 서치라이트 불빛 속에서 총탄에 자신의 몸이 벌집이 되는 악몽을 꾸었다. 방법은 한 가지였다. 놈이 사라지면 터널의 존재를 아는 사람은 사라질 것이었다. 막다른 구석의 쥐가 고양이를 무는 건 쉽지 않은 일이지만 불가능하지도 않았다.

최치수는 터널의 한 지점에서 새로운 터널을 파기 시작했다. 새 터널은 형무소 외벽이 아닌 무연고자 묘지를 향해 있어 탈출을 위해서라기보다 기존의 터널을 메울 흙을 파내기 위한 것처럼 보였다. 작업을 계속하는 동안 최치수는 스기야마의 순찰 시간과 동선을 꼼꼼히 관찰했다. 서로가 서로를 감시하는 대치 속에서 마침내 묘지로 연결되는 터널이 완성되었다.

최치수는 스기야마가 야간 순찰을 나서는 시간을 기해 터널을 통해 묘지로 갔다. 무덤 구멍을 통해 지상으로 올라온 그는 매장 번호가 적힌 말뚝 하나를 뽑아 쥐고 독방동 모퉁이에 숨어 기다렸다. 그리고 순찰 동선에 따라 독방동 모퉁이를 도는 스기야마의 어깨를 말뚝으로 내리쳤다. 우두둑 뼈가 부서지는 소리가 났다. 그는 뾰족하게 간 숟가락을 스기야마의 목에 대고 본관동 쪽으로 몰았다. 달빛조차 없는 밤이었다. 스기야마는 하늘이 놈의 편이라고 생각했다.

본관동 창살문을 지나 모퉁이를 돌자 행정구역으로 이어지는 외진 쪽문이 나타났다. 스기야마는 어깻죽지의 고통을 참으며 열쇠 뭉치를 꺼내 쪽문을 따고 통로를 따라 나아갔다. 이중 삼중의 철문으로 격리된 행정구역 복도에 사람의 그림자는 보이지 않았다. 본관동에 이른 그들은 2층 난간으로 통하는 계단을 올랐다. 흉기가 닿은 스기야마의 목덜미에 끈적한 피가 흘렀다.

"규칙을 어긴 건 미안해. 하지만 다른 방법이 없었어."

스기야마는 고개를 끄덕였다. 그래, 전쟁에 규칙 같은 건 필요 없다. 죽이지 않으면 죽는 것만이 유일한 규칙이니까. 최치수는 스기야마의 목을 틀어쥐었다. 스기야마는 부러진 어깨뼈 때문에 반항 한 번 하지 못하고 숨통이 끊어졌다. 최치수는 스기야마의 허리에서 풀어낸 포승줄로 그를 난간에 묶고 흉기로 그의 가슴을 찔렀다. 그의 솜씨는 숙련된 정형사가 도살된 육우를 다루듯 정확하고 빈틈없었다.

유유히 본관동을 빠져나온 최치수는 공동묘지로 향했다. 망루의 푸른 탐조등이 어둠을 비추었다. 그러나 대낮에도 누구 하나 얼씬하지 않는 공동묘지를 주시하지는 않았다.

최치수는 유유히 무덤 구멍 속으로 사라졌다.

*

최치수는 머릿속의 모든 기억을 되살리느라 기진맥진했다. 그건 한 조선인 죄수의 탈옥 실패기이기도 했고, 한 일본인 간수의 죽음에 관한 증언이기도 했다. 나는 빽빽하게 쓴 조서 용지 위에 펜을 놓고 두 손에 입김을 불었다. 꽁꽁 얼어붙은 손끝에는 감각조차 느껴지지 않았다. 오한이 몰려왔다. 겨드랑이에 두 손을 한참 꽂고 있은 후에야 나는 다시 펜을 집어 들 수 있었다.

"묘지나 독방동 근처가 편할 텐데 왜 본관 건물에서 그를 죽였소?"

그의 한쪽 입꼬리가 씰룩 올라갔다. 소름이 돋았다. 이번엔 추위 때문이 아니라 두려움 때문이었다. 그는 나의 두려움을 즐기듯 천천히 말했다.

"나의 목적은 그를 죽이는 것이 아니라 탈옥이었소. 그를 죽인 건 탈출로인 땅굴을 지키기 위해서였지. 묘지나 독방동 근처에서 살인이 일어났다면 그 근처를 모두 까뒤집었겠지. 그렇지만 행정구역과 수용동 사이의 로비는 지하 통로로부터 가장 먼 형무소의 중심이었어."

그의 눈빛은 나를 원망하는 것 같기도 했고 체념한 것 같기도 했다.

"의문은 또 있소. 수술용 바늘과 실은 어떻게 구했소?"

"이 형무소에서 내가 구할 수 없는 것이 있다고 생각하나? 우리 아이들 중에는 귀신같은 손재주를 가진 쓰리꾼도 있고 간호사의 혼을 빼놓을 사기꾼도, 장사치도 있어. 친절하게도 으리으리한 의무동까지 있으니 봉합사 세트 하나쯤 빼돌리는 건 우스운 일이지."

"외과의 뺨치는 정교한 봉합술이 당신 솜씨란 말이오?"

"난 전쟁터에서 뼈가 굵은 놈이야. 군인이었다가, 도망자였다가, 요리사였다가, 장의사였다가, 외과 의사이기도 했지. 언제나 적이 있었고, 추적자가 있었고, 배가 고팠고, 누군가 죽어갔고, 상처 입었으니까."

나는 펜을 내려놓았다. 그의 진술에는 어긋난 점이 없었다. 동기도 정황도 증거도 분명했다. 조서 내용대로라면 그는 재판조차 없이 목을 매달릴 것이다. 그런데 왜 그는 내게 범행 전모를 털어놓는 걸까? 그의 말대로 진실을 기록하기 위해서? 아니면 또 다른 음모를 위해서?

나는 네 장 분량의 조서 용지에 최치수의 진술을 정리했다. 탈출 동기와 모의, 터널 굴착과 발각 등 탈옥 기도와 간수 살해로 이어진 범죄 사실이었다. 최치수의 자백대로 기록했지만 나는 그 조서가 진실하다고 말할 자신이 없었다. 쓰인 모든 내용이 사실이라도 쓰지 않은 사실이 있다면 진실한 기록이라 말할 수 없을 것이기 때문이다.

나는 조서에 도망자로 살아온 그의 삶도, 그가 죽인 자와의 애증도 기록하지 않았다. 스기야마가 땅굴을 발견한 시점도, 그것을 메우려는 대결에 대해서도 적지 않았다. 조서는 스기야마 도잔이 터널을 발견했고, 331번은 비밀을 지키기 위해 그를 살해했다는 단순한 인과관계로 마무리되었다. 엉성하기 짝이 없는 조서였지만 그것만으로도 그의 목을 매달 근거는 충분했다.

다음 절차는 예정대로 진행되었다. 최치수는 본관동 사형수 독방에 처박혔고, 땅굴은 삽과 곡괭이를 든 죄수들에 의해 파헤쳐졌다. 한 장의 사건 보고서로 사건은 종결되었다.

하지만 내 머리 속에는 여전히 풀리지 않은 물음들이 남아 있었다. 최치수는 왜 그토록 끈질기게 탈출을 기도했을까? 실패할 것을 알면서, 실패하면 어떤 무시무시한 결과가 기다리는지 뻔히 알면서 왜 목숨을 걸었을까? 그렇게 여러 차례 탈출을 시도한 그를 소장은 왜 살려두었을까?

사흘 후 나는 소장실로 불려갔다. 그 자리에는 간수장과 치안 간수, 심문관, 행정관과 의무관 등 간부들이 모여 있었다. 소장은 직접 나의 간수모에 상등병 계급장을 달아주었다. 터널을 적발하고 살인 사건을 조사한 공로에 대한 표창과 1계급 특진이었다.

한 사람이 살해당하고, 또 한 사람은 사형수가 되고, 다른 한 사람은 표창을 받았다. 나는 혼란스러웠다.

한 대의 피아노와
그 적들

    강당은 노을에 물들어 갔다. 피아노를 마주하고 앉은 미도리는 엄숙한 여사제처럼 보였다. 피아노는 그녀의 손끝에서 영혼이 있는 것처럼 웃고 울고 기뻐하고 슬퍼했다. 그녀가 연주하는 음조는 내가 언젠가 어디선가 들었던 것처럼 익숙하게 느껴졌다. 그때가 언제였는지, 그곳이 어디였는지 생각하고 있을 때 그녀가 뒤를 돌아보았다. 나는 그녀의 눈길을 피하며 나도 모르게 떠오른 곡의 한 소절을 콧노래로 흥얼거렸다. 그녀의 연주곡과 놀라울 정도로 닮은 음조였다.

    "슈베르트의 '보리수'군요. '겨울 나그네' 중 한 곡인데 마루이 선생님의 레퍼토리에도 들어 있어요."

    말을 마친 그녀가 건반을 두드렸다. 스기야마가 죽던 날 아침, 소장실에서 들었던 바로 그 노래. 스산한 제목의 의미, 서글픈 듯 섬세한 멜로디의 암시, 뚝뚝 부러지는 듯한 독일어의 뜻이 궁금해 나는 물었다.

    "며칠 전 소장실에서 들었는데 독일어 가사를 알아들을 수가 없어 답답했어요."

"슈베르트 가곡은 딱딱한 독일어 발음과 남성적인 음색이 어울릴 때 분위기를 잘 전달할 수 있어요. 특히 빌헬름 뮐러의 연작시에 멜로디를 붙인 '겨울 나그네'는 원어의 어감을 그대로 살려야 잘 이해할 수 있는 곡이죠."

그녀는 또 다른 반주곡을 연주했다. 나직하면서도 서글픈 곡조였다. 나는 그녀의 반듯한 가르마를 훔쳐보았다. 리드미컬하게 움직이는 그녀의 어깨 위로 노을이 스며들었다. 나는 그녀가 시선을 꽂고 있는 보면대에 놓인 악보의 표지를 훔쳐보았다. 거기에는 알 수 없는 독일어 아래에 "잘 자요"라는 세 글자가 적혀 있었다.

"'잘 자요'예요. '겨울 나그네'의 첫 곡이죠."

그녀가 말하는 순간 머릿속에 죽은 스기야마의 호주머니에서 나온 시의 제목이 떠올랐다. 나는 피아노 선율에 맞춰 수수께끼의 문장을 읊조렸다.

"방랑자로 왔으니 다시 방랑자로 떠나네……. 이제 세상은 슬픔에 잠기고 내 발길 닿는 길은 눈으로 덮였네."

그녀는 건반을 짚던 손을 멈추었다. 돌아보는 그녀의 눈에는 두려움이 고여 있었다. 그녀가 두려워한다는 사실이 나는 두려웠다. 그녀는 무엇을 두려워하는 것일까? 두려움의 이유는 뭔가를 알기 때문일 것이다. 그녀는 무엇을 알고 있을까? 그녀의 표정은 내가 어떻게 독일어 가사의 뜻을 아는지 묻는 것 같았다. 나는 얼굴을 일그러뜨리며 말했다.

"죽은 간수의 주머니에 그 시를 적은 쪽지가 있었어요. 저승사자로 불린 폭력 간수였죠."

그녀는 손가락을 말아 주먹을 꼭 쥐며 나에게 경계심과 적의를 보였다.

"그에 대해 아무렇게나 말하지 마세요. 당신은 그에 대해 아무것도 몰라요."

입 안이 바짝 말라붙었다. 그녀는 스기야마에 대해 무엇을 알고 있을까? 그녀가 알고 있는 사실은 그의 죽음과 어떤 관계가 있을까? 그녀가 악명 높은 간수와 모종의 관계가 있으며, 그의 죽음과 관련 있다는 사실을 어떻게 받아들여야 할까. 머릿속의 혼란을 감추기 위해 나는 버럭 소리를 질렀다.

"그렇게 말하는 당신은 무엇을 알죠?"

흥분한 얼굴을 들키고 싶지 않아 나는 돌아섰다. 나의 등 뒤에서 요란한 소리가 들렸다. 큰 짐승의 울부짖음 같기도 했고, 높은 건물이 무너지는 소리 같기도 했다. 반사적으로 고개를 돌렸더니 그녀는 두 손을 건반 위에 짚고 일어서 있었다. 헝클어진 머리카락 사이로 젖은 속눈썹과 붉게 달아오른 코끝이 보였다. 그녀가 말했다.

"그는 폭력 간수가 아니었어요."

나의 머릿속에서 묵직한 A음이 울렸다. 스기야마의 죽음에 대한 진실을 기록하겠다는 최치수와의 약속이 떠올랐다. 그는 죽음을 담보로 모든 것을 털어놓았지만 나는 아직도 진실을 몰랐다. 진실은커녕 아무것도 알지 못했다. 내가 할 수 있는 유일한 일은 묻는 것이었다.

"스기야마는 어떤 사람이었죠?"

나는 알고 싶었다. 스기야마 도잔의 죽음과 그의 삶을. 그녀 또한 모든 것을 알지는 못할 것이다. 알아도 모든 것을 말해줄 순 없을 것이다. 말해도 나는 이해하지 못할 것이다. 그래도 나는 알고 싶었다. 최치수에게 듣지 못한 스기야마의 삶을. 조서에 쓰지 못한 그의 진실을.

노을이 검붉은 자국을 남기고 스러진 창밖에 바삭바삭한 어둠이 내려앉았다. 그녀는 수수께끼 같은 어둠 너머를 바라보았다.

"스기야마 도잔은 섬세한 사람이었어요. 그는 음악을 알았고, 시를 이해했고, 삶을 사랑했어요."

*

　섬세한 남자 스기야마 도잔을 죽인 건 미친 시대였다. 더 많은 피를 원하는 시대. 더 많은 증오와 더 많은 죽음을 원하는 시대. 그는 전쟁이라는 철창 속에서 군복이라는 독방에 갇혀 죽었다.

　그녀가 스기야마를 알게 된 것은 2년 전이었다. 어느 겨울 아침, 형무소로 들어선 그녀는 후쿠오카형무소에 새로 설립된 규슈제대 의대 의무동 소속 간호사였다. 의무동 연구실에서는 전문의로 구성된 병리학 연구진이 하루 종일 영어 의서를 파고들었고, 실험실에서는 현미경에 눈을 박고 연구에 집중했다. 그런 노력의 결과로 의술이 발전되고 획기적인 신약이 개발된다면 수천수만 명의 목숨을 구하게 될 것이었다. 살육의 시대에 생명을 책임진 규슈제대 의료진의 일원이라는 사실에 그녀는 자랑스러움을 느꼈다.

　그렇지만 그녀의 뿌듯함과 상관없이 간호 업무는 전장의 병사만큼이나 힘든 고역이었다. 매일 이어지는 2교대 근무에 그녀는 파김치가 되기 일쑤였다. 그녀가 스기야마란 이름을 들은 것은 근무를 시작한 지 보름쯤 지난 날이었다.

　"스기야마 그 개새끼. 그놈은 백정이야. 움직이는 건 사람이든 짐승이든 가리지 않고 몽둥이질을 해댄다고. 그 새끼는 팰 것이 없으면 지 대가리라도 깨버릴 거야."

　이마가 터진 일본인 죄수는 부르튼 입술 사이로 그 이름을 뱉어냈다. 며칠 후에는 일본인 간수가 퉁퉁 부어오른 손가락을 움켜쥐고 달려왔다. 그녀는 금이 간 그의 손가락에 붕대로 부목을 고정시키며 부상 경위를 물었다. 그는 붕대가 칭칭 감긴 손가락을 내려다보며 씩씩댔다.

　"조선 놈들끼리 시비가 붙었어. 스기야마가 조선 놈의 이마빡을 갈기고 쓰러진 놈을 개 패듯이 패댔지. 달려가 말렸지만 내 손을 후려치고 나서야 씩씩거리며 물러서더군. 내가 아니었으면 그 조선 놈은 뒈졌을 거야."

또 스기야마란 자였다. 개처럼 맞았다는 죄수는 어떻게 되었을까? 독방에서 부러진 뼈를 감싸 쥐고 뒹굴고 있을까? 그녀는 문득 깨달았다. 의무동으로 온 조선인 죄수들을 본 기억이 거의 없다는 사실을. 그들은 왜 의무동으로 오지 않았을까? 그들의 몸은 쇳덩이가 아니거니와 노동과 허기에 시달린 몸은 간수들보다 더욱 상처 입기 쉬울 것이다.

하지만 조선인 죄수들에게 인위적인 의료 행위를 허락하지 않는다는 방침은 확고했다. 간수들은 특별한 경우가 아니면 다친 조선인들을 의무동 대신 독방으로 보냈다. 그녀는 일본인 간수의 손가락에 감은 붕대 매듭을 가위로 잘라냈다. 간수는 능글맞은 웃음을 흘렸다.

"스기야마에게 고맙다고 해야겠군. 그놈 덕에 예쁜 간호사 아가씨를 만났으니 말이야."

그 후로도 그녀는 스기야마라는 이름을 자주 들었다. 어깨뼈가 바스러진 죄수와 입술이 터진 간수가 그를 짐승이라고 말했다. 찢어지고 부러진 상처들이 거칠고, 잔혹하고, 인정사정없는 그를 명백하게 설명했다. 타인의 고통에 아랑곳하지 않고 자신의 분노를 세상에 퍼뜨리는 자. 형무소가 있어야 한다면 그런 자들 때문이다. 그자는 철창 밖이 아닌 철창 속에 처박혀야 할 것이다.

그녀가 스기야마를 직접 만난 것은 한 대의 낡은 피아노 때문이었다. 매주 월요일 아침 의무동 강당에는 200여 명의 간수들과 60여 명의 의사들과 간호사들이 도열했다. 모든 일본인들이 제국과 천황을 향한 마음을 하나로 뭉치는 조회 시간이었다. 기미가요 제창으로 시작된 행사는 '천황 폐하 만세'를 세 번 외치는 것으로 끝났다.

경건함에 대한 끔찍한 강요에도 불구하고 그녀는 조회 때면 으레 맨 앞줄에 섰다. 강당 앞에 낡은 가구처럼 놓인 피아노에 가까이 가기 위해서였다. 조회가 진행되는 내내 그녀는 볼품없는 피아노에서 눈을 떼지 못했다.

어느 날 조회가 끝난 후 그녀는 피아노로 다가가 덮개를 열었다. 손끝으로 건반의 먼지를 닦으며 그녀는 생각했다. 과연 소리가 날까? 어떤 소리가 날까? 그녀는 조심스레 건반 하나를 눌렀다. 나직한 G음이 돌아선 사람들의 발목을 움켜잡았다. 그녀는 다른 건반을 눌렀다. 이번엔 낭랑한 F음이 머뭇대는 사람들의 어깨를 툭툭 쳤다. 사람들은 웅성대며 다음 음을 기다렸다.

마침내 그녀의 두 손이 건반 위로 내려앉았다. 고치에서 비단실이 풀리듯 음이 흘러나왔다. 어린 간호사 하나가 피아노 음을 따라 떠듬거리며 노래했다.

"즐거운 곳에서는 날 오라 하여도……"

노랫소리는 조용히 실내로 퍼졌다. 비틀린 시대와 어긋난 꿈, 마르지 않은 눈물과 비명은 한순간에 사라졌다. 사람들은 저마다의 그리움을 노래했고 그들의 입술은 저마다의 고향을 담고 있었다. 먼 홋카이도에 아내를 두고 온 간수, 니가타 산촌의 노모를 떠올리는 간수병, 도쿄 집의 저녁 식사와 가족을 생각하는 인턴…….

"오, 사랑 나의 집. 즐거운 곳에서는 날 오라 하여도 내 쉴 곳은 작은 집 내 집뿐이리."

노래가 끝났지만 사람들은 발걸음을 옮기지 못했다. 한참 뒤에야 간수들은 수감동으로, 의사들은 연구실로, 간호사들은 병동으로 돌아갔다. 그녀의 등 뒤로 다가온 간수장이 버럭 소리쳤다.

"무슨 짓인가? 멸사봉공의 각오로 기미가요를 불러야 할 시간에 '즐거운 나의 집'이라니……."

그제야 그녀는 자신이 무슨 짓을 했는지 깨달았다. '즐거운 나의 집'은 적국인 미국 노래였다. 그때 짧고 힘차고 종종거리는 듯한 소장의 발자국 소리가 다가왔다.

"기적이군. 이 흉물이 다 된 피아노를 치워버리지 않기를 잘했어. 그랬더라면 오늘 같은 연주는 듣지 못했겠지."

소장은 잘 다듬은 콧수염을 말아 올리며 호기심 어린 눈으로 그녀의 이름과 소속을 물었다. 숱 많은 곱슬머리를 가지런히 빗어 넘긴 신사가 다가왔다. 금빛 넥타이 위에 하얀 가운을 걸친 모리오카 원장은 그녀를 대신해 말했다.

"의무동 간호사 이와나미 미도리 양입니다. 소학교 입학 전부터 피아노를 치기 시작해 규슈 피아노 콩쿠르에서 입상하기도 한 피아노 영재죠. 중일전쟁 중 육군성 간부였던 부친께서 돌아가시자 어쩔 수 없이 피아노를 그만두었지만 재능은 여전하답니다."

소장은 반색하며 한숨 같은 감탄사를 내뱉었다. 원장의 말에는 그가 선망하는 모든 것이 들어 있었다. 고급 음향 기기를 장만할 수 있는 경제적 여유, 음악을 향유할 수 있는 지성, 온화한 성품과 세련미. 그토록 가지고 싶었지만 흉내를 내는 것으로 만족해야 했던 것들.

피아노가 형무소로 온 것은 10년 전이었다. 중일전쟁 발발 전 후쿠오카가 평화로운 도시였을 때, 외국인 사업가들이 몰려들어 온 도시가 잔치처럼 들썩였을 때. 음악을 사랑했던 미국인 무역업자 스티븐슨은 을씨년스러운 형무소 안에 음악이 흐르기를 원했다. 피아노를 실어 온 날 스티븐슨은 자신이 이끄는 아마추어 합창단의 작은 공연을 열었다. 그것은 가장 난폭한 자들이 모인 형무소와 가장 아름다운 소리를 내는 악기의 어울리지 않는 조합이었다.

그날 이후 스티븐슨의 기증품은 컴컴한 강당 구석에 처박혀 먼지를 뒤집어쓰기 시작했다. 습기와 먼지, 벌레들과 쥐들이 피아노를 공격했다. 현들은 고유의 소리를 잃고 음은 엉망이 되었다. '제 소리도 안 나는 흉물스러운 물건을 부숴 강선을 공출하자'라는 건의도 들어왔다. 그렇게 10년간 침묵하던 피아노가 소리를 낸 것이었다. 그냥 소리가 아니라 음악이 흘러나온 것이다. 소장은 말 못하던 자식의 말문이 터진 것 같은 감격에 가슴이 벅찼다. 그때 등 뒤에서 거칠고 삐걱거리는 음성이 들렸다.

"형편없는 소리군."

소장은 흠칫 뒤를 돌아보았다. 한 사내가 못마땅한 표정으로 건반을 내려다보고 있었다. 넓고 견고한 어깨, 박박 민 머리, 뺨 위의 긴 흉터. 건반 덮개를 닫고 일어서며 미도리가 말했다.

"연주가 마음에 안 들었다면 유감이군요."

"형편없는 건 연주가 아니니 그럴 필요 없소. 난 당신 연주를 평가할 능력도 없고, 그럴 생각도 없으니까."

음악이라곤 쥐뿔도 모르는 무뢰배가 저지른 결례에 소장은 작고 단단한 몸에 힘을 주고 소리쳤다.

"스기야마! 자네가 음악에 대해 뭘 안다고 그런 소릴 내뱉는 거야!"

스기야마란 이름을 듣는 순간 그녀의 팔뚝에 소름이 돋았다. 그것은 수많은 뼈를 부러뜨리고 살갗을 찢은 냉혹한의 이름이었다. 스기야마는 도끼로 나무를 빠개듯 무뚝뚝하게 말했다.

"전 음악은 모르지만 소리에 대해서라면 좀 안다고 할 수 있습니다."

"소리에 대해서라고? 소리에 대해 자네가 뭘 알아?"

스기야마는 대답 대신 피아노로 다가가 한 손을 건반 위에 올렸다. 소장은 놀란 눈으로 그의 다음 행동을 살폈다. 그는 두 개의 건반을 동시에 눌렀다. 두 개의 강한 음이 퍼져나갔다. 그는 다시 다섯 개의 손가락으로 다섯 개의 건반을 눌렀다. 묵직하고 힘 있는 소리들이 강당 안을 가득 채웠다. 그는 눈을 감고 소리 하나하나의 힘과 공명을 감지한 후 입을 열었다.
"이 피아노는 소리를 잃었습니다."
거짓말! 망가진 피아노였다면 강당 안의 모든 사람들이 빠져들 만큼 완벽하게 '즐거운 나의 집'을 연주하지 못했을 것이다. 소장은 눈을 치켜뜨고 소리쳤다.
"지난 10년 동안 누구도 이 피아노에 손을 댄 적이 없었어. 건반을 두드린 적도 없는데 음이 망가졌다고?"
"피아노에 손을 대지 않는 건 막무가내로 두드리는 것보다 나쁩니다. 원목에 스민 습기 때문에 공명이 뻗어나가지 못하죠. 스프링은 탄력을 잃고, 현들은 틀어져 정확한 음을 내지 못합니다. 제대로 된 소리를 내지 못하는 피아노는 죽은 거나 다름없죠."
소장은 애써 태연한 척하며 실소를 흘렸다.
"스기야마, 멀쩡한 피아노를 망가진 폐물 취급하며 치울 생각은 마. 10년 동안 버려졌던 악기가 오늘에야 제대로 된 연주자를 만났으니까."
소장은 온화한 표정으로 미도리를 바라보았다. 그는 피아노가 가만히 두고 보는 가구가 아니라 누르고 두드려야 살아나는 악기라는 것을 몰랐다. 10년이나 사람 손이 닿지 않은 피아노는 피아노라고 할 수조차 없다는 것을. 미도리는 오른손 엄지와 새끼손가락으로 두 개의 건반을 동시에 눌렀다. 중후한 G음과 높은 G음이 나란히 어우러졌다. 그녀가 말했다.
"이 소리는 정확히 한 옥타브 차이의 음들입니다. 하지만 제가 친 G음은 검은 건반이에요. G가 아니라 G#이죠. 원래 G음은 반음 정도 낮아진 데다 공명도 불안해요. 헐거워진 현들의 음이 조금씩 틀어진 데다 떨림도 불안해요."
소장은 마뜩잖은 표정으로 스기야마를 돌아보며 소리쳤다.
"자네, 이 피아노의 상태를 어떻게 알았지?"

"입대 전 피아노 상점에서 일하며 조율사의 어깨너머로 잠시 도둑 공부를 했을 뿐입니다."

"그러면 이 피아노를 고칠 수도 있겠군."

그것은 가능하냐 아니냐를 묻는 질문이 아니었다. 당장 고쳐놓으라는 명령이었다.

그날 저녁 스기야마는 잡다한 금속 기구가 든 가죽 가방을 강당 바닥에 펼쳤다. 크고 작은 집게와 렌치, 두껍고 얇은 가죽 몇 장이 들어 있었다. 그는 아끼는 짐승처럼 적막 속에 웅크린 피아노를 어루만졌다. 말없이 덮개를 열자 원목 판재에서 희미한 숲의 냄새가 났다. 녹슨 현들, 먼지가 쌓이고 쥐 오줌에 얼룩진 바닥, 너덜거리는 해머 펠트……. 그것은 피아노가 아니라 흉물이었다.

"G음을 쳐봐."

단조로운 그의 목소리는 뚝뚝 부러졌다. 미도리는 건반을 눌렀다. 침묵과 목소리와 피아노 소리가 번갈아 강당 안을 떠다녔다. 그는 가죽 자락으로 볼트를 감고 집게로 현을 조였다. 그의 표정과 눈빛은 환자의 가슴에 청진기를 대고 집중하는 의사나 가망 없는 환자의 수술 준비를 끝낸 집도의의 결연함을 떠올리게 했다. 메스 대신 집게를 든 스기야마는 걷지 못하는 환자를 걷게 하고, 보지 못하는 환자를 보게 하고, 죽어가는 환자를 살리려는 의사처럼 보였다. 그녀가 말했다.

"좋아졌어요. 음이 정확해지고 어울림도 좋은 것 같아요."

그는 여전히 마음에 들지 않는 표정이었다.

"급한 대로 기본음을 맞췄지만 조율 기구와 자재가 필요해. 해머와 조율 드라이버, 스프링 조절 코바늘, 녹슨 현과 교체할 강선, 접착제, 왁스와 광택포……."

그의 말에는 그것들을 구하지 못할 거라는 불안이 스며 있었다. 쌀과 밀가루, 설탕 같은 생필품조차 배급에 의지하는 결핍과 죽음의 시대, 한때 선망이었던 피아노는 분노의 대상이 된 전시(戰時)였다. 살 사람 없는 피아노들은 구석방과 다락에 숨겨지거나 버려진 채 먼지를 뒤집어쓰고 있었다.

"시내의 피아노 상점으로 나가봐야겠어. 어쩌면 조율기를 구할 수 있을지도 몰라."

그는 끝이 뾰족하거나 넓적한 집게들, 가는 쇠막대기와 가죽끈을 주섬주섬 가방에 챙겨 넣었다. 그 집게의 맞물리는 이빨 모양을 그녀는 진료실로 온 환자들의 피멍 든 손톱에서 본적이 있었다. 그들의 등에는 눈앞의 가죽끈과 같은 굵기의 상처가 나 있었다.

스기야마란 악명을 똑똑히 기억해낸 그녀는 두려우면서도 설레었다. 그는 이 피아노의 소리를 찾아줄 유일한 사람인 동시에 무력한 죄수들을 무자비하게 패는 폭력 간수였다. 어느 쪽이 그의 진짜 모습일까? 그녀는 추궁하듯 물었다.

"그 기구들은 원래 어디에 쓰이는 것들이죠?"

반들거리는 피아노 덮개에 스기야마의 일그러진 얼굴이 비쳤다. 그녀는 그 물건의 용도를 알고 있었다. 그 연장들은 심문실에서 저항하는 반일 분자들을 다스리기 위한 도구라는 것을.

스기야마는 죄책감을 느껴서는 안 된다고 스스로 다짐했다. 그 물건이 꼬인 것을 풀고, 휘어진 것을 바로잡는 것이라면 원래의 용도대로 쓰인 것이다. 그것이 사람이든 피아노든.

"당신은 알 거 없어. 우린 각자 할 일을 할 뿐이야. 난 사람을 패고, 당신은 내가 팬 사람을 치료하고, 난 피아노를 조율하고, 당신은 내가 고친 피아노로 연주를 하면 돼."

"당신이 하는 일이 뭐죠?"

"공산주의자, 민족주의자, 무정부주의자 놈들…… 세상을 구원한다고 믿으며 세상을 더럽히는 자들의 썩은 대가리를 정화시키는 게 내 일이야. 그러니 내 일에 간섭하지 마."

스기야마는 냉혹한 웃음을 짓고 어둑한 공간에 그녀를 남겨둔 채 강당을 나갔다. 그가 발걸음을 옮길 때마다 가방 안에서 쇠붙이들이 쩔렁대는 소리를 냈다. 그는 아직도 자신의 몸에 스며 있는 피아노 소리를 떠올렸다.

이틀 후 스기야마는 시내로 나갔다. 중심가의 피아노점은 오래전에 문을 닫은 것 같았다. 한참을 두드리자 문이 열렸다. 대머리에 콧수염을 기른 주인은 먼지를 뒤집어쓴 피아노처럼 무기력했다. 입술엔 마른 각질이 하얗게 일어나 있었다. 스기야마는 조율기 세트와 자재를 구하고 싶다고 했다. 주인은 체념한 듯 창고 문을 열었지만 거듭되는 공출과 군납으로 쓸 만한 자재는 거의 남아 있지 않았다. 스기야마는 도둑질을 하듯 몇몇 기구와 자재를 챙겨 들고 잿빛 거리를 걸어 형무소로 돌아왔다.

미도리는 강당에서 기다리고 있었다. 스기야마는 말없이 피아노 상판을 열었다. 수많은 나무와 금속 조각들, 수백 개의 너트들과 수십 가닥의 현들, 내부를 가로지르는 들보와 겹겹의 판재들이 드러났다. 피아노는 단지 소리를 내는 기계가 아니었다. 그것은 나무와 금속, 펠트와 가죽으로 이루어진 생물이었다. 시간은 피아노에게 최악의 적이었다. 현은 늘어나 음량이 줄었고 향판은 뒤틀려 음을 뒤죽박죽으로 만들었다. 습기로 부푼 건반은 제자리로 돌아오지 않거나 소리를 내지 못했다. 스기야마는 마른 가지가 부러지는 것처럼 말했다.

"아무 음이라도 좋으니 쳐봐."

그녀는 '내 고향으로 날 보내주'를 연주했다. 소리는 반짝임, 매끄러움, 아련함, 무지개, 여름비 같은 단어를 생각나게 했고 호박색 빛을 떠오르게 했다. 스기야마는 머뭇거리며 그녀를 훔쳐보았다. 반듯한 이마와 콧날, 건반으로 내리깐 시선, 반듯한 어깨와 곧은 등. 건반 위를 날아다니는 나비 같은 손가락, 페달 위에 올려놓은 가는 발목이 그에게 오래전 기억을 떠오르게 했다. 한 여인을 위해 피아노를 조율하던 한때. 그의 상념을 방해하기라도 하려는 듯 그녀가 불현듯 물었다.

"조율 기술은 하루 이틀이나 한두 달 만에 배울 수 없어요. 변변한 조율기도 없이 음을 맞춘 솜씨를 보면 어깨너머로 배운 정도가 아니에요."

스기야마는 불에 덴 것처럼 화들짝 놀랐다. 그녀는 그가 불에 덴 것이 아니라 추억에 덴 것이라고 생각했다. 그는 녹슨 현들을 바라보며 대꾸했다.

"먹고살기 위해서였어. 주먹질을 끝내고 부자들의 돈을 뜯어먹으며 살려면 피아노가 괜찮겠더군."

하지만 그녀는 그것이 거짓말이라는 것을 알았다. 푼돈이나 벌어보려는 사람은 절대 그렇게 복잡한 표정을 지을 수 없는 법이다. 음이름을 외치는 그의 목소리에는 악기에 대한 사랑이 깃들어 있었다. 그는 모든 신경을 소리에 집중해 연주자의 마음을 읽고 망가진 소리들을 찾아냈다. 조율 작업에 몰두할 때 그의 표정은 돈이 아니라 최고의 소리를 찾는 장인의 그것이었다. 반짝이는 피아노 덮개에 비친 그의 마른 얼굴은 청년처럼 순결해 보였다.

그녀는 고개를 들고 피아노 덮개 너머를 바라보았다. 거기에는 열정으로 빛나는 청년 대신 늙고 주름진 간수가 있었다. 그는 순수로부터 도망쳐 나온 부랑아, 황금빛 과거로부터 쫓겨난 추방자처럼 보였다.

그는 말없이 현과 액션을 분리해 부드러운 가죽으로 녹을 닦고 손상된 해머와 댐퍼(damper, 그랜드피아노의 음의 지속 정도를 조절하는 장치)를 바로잡아 음을 맞추었다. 그리고 건반의 저항력과 동작 범위를 조정해 불균일한 터치감을 조정해 피아노를 길들였다.

피아노가 조금씩 우아함을 되찾고 소리가 색깔을 얻게 되자 가장 기뻐한 사람은 소장과 모리오카 원장이었다. 피아노에 매달려 공구를 놀리는 스기야마를 볼 때마다 소장은 미심쩍은 생각을 버릴 수 없었던 것이 사실이었다. 과연 저자가 저 흉물을 살려낼 수 있을까?

그는 그럴 거라고 확신하며 고개를 끄덕였다. 그렇게 믿어야 했다. 자신의 의술을 믿지 못하는 의사는 누구도 살릴 수 없으니까. 소장은 다시 살아난 피아노가 들려줄 소리를 상상하며 들뜬 목소리로 말했다.

"미도리 양의 훌륭한 연주라면 월요 조회를 비롯한 공식 행사에 피아노 반주를 활용할 수 있을 것입니다."

원장은 긍정도 부정도 하지 않는 신중한 표정이었다. 소장은 눈동자를 고정시키고 그의 대답을 기다렸다. 원장의 대답은 뜻밖이었다.

"형무소의 월요 조회 반주 정도로 쓰기엔 아까운 악기와 연주자입니다. 저 악기와 미도리 간호사에겐 더 큰 무대가 필요합니다. 연주회를 여는 것은 어떻겠습니까?"

원장의 목소리는 소장을 강하게 설득했다. 감격한 소장은 고개를 끄덕였다.

"전적으로 옳은 말씀입니다. 하지만 변변찮은 형무소라 제대로 된 연습을 할 여건이 아니어서……."

원장은 부드러운 목소리로 소장의 말을 잘랐다.

"그렇기 때문에 후쿠오카형무소가 최적의 장소가 아닐까요? 전국에서 잡혀 온 흉악범들과 불온 분자들의 소굴에서 평화를 기원하는 음악회가 열리는 것이니까요. 삭막한 형무소에 아름다운 음악을 심는 겁니다. 도쿄에서 유명한 성악가를 초청하고, 국내외 고위 인사들을 초청하는 음악회 말입니다. 어떻습니까?"

잿빛 형무소에 음악으로 활기를 불어넣겠다는 야심찬 프로젝트에 소장은 눈을 반짝이면서도 곧 의구심을 드러냈다.

"탁월한 예술적 안목입니다. 하지만 유명 성악가가 초라한 형무소에 오려

할까요?"

 원장은 성큼성큼 피아노로 다가갔다. 소장은 엉거주춤한 자세로 뒤를 따랐다. 원장은 자신 있는 목소리로 소장의 의구심을 잠재웠다.

 "성악가 마루이 선생 아시죠? 그분은 미도리 간호사의 재능을 아껴 몇 차례나 도쿄 유학을 권했던 후원자십니다."

 원장은 그녀를 돌아보며 말을 이었다.

 "미도리 양! 후쿠오카형무소 평화음악회에 대한 계획을 소장님께 직접 보고드리게. 소장님의 허락이 필요한 사업이니까."

 그녀는 피아노 의자에서 일어서서 말했다.

 "스기야마 씨는 조율에 최선을 다했지만 공구와 부품을 구할 수 없었습니다. 시내 피아노점을 모두 뒤졌지만 찾을 수 없었죠. 그때 도쿄의 마루이 선생님이라면 부탁을 들어주실지도 모르겠다는 생각이 들었습니다. 염치없지만 낡은 피아노를 살릴 조율 공구와 부품을 부탁하는 편지를 드렸습니다."

 "그랬더니? 어떻게 되었소? 마루이 선생의 답신이 왔소?"

 소장은 성급하게 물었다. 그녀는 고개를 끄덕였다.

 "그렇습니다. 도쿄에서 공구 세트와 부속, 그리고 새 현이 도착했습니다. 피아노가 살아나면 꼭 선생님의 '겨울 나그네'에 반주를 하고 싶다는 부탁의 답장을 보냈습니다. 선생님께서는 흔쾌히 허락하셨습니다."

 소장은 입술 언저리로 미어져 나오는 웃음을 참을 수 없었다. 일본 제일의 성악가가 죄수들이 득실대는 형무소에서 공연을 하다니. 그것이 사실이라면 기적의 음악회라 부를 만했다. '후쿠오카형무소 국제평화음악제'가 가지고 올 선전 효과는 엄청날 것이다. 철창 속의 음악회 소식은 전쟁과 내핍에 지친 열도를 감동시킬 것이다. 의미 있는 행사를 빌미로 중앙정부의 고위 관료들과 육해공군 지휘관들, 의원들을 불러들일 수도 있을 것이다. 그들의 눈에 든다면 내무성에 발탁될 수도 있다. 지금 같은 전시는 군인들 세상이지만 전쟁이 끝나면 관료의 시대가 올 것이다. 음악회는 그를 권력의 중심인 내무성으로 데려다줄 것이다. 소장은 턱 근육을 불끈거렸다.

"당장 반주 연습을 시작해야겠군."

소장은 먼지를 뒤집어쓰고 있던 피아노에 절이라도 하고 싶었다. 후쿠오카 사교계의 유명 인사인 원장과 함께 어떤 일을 추진한다는 사실 자체가 그에게는 엄청난 기회였다. 소장은 원장과 미도리, 스기야마가 출세의 든든한 디딤돌이라고 확신했다. 그는 사랑스러운 피아노를 끊임없이 쓰다듬었다.

*

말을 마친 그녀는 연주를 시작했다. 손가락이 건반을 튀어 오르면 건반은 해머를 밀어 올렸고 해머는 현을 두드렸고 현은 떨리며 향판에 부딪혔다. 음들은 이어지고 뒤섞이며 어둠 속으로, 메마른 공기 속으로 스며들었다. 살고 싶다는 희망, 누군가와 손잡고 싶은 연대감, 누군가를 사랑하고 싶은 열망이 솟았다. 나는 나도 모르게 피아노 선율을 따라 노래하기 시작했다.

"내 고향으로 날 보내주……."

피아노 소리는 밀물과 썰물처럼 내 가슴을 쓸었다. 음과 소리들이, 간격과 이어짐이 주위를 채웠다. 내가 위로받고 있다는 사실이 분명하게 느껴졌다. 나의 슬픔은 극복되고 있었고 영혼은 치유되고 있었다. 질척거리는 세상이지만 깃털 같은 희망을 믿고 싶어졌다. 연주를 마친 그녀에게 나는 물었다.

"스기야마는 왜 마지막까지 '겨울 나그네'의 시를 간직했을까요?"

대답을 듣고 싶었지만 듣기가 두려웠다. 머리카락을 쓸어 올리며 그녀가 말했다.

"그는 항상 시를 가슴에 품고 다녔어요. 품고 다녔을 뿐 아니라 시를 사랑했고, 시에 모든 것을 바쳤죠."

쉰 것 같기도 하고 짜낸 것 같기도 한 목소리였다. 내 마음속에서 조율되지 않은 현들이 불협화음을 냈다. 그가 시를 사랑했다고? 문장을 학살하고 단어를 질식시키고 책을 불태웠던 그가? 이글거리는 간수의 눈 위에 한 얼굴이 떠올랐다. 한때 도시샤대학 영문과 학생이었고 지금은 후쿠오카형무소의 죄수인 히라누마 도주.

그는 무언가를 알고 있다. 어쩌면 모든 것을 알고 있을지도 모른다.

죽는 날까지
　　하늘을 우러러……

　소각물 장부에 따르면 히라누마 도주의 저작물이 처음 소각된 날짜는 그가 후쿠오카형무소로 온 직후인 1944년 4월 8일이었다. 목록에는 낯선 조선 이름들이 한자로 적혀 있었다. 김영랑, 백석, 이상, 정지용……. 그 옆에는 한자와 가타카나가 섞인 책 제목이 보였다. 《영랑 시집》《정지용 시집》……. 대부분이 시집이었고 《문장》이라는 조선 잡지, 그리고 영어 원서도 있었다.

　다음 소각 일자는 1944년 4월 9일이었다. 일련번호에 따라 시들이 빽빽하게 적혀 있었다. (1) 〈서시〉, (2) 〈새벽이 올 때까지〉, (3) 〈십자가〉, (4) 〈또 다른 고향〉, (5) 〈별 헤는 밤〉…….

　번호는 19번 〈쉽게 씌어진 시〉까지 이어졌다. 비고란에는 "이상 총 19편, 미발간 시집 《하늘과 바람과 별과 시》 수록 예정작"이라고 적혀 있었다. 그 아래에 20번부터 49번까지의 일련번호가 이어졌다. 비고란에 스기야마의 서툰 글씨가 보였다.

교토 시모가모경찰서에서 수인이 일본어로 번역. 취조 책임자 고로기 형사로부터 이첩.

장부는 다음 여섯 가지 사실을 말하고 있었다. 첫째, 사상범 히라누마 도주는 교토 시모가모경찰서에 체포되었다. 둘째, 당시 체포조는 그의 집에서 수십 권의 불온서적과 자작시를 압수했다. 셋째, 취조반은 그에게 조선어 자작시를 일본어로 번역하게 했다. 넷째, 50여 편의 시 중 19편은 자선 시집에 실으려 했으나 시집 발간에 실패하고 보관해온 초고였다. 다섯째, 나머지 시들은 도쿄와 교토 등 일본에서 쓴 시들로 보인다. 여섯째, 스기야마는 규정에 따라 그의 저작물을 분류하여 20여 권의 조선어 서적을 먼저 소각하고, 나중에 자작시 전량을 소각하였다.

스기야마 도잔과 히라누마 도주. 두 사람은 '시'라는 고리와 '책'이라는 공통분모로 연결되어 있었다. 스기야마는 검열관이었고 히라누마는 시인이었다. 스기야마는 히라누마를 망가뜨렸고 히라누마는 스기야마를 증오했다. 그들은 글의 빛과 그림자, 단어의 흑과 백, 문장의 끝과 끝에서 대치했다. 그런데 어떻게 검열관의 호주머니와 서랍에서 그가 혐오했던 시가 나왔을까? 시는 둘을 어떤 방식으로 연결하고 있을까? 그 답을 찾으려면 히라누마를 심문해야 했다.

645번 죄수는 낡은 나무의자에 꼿꼿하게 등을 세워 앉았다. 습기로 얼룩진 흰 벽이 그를 수척하게 보이게 했다. 턱없이 큰 죄수복 때문에 그는 더욱 야위어 보였다. 하지만 그와 내가 다를 건 없었다. 그는 철창 안에 있고 나는 밖에 있지만 둘 다 이 거대한 감옥에 갇혀 있으니까. 서류철을 분주히 넘기며 무관심한 척했지만 나는 초조했다. 나는 초조해야 할 사람은 내가 아니라 그라고 스스로를 달랬다. 그가 먼저 물었다.

"살인범은 잡혔나?"

물음표는 갈비뼈 사이를 파고드는 비수 같았다. 심문관은 나였지만 나는 끌려가고 있었다. 나는 땀이 밴 군모를 벗으며 사실을 말하기로 했다. 진실을 말하지 않는다면 진실을 들을 수 없을 것이기 때문에.

"최치수란 자였소. 탈옥 기도 사건이 발각되자 간수를 살해했소."

그는 고개를 끄덕였다. 면도하지 않은 코밑과 턱에 어둑한 그림자가 드리워 있었다. 눈두덩의 멍은 노르스름하게 삭고 있었다.

"범인이 잡혔는데 내게 뭘 더 알아내려는 거지?"

그의 말은 말이 아니라 나를 무장 해제시키는 무기처럼 느껴졌다. 나는 그를 와해시키지 못할뿐더러 그의 영혼에 범접할 수조차 없을 것 같았다. 그러나 나는 몽둥이가 아닌 문장으로 그를 굴복시키고 진실을 밝혀야 했다. 나는 마음을 다잡고 말했다.

"진실은 사실과 다르니까요."

그는 내 표정을 살피며 중얼거렸다.

"진실과 사실……."

나는 그의 압수 저작물 속에 있던 릴케의 시집을 떠올리며 물었다.

"릴케가 장미 가시에 찔려 죽은 건 사실이지만 진실은 아니오. 그는 장미 가시에 찔린 후 몸에 세균이 퍼지는 패혈증으로 죽었지만 그의 진짜 사인은 장미 가시가 아니라 전부터 앓던 백혈병이었죠. 드러난 사실의 이면에는 다른 진실이 있소. 그가 직접 쓴 묘비명에는 '장미, 오 순수한 모순, 그렇게 많은 눈꺼풀 아래 누구의 잠도 되지 않는 기쁨'이라고 새겨져 있소. 그 구절은 아름다운 장미의 자태와 향기 이면에 감추어진 비밀을 말하는 것일지도 모르지요."

그는 책 속의 활자와 행간을 읽는 듯한 눈으로 나의 표정과 숨소리와 눈빛을 살폈다. 시적 상징을 이해한다는 것은 글을 읽는 것만으로는 부족하다. 운율 속에 숨은 의미는 시를 읽고, 배우고, 사랑하지 않으면 읽을 수 없기 때문이다. 나의 말은 곧 내가 그러한 존재라는 사실에 대한 자백이었다. 내가 그의 시를 통해 그라는 존재를 읽으려는 것처럼 나 또한 그에게 읽히고 있었다. 나는 애써 심문관의 딱딱한 말투로 돌아갔다.

"스기야마 도잔이 왜 당신의 시를 몰래 베껴 썼죠?"

그는 냉담한 표정으로 고개를 가로저었다. 말할 수 없다는, 말하지 않겠다는 완고함을 담은 표정이었다. 그는 무덤 구멍에 젖은 흙을 뿌리듯 낙담한 내 얼굴에 대고 말했다.

"드러난 사실을 받아들여. 진실은 모두를 고통스럽게 할 뿐이야."

나는 그가 뿌린 젖은 흙을 털어내려는 듯 고개를 가로저었다. 눈앞의 벽이 얇은 백지처럼 너울거렸다. 차가운 공기에서 매캐한 광물의 냄새가 났다.

"진실처럼 포장해도 거짓은 거짓이오. 보이는 것만 안다는 건 아무것도 모르는 것보다 위험하오."

그는 내 가슴속에 들끓는 문장들을 읽기라도 한 듯 한참을 머뭇거리더니 입을 열었다.

"스기야마 도잔에 대해 무엇을 알고 싶은 거지?"

"그의 삶에 대해서요."

"그의 죽음에 대해서가 아니라?"

"그의 죽음을 이해하려면 그의 삶을 알아야 하오. 그가 어떻게 살았는지 알아야 그가 왜 죽었는지를 알 수 있을 테니까."

"그의 삶에 대해서라면 자네 동료 간수들에게 묻는 게 빠를 텐데 왜 나지?"

그는 한순간이라도 빨리 그 자리를 벗어나고 싶은 것 같았다. 나는 대답했다.

"당신은 그의 진짜 내면을 들여다본 유일한 사람이오. 문장은 영혼을 들여다보는 거울이니까요."

그는 우물을 들여다보듯 나의 얼굴을 들여다보며 시간이 흘러가도록 그대로 내버려두었다. 한참 후에야 그는 차분한 목소리로 말했다.

"그는 시인이었어. 내가 아는 한 가장 훌륭한 시인이었지."

*

스기야마 도잔은 시인이었다. 하지만 처음부터 그랬던 것은 아니었다. 오히려 그 반대였다. 그는 피에 젖은 몽둥이를 휘두르며 형무소 구석구석에 가래침처럼 더러운 욕설을 내뱉는 폭력 간수였다. 그는 글을 증오했으며 글로써 무언가를 이룰 수 있다고 믿는 자들을 경멸했다. 히라누마 도주가 바로 그런 자였다.

히라누마가 후쿠오카형무소로 온 것은 1944년 이른 봄이었다. 열네 명의 다른 사내들과 함께 담장 안으로 발을 들여놓은 그는 마흔이 넘은 중늙은이처럼 보였다. 얼굴에는 피로와 두려움이 검버섯처럼 자라 있었고 두 눈은 공허했다. 박박 민 머리카락은 푸석했고, 얇은 군복 너머로 뼈마디가 불거졌으며, 양말을 신지 않은 발뒤꿈치는 터져 있었고, 언 손등은 갈라져 있었다.

그는 흐릿한 눈으로 자기 앞에 펼쳐진 현실을 바라보았다. 눈앞을 가로막는 철조망과 철창들, 두꺼운 철문들. 그는 그때까지도 자신이 왜 이곳으로 왔는지 이해하지 못하는 것 같았다. 그를 이곳까지 끌고 온 것은 단지 몇 줄의 문장, 몇 장의 문서가 전부였다. 금지된 조선어 시들, 경찰 조서, 검찰의 기소장, 재판장의 판결문 같은 것들.

그는 쇠약한 몸을 천천히 움직여 높은 시계탑의 그림자와 차가운 벽돌담을 지났다. 소독실로 간 그는 그곳에서 흰 가루약을 뒤집어썼다. 피복실로 이동하자 누군가가 입었던 낡은 죄수복이 지급되었다. 그는 그 옷을 입었던 누군가가 살아서 이곳을 빠져나갔을지 궁금해하며 긴 복도를 지나 퀴퀴한 냄새가 나는 낯설고 좁은 세계 속으로 걸어 들어갔다.

제3수용동 28감방.

그날 밤 그는 구겨진 종이처럼 감방 구석에 웅크린 채 절망을 견뎠다.

며칠 후 야외 활동 시간, 햇빛이 드는 3수용동 담 밑에는 죄수들이 오글거렸다. 그때 어디에선가 가늘고 매끄러운 휘파람 소리가 들려왔다. 스기야마는 허리춤에서 몽둥이를 꺼내 들고 소리 나는 쪽을 돌아보았다. 텅 빈 언덕 자락에 누군가가 서 있었다. 본능적으로 빨라진 스기야마의 발걸음은 어느새 뜀박질로 바뀌었다.

"645번! 여기서 혼자 무슨 꿍꿍이를 꾸미나?"

헐떡거리는 목소리에는 날이 서 있었다. 휘파람 소리가 뚝 그쳤다. 청년의 목덜미를 겨눈 몽둥이는 어깨뼈를 부러뜨릴 기세였다.

"휘파람을 부는 것도 죄가 됩니까?"

그의 목소리는 풍경 속에 가라앉아 있는 침전물 같았다. 그는 스기야마가 경멸하는 모든 것을 갖춘 자였다. 치안유지법 위반자, 악질 사상범 그리고 먹물을 머금은 글쟁이. 스기야마는 피딱지가 엉겨 붙은 몽둥이로 청년의 턱을 치켜들었다.

"잘 들어. 이곳은 후쿠오카형무소고 난 스기야마 도잔이다. 그러니 휘파람도 안 되고, 시를 쓰는 것도 안 돼."

"그럼 무엇을 할 수 있죠?"

"뭘 할 수 있느냐가 아니라 뭘 할 수 없는지를 묻는 게 빠를 거야."

"그럼 뭘 할 수 없죠?"

"네가 지금 하고 싶어 하는 바로 그것!"

검은 까마귀 떼가 잿빛 하늘로 날아올랐다. 사람의 마음은 가둘 수도 없고 빼앗을 수도 없다는 글쟁이다운 대꾸를 하는 그의 목소리는 바람에 서걱거리는 나뭇잎 같았다. 스기야마의 목에서 신트림이 치밀었다.

그는 글쟁이를 혐오했다. 대책 없이 거만한 그들은 알량한 말솜씨로 타인의 땀과 눈물에 기생했고 허황된 시구나 중얼거리는 무기력한 인간들에 지나지 않았다.

"너희 같은 글쟁이들은 지렁이가 흙을 뱉어내듯이 거짓말과 사탕발림을 뱉어내지. 하지만 이곳에선 안 돼. 여긴 후쿠오카형무소고 나 스기야마가 두 눈을 퍼렇게 뜨고 지켜보고 있으니까."

스기야마의 몽둥이가 645번의 어깻죽지를 후려쳤다. 어깨뼈를 감싸 쥐며 쓰러진 청년은 구겨진 얼굴로 스기야마를 쳐다보았다. 그 눈이 담고 있는 것은 원망이 아닌 동정이었다. 스기야마는 알아차렸다. 놈이 신음할지언정 비명은 지르지 않는 인간이라는 것을.

검열실로 돌아간 스기야마는 압수물 대장을 들추었다. 시모가모경찰서 취조계 담당 형사 명의로 작성된 장부에 그의 이름이 있었다. 히라누마 도주. 압수물은 미출간 자작 시집 《하늘과 바람과 별과 시》와 30여 편의 시 그리고 총 28권의 서적들이었다.

스기야마는 압수 저작물 서가로 향했다. 서가의 상자마다 오래된 책들, 망가진 표지들, 찢어진 종이쪽들이 들어 있었다. 히라누마 도주의 영혼은 645번 상자에 잡동사니처럼 구겨 넣어져 있었다. 덮개를 열자 낡고 더러운 표지에 색 바랜 이름들이 보였다. 도스토옙스키, 앙드레 지드, 프랑시스 잠, 라이너 마리아 릴케, 백석…….

문장으로만 존재하는 그자들은 스기야마가 처음으로 맞닥뜨린 난해한 적들이었다. 그는 달려들어야 했지만 어떻게 달려들어야 할지 알 수 없었다.

그의 눈길은 상자 구석에 꾹꾹 뭉쳐진 종이 더미에 머물렀다.
《하늘과 바람과 별과 시》.
스기야마는 적진을 수색하듯 조심스럽게 첫 페이지를 넘겼다. 그는 두 눈을 부릅뜨고 단정한 글자들을 노려보았다.

서시
―하늘과 바람과 별과 시

죽는 날까지 하늘을 우러러
한 점 부끄럼이 없기를,
잎새에 이는 바람에도
나는 괴로워했다.
별을 노래하는 마음으로
모든 죽어가는 것을 사랑해야지
그리고 나한테 주어진 길을
걸어가야겠다.

오늘 밤에도 별이 바람에 스치운다.

강렬한 묘사도 특이한 표현도 없는 문장들이 스기야마의 관자놀이를 두들겼다. 스기야마는 자신을 공격한 것의 정체를 믿을 수 없었다. 총도 칼도 몽둥이도 아닌 겨우 아홉 줄의 글이 어떻게 호흡을 가쁘게 하고 얼을 빼놓고 두려움을 느끼게 한단 말인가?

그는 결코 알지 못했다. 읽는다는 것은 보고, 듣고, 냄새 맡고, 맛보고, 만지는 것을 넘어서는 감각이라는 사실을. 한 줄의 문장을, 한 편의 시를 읽는다는 것은 한 인간을, 혹은 그 세계를 읽는 행위라는 것을.

스기야마는 황급히 원고 뭉치를 상자에 도로 넣었다. 도망가고 싶었다. 놈으로부터, 놈의 글과 시로부터. 그는 글이 병균이며 유독한 글은 인간을 망가뜨린다고 믿었다. 나약한 정신, 근거 없는 동정, 터무니없는 낙관, 위선적인 화해, 세상을 바꾸겠다는 헛된 꿈이 글에 숨어 세상을 망가뜨리는 것이었다. 그에게 시인은 교묘한 문장으로 사람들을 변화시키고 세상을 바꿀 수 있다고 믿으며 공산주의라는 이념으로 사회를 엎으려는 터무니없는 자들이거나, 아나키즘이라는 괴물에 전염되어 무위도식하는 자들에 불과했다. 세상을 이따위로 망가뜨린 것 또한 무식한 날품팔이들이나 장사치들이 아니었다. 배웠다는 자들이 말과 글이라는 도구로 멀쩡했던 세상을 지옥으로 만든 것이었다.

스기야마는 간수모를 반듯이 쓰고 자신을 향해 혀를 날름거리는 허황된 문장에 맞섰다. 그는 사각 명판의 긴 손잡이를 쥐고 원고 뭉치 위를 후려쳤다.

소각.

붉은 두 글자는 문서에 새긴 사형선고였다. 그 유독한 글은 날이 밝는 대로 소각실의 불구덩이로 사라질 것이다. 그는 마른 펜에 잉크를 찍어 소각 장부를 기재했다.

〈서시(하늘과 바람과 별과 시)〉— 저자 히라누마 도주

펜을 내려놓자 창백한 청년의 얼굴이 떠올랐다. 잠시 망설이던 스기야마는 방금 쓴 목록 위에 두 개의 붉은 줄을 그었다. 어차피 태워 없앨 문서라

면 꼭 내일 아침에 할 필요는 없다. 불온한 글을 쓴 놈을 추달하고 징벌하는 게 우선일 것이다.

스기야마는 허리춤의 몽둥이를 뽑아 허공에 휘둘렀다. 바람을 가르는 둔탁한 소리가 들렸다. 검열실이 유난히 춥게 느껴졌다.

*

시간은 전쟁에 멱살을 잡힌 채 질질 끌려갔다. 1943년 7월 14일 아침, 다케다 하숙집 현관으로 네댓 명의 우람한 사내들이 들이닥쳤다. 교토 시모가모경찰서의 특고형사들이었다. 하숙집을 나서려던 히라누마 도주는 양팔을 옥죄는 사내들의 완력에 저항을 포기했다. 경찰서 유치장에 그를 처박은 형사들은 며칠 동안 아무런 조치도 취하지 않았다. 철창에 갇힌 자가 어떻게 미쳐가는지를 지켜보며 즐기려는 것처럼.

사흘째 되던 날, 그는 좁은 상자 같은 취조실로 불려 갔다. 작은 키에 찢어진 눈을 가진 취조 형사 고로기는 탁자 위에 두툼한 서류철을 펼쳤다. 근 1년 동안 일자별로 히라누마의 모든 행적이 육하원칙으로 조목조목 기록된 미행 일지였다. 어느 날 어느 술집에서 몇 명이 무슨 술을 몇 병 마셨는지, 그 자리에서 어떤 말이 오갔는지, 언제 하숙집으로 돌아와 몇 시에 불을 껐는지……. 히라누마는 벌거벗은 기분이었다.

고로기는 4일 전 히라누마의 고종사촌이자 불온 조직의 리더 송몽규와 다른 공모자들이 줄줄이 잡혀 들어왔다고 전했다. 중국 군관학교 입교 전력 때문에 일본 경찰의 요시찰인 명단에 올라 감시를 받고 있던 송몽규를 중심으로 면식조차 없는 조선인 유학생들을 굴비처럼 엮은 것이었다.

사건명 '교토조선인학생민족주의그룹사건'.

사건 경위와 가담자, 죄목과 형기까지 책정된 완벽한 시나리오가 만들어져 있었다. 리더인 송몽규와 히라누마가 교토의 조선인 유학생들을 모아 놓고 조선의 독립과 민족문화의 수호를 선동했다는 죄목이었다.

특고형사들은 벌목 장비를 든 간벌꾼이었고, 조선인이란 말은 벌목할 나무에 칠해둔 흰 페인트였다. 히라누마 또한 베어져야 할 나무였다.

고로기는 책상 위에 한 뭉치의 종이 뭉치를 휙 던졌다. 하숙방에서 압수한 히라누마의 시들이었다. 원고 뭉치에서 낯익은 냄새가 났다. 따뜻한 다다미 냄새, 실수로 엎지른 잉크 냄새. 히라누마는 졸린 듯한 눈으로 원고 뭉치를 내려다보았다.

하늘과 바람과 별과 시.

축축한 지하 취조실에서도 그는 생생히 떠올릴 수 있었다. 강의실 창밖의 푸른 하늘, 동산 위의 가지를 스치던 바람, 고향 밤하늘에 가득하던 별들, 그리고 수없이 읽고 베끼고 지었던, 시들. 고로기가 딱딱하게 내뱉었다.

"세월 좋군. 애국 청년들이 전쟁터에서 죽어가는데 계집아이 같은 시 나부랭이라니. 이 시들을 일본어로 번역해! 네 시들이 네 사상을 증명해줄 테니까. 조선어 원고들은 폐기되겠지만 일본어 번역본은 살아남을 거야. 어때? 너와 나 둘 모두 이득 보는 장사지."

고로기는 이마에서 턱까지 주름을 지으며 웃었다. 영혼을 팔라고 유혹하는 메피스토펠레스처럼. 그는 물끄러미 책상 위를 내려다보았다. 마른 펜, 검은 잉크, 그리고 단정한 모국어. 질 나쁜 공문서 용지는 어떤 글자든 쓰이기를 기다리고 있었다. 그러나 일본어로 시를 쓴다는 것은 영혼을 짓밟히는 일이었다. 상처 입고 망가진 영혼도 영혼이라면 그는 그것을 팔고 싶지 않았다. 동시에 그는 무슨 글자든 쓰고 싶은 허기를 참을 수 없었다.

그는 며칠을 굶은 청년이 숟가락을 움켜쥐듯 허겁지겁 펜을 잡았다. 그리고 펜촉에 듬뿍 잉크를 묻혔다.

쉽게 씌어진 시

창밖에 밤비가 속살거려
육첩방(六疊房)은 남의 나라.

시인이란 슬픈 천명인 줄 알면서도
한 줄 시를 적어볼까?

땀내와 사랑내 포근히 품긴
보내 주신 학비 봉투를 받아

대학 노―트를 끼고
늙은 교수의 강의 들으러 간다.

생각해 보면 어린 때 동무를
하나, 둘, 죄다 잃어버리고

나는 무얼 바라
나는 다만, 홀로 침전하는 것일까?

인생은 살기 어렵다는데
시가 이렇게 쉽게 씌어지는 것은
부끄러운 일이다.

육첩방은 남의 나라

창밖에 밤비가 속살거리는데

등불을 밝혀 어둠을 조금 내몰고
시대처럼 올 아침을 기다리는 최후의 나.

나는 나에게 작은 손을 내밀어
눈물과 위안으로 잡는 최초의 악수.

떨리는 펜촉에서 일본어들이 종이 위로 끌려 나왔다. 망가진 모국어 단어들이 그의 머릿속을 떠돌았다. 번역을 끝낸 조선어 시들은 불태워졌다. 그는 검사국 독방으로 송치되었다.

2월 22일, 검사는 그와 사건 주모자인 그의 고종사촌 송몽규를 기소했다. 재판은 1944년 3월 31일 교토지방재판소 제2형사부 이시이 헤이오 재판장의 심리로 열렸다. 재판장은 그에게 협의, 선전, 선동을 범죄로 규정해 감방에 처박아 넣는 치안유지법 제5조 위반 혐의를 적용했다.

'국체 변혁의 목적을 가지고 결사를 조직하거나, 또는 그 지원이나, 준비를 위한 목적으로 결사를 조직하려는 그 목적 사항의 실행에 관하여, 협의 또는 선동, 선전 기타 그 목적 수행을 위한 행위를 한 자는 1년 이상 10년 이하의 징역에 처할 것'.

재판장은 그에게 징역 2년을 선고했다. 미결구류 일수 120일을 산입하면 출소 예정일은 1945년 11월 30일이었다. 그의 내부에서 자유가 수증기처럼 빠져나갔다. 고통스럽지는 않았다. 자유는 오래전부터 없었으니까. 모든 조선인은 모태에서부터 부자유했다. 그들이 마시는 공기는 빼앗긴 공기였고, 그들이 바라보는 풍경 또한 빼앗긴 풍경이었다. 후쿠오카형무소 정문을 들어서며 그는 남은 복역 일수*를 떠올렸다. 600일 남짓이었다.

*

스기야마는 심문실 문을 열었다. 그는 자신이 바위처럼 단단하게 보이기를 원하며 경직된 걸음걸이로 의자로 다가가 앉았다. 탁자 맞은편에는 소금을 뿌린 것처럼 입술이 말라붙은 젊은이가 앉아 있었다. 청년은 얇고 구겨지고 목덜미가 해진 붉은 자신의 죄수복처럼 때가 타고 색이 바랜 채 버려진 천 조각 같았다.

"645번! 반입 저작물이다."

스기야마는 책 한 권을 책상 위에 던졌다. 검은 가죽 표지에 《신약전서와 시편》이란 제목이 금박으로 찍혀 있었다. 청년은 떨리는 손으로 책을 움켜쥐고 가죽 냄새를 들이켰다. 스기야마는 청년을 노려보며 쏘아붙였다.

"일본어 책이라서 반입을 허락한 거니까 그렇게 알아! 조선어로 쓰인 건 종이 한 장도 반입 금지야!"

645번은 굶주린 아이처럼 허겁지겁 책장을 넘겼다. 성경책의 얇은 낱장들이 파닥파닥 소리를 냈다. 마침내 찾던 책장을 펼친 그는 맹렬하게 활자를 읽어 내려갔다.

마음이 가난한 자는 복이 있나니 천국이 저희 것임이요, 슬퍼하는 자는 복이 있나니 저희가 위로를 받을 것임이요, 온유한 자는 복이 있나니 저희가 땅을 기

---

* 윤동주의 체포와 심문, 재판과 투옥에 이르는 일련의 과정은 송우혜 작가의 《윤동주 평전》(푸른역사, 2004)을 비롯해 이건청 선생의 《윤동주—한국현대시인 연구 1》(문학세계사, 2000)에 언급된 그의 아우 윤일주 교수의 증언 등을 참고하였다.

업으로 받을 것임이요. 의에 주리고 목마른 자는 복이 있나니 저희가 배부를 것임이요. 긍휼히 여기는 자는 복이 있나니 저희가 긍휼히 여김을 받을 것임이요.

마음이 청결한 자는 복이 있나니 저희가 하나님을 볼 것임이요. 화평케 하는 자는 복이 있나니 저희가 하나님의 아들이라 일컬음을 받을 것임이요.

의를 위하여 핍박을 받은 자는 복이 있나니 천국이 저희 것임이라.

─〈마태복음〉 5:3-10

고개를 든 그는 다른 사람처럼 보였다. 더 이상 초췌하지 않았고, 불안해 보이지도 않았다. 누군가의 위안을 받은 듯 두 눈에 평화가 깃들어 있었다. 누가 그를 위안했으며, 누가 그에게 평화를 가져다주었을까? 스기야마는 허리춤의 몽둥이에서 손을 떼며 말했다.

"어리석기 짝이 없군. 지금 같은 시절에 신을 믿다니……."

"아무것도 믿을 것이 없는 것보다는 나으니까요."

스기야마는 고개를 가로저었다. 그는 신을 찾는 것처럼 어리석은 짓은 없다고 생각했다. 신의 이름으로 사람을 죽이고, 신의 영광을 빌미로 전쟁을 일으키는 자들의 핑곗거리에 불과했다. 힘없는 자들은 그들대로 불의에 눈감으며 신의 뜻이라는 핑계를 대기 일쑤였다. 그는 딱한 표정으로 말했다.

"신을 믿기 전에 네 자신을 믿는 게 좋을 거야."

"나 자신을 믿기 위해 신을 믿는 거예요."

"불온한 줄만 알았더니 멍청하기까지 하군."

그렇게 말하면서도 스기야마는 지금 같은 시절이라면 신을 믿지 않는 자보다 신을 믿는 어리석음이 나을지도 모르겠다고 생각했다. 청년이 대답했다.

"신을 믿는 게 멍청하다면 당신도 마찬가지예요. 당신도 나처럼 신을 믿고 있으니까요."

청년의 눈은 우물처럼 깊었다. 그 어둠에 빠질 것 같아 스기야마는 두려웠다.

"난 신을 믿은 적이 없어. 한순간도!"

스기야마가 몽둥이로 책상을 후려쳤다. 메마른 공기가 유리처럼 산산조각 났다. 청년은 겁에 질렸지만 목소리를 흐트리지는 않았다.

"내가 신을 사랑하는 것만큼이나, 아니 그보다 더 간절하게 당신은 신을 증오하죠. 우린 각자의 방식대로 신을 사랑하거나 미워하지만 신의 존재를 믿는다는 점에선 다를 바 없어요. 신이 없다면 미워할 이유도 없을 테니까요."

스기야마는 더 이상 그의 현란한 궤변에 말려들고 싶지 않았다.

"그럴지도 모르겠군. 세상엔 신이 존재할지도 모르지. 하지만 이곳엔 신이 없어. 이곳은 후쿠오카형무소니까. 만약 이곳에 신이 있다면 사랑의 신이 아니라 냉혹하고 잔인한 신일 거야. 널 살아 있게 했으니까."

스기야마의 눈은 인두처럼 붉게 달아올랐다. 네 개의 눈동자가 허공에서 부딪쳐 씨름을 벌였다. 스기야마는 말을 이었다.

"압수 저작물에서 네가 쓴 시를 확인했어. 네 말처럼 진실을 알리려면 네 시를 읽는 게 가장 빠를 테니까. 하지만 네 말은 새빨간 거짓말이었어. 네 시에 진실 따위는 없었거든. 그건 철없는 애송이가 끼적인 낙서 찌꺼기 같은 나약한 감상에 불과했어."

청년의 눈썹이 꿈틀거렸다. 스기야마는 놈의 자존심을 건드렸다고 생각했다. 하지만 그의 머릿속에는 〈서시〉를 읽으며 들끓었던 감정의 덩어리가 여전히 남아 있었다. 그는 애써 태연함을 가장한 채 말했다.

"네 시를 읽으면서 한 가지 생각이 들긴 했어."

청년이 고개를 들었다. 잠시 망설이던 스기야마가 말을 이었다.

"넌 신 같은 건 믿지 않아도 된다는 거야."

"왜죠?"

'네 마음속에 이미 그것이 들어 있는 것 같으니까.'

스기야마는 입 밖으로 튀어나오려는 그 대답을 억지로 삼켰다. 시 나부랭이에서 어떤 의미를 느낀 자신의 나약함을 들키고 싶지 않았기 때문이었다.

스기야마는 간수모의 챙을 깊이 눌러쓰고 좁은 서가 사이를 걸었다. 어둠과 정적이 몸 안으로 스며들었다. 어디선가 낮은 속삭임이 들려왔다. 귀를 기울이자 소리는 흔적 없이 사라졌다. 너무 오래 살아서일까? 나이가 들면서 온몸이 제멋대로였다. 눈은 흐려졌고, 귀는 헛것을 들었고, 관절은 우두둑거렸고, 살은 처졌고, 뼈는 몸의 무게를 지탱하지 못했다. 자기 몸이 자기를 공격하기 시작했다. 스기야마는 자신이 그럴 나이가 되었다고 생각했다. 결코 늙었다고 할 수 없는 나이지만 거칠게 살아온 만큼 몸도 빨리 망가진 것이다.

다시 반듯한 청년이 소곤대는 소리가 귓가에 들려왔다. 스기야마는 발걸음을 돌려야 한다고 생각했지만 이미 645번 서가 앞에 다다라 있었고 그의 손은 어느새 압수 저작물 상자를 들고 있었다. 그는 스스로에게 말했다. 그래, 나이가 들면 몸이 말을 듣지 않지.

상자 안에 처박힌 원고 뭉치에는 자신이 찍은 붉은 낙인이 선명했다. "소각". 스기야마는 짧은 심호흡을 했다. 어떤 문장을 맞닥뜨려도 얄팍한 감정에 동조하거나 농락당하지 않겠다는 다짐이었다. 그는 익을 대로 익은 열매가 땅바닥에 떨어지듯 풀썩 의자에 앉아 뭉툭한 손끝으로 얇은 책장을 넘겼다.

돌아와 보는 밤

　세상으로부터 돌아오듯이 이제 내 좁은 방에 돌아와 불을 끄옵니다. 불을 켜두는 것은 너무나 피로롭은 일이옵니다. 그것은 낮의 연장이옵기에——

　이제 창을 열어 공기를 바꾸어 들여야 할 텐데 밖을 가만히 내다보아야 방 안과 같이 어두워 꼭 세상 같은데 비를 맞고 오던 길이 그대로 빗속에 젖어 있사옵니다.

　하루의 울분을 씻을 바 없어 가만히 눈을 감으면 마음속으로 흐르는 소리, 이제 사상이 능금처럼 저절로 익어 가옵니다.

　경건한 기도처럼 시를 읽는 음성은 다른 누구의 것도 아니었다. 그것은 고함과 욕설로 갈라진 스기야마 자신의 목소리였다. 섬세한 단어와 경어체의 위로가 자신을 나약하게 할까 두려웠지만 스기야마는 시에서 눈을 떼지 못했다. 지긋지긋한 아귀다툼 속에서 살아왔으니 잠시라도 위로받을 자격은 있지 않을까?

　전쟁터에서 몇 놈을 죽이고 몇 놈을 병신으로 만들었다며 과거를 훈장처럼 떠벌리고 다니는 자들이 있었지만 스기야마에게 과거는 훈장이 아니었다. 악취 속에서 태어나 먼지 속을 구르며 살아온 그의 37년은 살얼음 낀 겨울 강처럼 위태롭고 살벌했다.

　그는 태어나자마자 고베 해안의 어시장에 버려져 물고기처럼 알몸으로 퍼덕였다. 시장 상인 몇몇이 돌아가며 그를 살폈다. 일곱 살이 되면서 고깃배에 올라 생선을 손질해졌고, 열두 살부터 고깃배를 탔다. 일찍 시작한 뱃일로 그의 골격은 또래보다 빨리 성숙했고 타고난 완력은 금방 소문이 났다.

열다섯 살이 되자 고베 시가지의 건달패들이 몰려왔다. 그는 세 놈의 코뼈와 광대뼈를 으스러뜨리고 팔뚝을 분질러 돌려보냈다. 그리고 잇따라 찾아온 다섯 놈의 이빨 여덟 개를 부러뜨리고 두 개의 팔목을 분질렀다. 어느 날부터인가 상인들은 그를 피하기 시작했다. 선주들은 그를 배에 태우려 하지 않았다. 어시장은 그를 뱉어내고 있었다. 건달패들이 똘마니들을 보내는 대신 상인들과 선주들의 옆구리를 쑤신 것이었다.

항구를 떠난 그가 갈 곳은 없었다. 결국 그를 맞은 것은 자신이 코뼈를 내려앉히고 팔뚝을 분질렀던 자들이었다. 뒷골목의 삶은 나쁘지 않았다. 먹지 않으면 먹히고, 전부를 먹지 못하면 전부를 잃는 법칙은 그에게 매력적이었다. 그는 먹히지 않기 위해 먹었고, 잃지 않기 위해 빼앗았다. 그의 주먹은 기계처럼 정확했고 생선을 손질하는 숙련된 요리사처럼 잡동작이 없었다. 언제부턴가 그의 이름 앞에 수식어가 붙었다. '개 같은' 스기야마, '백정' 스기야마.

어느 날 스기야마의 삶에 낯선 소리가 들려왔다. 경비를 맡은 고관 집 안채에서 정원으로 울려오는 피아노 소리였다. 소리가 나는 2층 창 너머로 한 소녀의 둥근 어깨가 커튼처럼 너울거렸다. 미세한 공기의 흐름에 실린 피아노 소리가 음악을 모르는 그의 마음을 끌어당겼다.

그 짧은 한순간이 그가 살아온 20년을 통째로 흔들어놓았다. 주먹질로 점철된 세월 속에서 소실 기관처럼 퇴화해버린 어떤 감정이 그의 내면에서 꿈틀거렸다. 피아노 소리는 허공을 가로지른 거미줄을 건너와 그의 심장을 흔들었다. 그는 평생 그 소리를 숭배하게 될 것을 알아차렸다.

며칠 후 그는 피아노 조율을 배우겠다고 결심했다. 엄밀히 말하면 그건 그녀를 위한 일이 아니라 자신을 위한 일이었다. 그는 고베 시내의 한 피아노점 사환으로 들어갔다. 피아노를 다루는 그의 감각은 놀라웠다. 보통 사람들이 3년간 익혀야 할 기술을 빠르게 습득했다. 태어날 때부터 싸움꾼이었던 것과 마찬가지로 그는 태어날 때부터 조율사였던 것 같았다. 타고난 예술 감각과 놀라운 청감 때문이었는지, 아니면 한 여인 때문인지는 그 자신도 알 수 없었다.

뒷골목을 빠져나와 조율사가 된 그는 1년이 채 지나지 않아 사람을 패던 손으로 섬세한 현들을 다루었다. 그는 그녀를 어루만지는 것처럼 피아노를 어루만졌고, 그녀는 그가 조율한 피아노를 연주했다. 그들은 피아노라는 신비를 공유했으며 같은 악기를 자신의 것으로 나누어 가졌다.

그들은 넋을 잃은 채 현란한 해머들의 움직임과 신비롭게 진동하는 현의 울림에 함께 매혹된 적이 한두 번이 아니었다. 하지만 행복은 유리에 맺힌 물방울처럼 불안했고 불안이 현실이 되었다. 그가 스물네 살 나던 해, 입영명령서가 단도처럼 날아든 것이었다.

군인이 된 그는 다시 눈보라와 모래바람과 진창 속을 뒹굴었다. 그는 세월의 허리춤을 붙들고 악전고투한 끝에 살아남았다. 왜 살아남아야 하느냐고 물으면 그는 대답 대신 한 여자를 떠올렸다. 살아남는 것은 그녀의 피아노 소리를 보존할 수 있는 유일한 길이었다. 그의 삶에 있어 유일한 축복은 살아남았다는 사실이었다.

어쩌면 그건 저주였을지도 몰랐지만.

문장은 어떻게
영혼을 구원하는가

　높은 담장을 넘어온 4월의 훈훈한 바람이 적막한 형무소에 온갖 냄새와 소리를 부려놓았다. 벌어지는 꽃들의 은밀한 향기, 꿀벌들의 날갯짓 소리, 미세한 꽃가루의 냄새……. 살얼음처럼 얼어붙은 죄수들의 얼굴에도 핏기가 돌았다. 동상으로 짓무른 발가락이 아물었고, 터진 손등에도 새살이 돋았다.

　감옥은 여전히 몸에 맞지 않는 옷처럼 불편했지만 히라누마는 살아남고 싶었다. 살아야 시를 쓸 수 있고, 살아남아야 저항이든 굴복이든 할 수 있을 테니까. 그는 아침마다 한 잔의 독배를 비우듯 머리맡의 숫자를 지워나갔다. 557, 556, 555……. 형기 만료일은 1945년 11월 30일이었다.

　형무소는 온갖 인간 군상들의 집합소였다. 죄수들은 사상범이거나 암살자이거나 사기꾼이거나 도피자 들이었다. 그들의 눈에는 절망이 아니면 음모가 담겨 있었다. 그들은 서로 속거나 속였으며 그 둘을 동시에 하기도 했다.

　유일한 공통점은 그들 모두가 결백을 주장한다는 것이었다. 물론 그건 거짓말이었다. 그들은 죄를 지었으니까. 하지만 차가운 쇠창살 속에 처박힐 중죄는 아니었다. 짝사랑하는 여인을 쫓아다니다가 강간범으로 몰린 부두 노동자, 강제 노역장 감시원에게 미움을 사 멋도 모르고 끌려온 징용자, 밀린 월급을 달라며 사장의 멱살을 잡았다고 살인미수범이 되어버린 사내들이 번갈아 자신의 이야기를 무용담처럼 주절거릴 때면 누군가 심드렁하게 내뱉었다.

"니미럴, 형무소 온 놈 치고 억울하지 않은 놈이 있으면 나와보라고 해!"

사내들은 침을 튀기며 서로에게 달려들었다. 가끔은 머리가 터지고 이가 부러졌다. 히라누마는 그들을 경멸하지 않았다. 그들은 경멸당해야 할 사람들이 아니라 위로받아야 할 사람들이었다. 그들은 자신들의 방식대로 시대의 쇠바퀴에 맞섰을 뿐이었다. 무식꾼은 무식한 대로, 야비한 자는 야비한 대로, 거친 자들은 거친 방식으로. 폭력은 불안에 지친 그들의 어쩔 수 없는 몸부림이었다.

"이런 곳에 어울리지 않는 곱상한 얼굴인데 안됐군. 무슨 죄를 지었기에 이 험한 곳까지 왔나?"

어느 날 말을 걸어온 사람은 반백의 짧은 머리카락을 가진 노인이었다. 족제비 같은 눈은 겁을 먹었고, 윗니와 아랫니를 합쳐 대여섯 개가 없었다. 빠져나간 앞니의 검은 구멍은 그를 음흉한 늙은이라고 말해주는 것 같았다.

"치안유지법 위반입니다."

히라누마는 마른 검불을 헤집으며 짧게 대답했다. 말라붙은 풀뿌리를 비집자 파란 싹이 보였다. 얼어붙은 흙을 뚫고 올라온 싹처럼 그는 위태로워 보였다.

"치안 유지 좋아하네, 개새끼들. 조선 놈 씨를 말려버릴 올가미일 뿐이야. 난 고리채를 빌려 썼는데 일본 전주 놈이 이자를 안 갚는다며 고소해버렸어. 그 탓에 잡혀 와 2년이 되도록 살고 있지. 자네도 빌린 돈을 안 갚았나?"

빠진 이 구멍으로 새어 나온 말이 쉭쉭 바람 소리를 냈다. 히라누마는 조선어로 시를 썼다고 대답했다. 노인은 순진할 뿐만 아니라 멍청한 녀석이라고 생각하며 혀를 찼다. 소학교부터 일본어를 가르치고, 조선어라곤 입 밖에도 못 내는 일본 놈 세상에 조선어 시라니. 먹물깨나 먹었다는 놈이 골방에 틀어박혀 쓸데없는 짓을 하니 나라가 망했다는 생각에 노인은 못마땅한 표정을 지었다.

그때 몸집이 작은 사내 하나가 붉은 벽돌담을 따라 그들에게 다가왔다. 사내가 짧게 깎은 정수리를 손바닥으로 쓰다듬을 때마다 사그락사그락 하는 소리가 났다. 그는 쥐처럼 반짝이는 눈을 깜빡이며 주위를 두리번거렸다.

"영감! 실성했어요? 최치수 패거리가 보면 어쩌려고 그래요?"

그의 두려움에는 이유가 있었다. 최치수는 무거운 죄명과 오랜 형기로 형무소에서 가장 영향력이 있는 자였다. 그는 감옥 안에 자신의 공화국을 건설할 것처럼 죄수들을 감시했고 눈에 드는 자들을 포섭했다. 멀건 대학생 히라누마 또한 최치수의 주목 대상이었다. 노인은 싱긋 웃었다.

"성마르게 굴지 마! 만교, 자네는 왜 최치수가 이 학생에게 안달이 나 있는 줄 아나?"

"난 모르지. 영감은 아오? 저자가 금덩어리라도 되냐고요?"

젊은 사내는 안달이 나서 다그쳤다. 노인이 웃음을 거두었다.

"나도 금덩어린지 똥 덩어린지는 몰라. 하지만 최치수가 눈독을 들이고 안달이 나 있으니 보통 물건은 아니야. 우리가 먼저 저 물건을 잡으면 최치수도 우릴 어쩌지 못할 거야."

노인은 버석거리는 손바닥으로 입가에 자란 수염을 문지르며 말했다.

"젠장, 그러다 저자가 물건이 아니면?"

"자넨 장사의 기술을 몰라. 장사의 첫째는 돈 될 물건을 알아보는 눈이고,

둘째는 배짱이야. 큰돈이 될 물건일수록 위험을 무릅써야 하지. 그런데 자넨 물건을 알아보는 눈도 위험을 무릅쓸 배짱도 없어. 그저 낱담배와 건빵이나 떼다 팔며 간수들의 똥구멍이나 핥을 팔자야."

영감은 날뛰는 소를 진정시키듯 사내를 달랬다. 김만교는 고삐 잡힌 소처럼 고분고분해졌다. 영감이 눈짓을 하자 그는 죄수복 솔기에서 꼬질꼬질하게 때가 묻은 담배를 꺼내 히라누마에게 권했다. 청년은 손사래를 치며 사양했다. 김만교는 꺼냈던 담배를 옷 솔기 안에 도로 밀어 넣었다.

"어쨌든 난 투자를 했으니 제대로 된 물건이면 나랑 반반으로 나누는 거요, 영감!"

김만교는 슬금슬금 눈치를 살피며 멀어졌다. 영감은 오래 깎지 않아 삐죽삐죽한 턱수염을 쓰다듬으며 말했다.

"형무소 안에 어떻게 담배가 돌아다니는지 궁금한가? 이봐, 형무소도 사람 사는 곳이고 사람 사는 곳엔 거래가 있게 마련이야. 제대로 된 장사꾼은 죽음조차 사고 팔지. 저자는 큰 장사꾼은 못 되지만 잔장사질은 타고났어. 형무소에 온 지 반년 만에 밖에서 물건을 들여와 난전을 펴고는 간수들의 똥구멍을 핥았어. 간수들도 배고픈 건 마찬가지였던 거야. 장사를 눈감아주는 대가로 상납 고리가 형성되었지."

청년은 알 수 없었다. 죽음이 어깨동무를 하자고 달려드는 감옥에서도 사고, 팔고, 미워하고, 의심하며 살아가는 인간들의 삶에 대한 끈질긴 의지에 희망을 걸어야 할지, 아니면 그 악착같은 탐욕에 절망해야 할지. 영감이 말을 이었다.

"어차피 한쪽에다 걸어야 한다면 희망에다 걸게. 절망에 걸어도 남는 것은 더 큰 절망뿐일 테니까. 내 경험으로 보면 장사는 잘될 거라는 쪽에 거는 게 이문이 많이 남더라고."

타고난 장사꾼은 눈곱 낀 눈을 깜빡이며 물었다.

"그건 그렇고 자넨 무엇을 팔 건가?"

팔 것이 없는 청년은 고개를 가로저었다. 책이 있다면 몇 권을 팔 수 있었겠지만 그것도 소용없는 일이었다. 《문장》《인문평론》《시와 시론》《우리말본》《고흐 서간집》……. 그것들은 모두 압수당해 검열실 구석에 처박혀 있거나 불타 없어졌다. 노인은 삐져나온 코털을 뭉툭한 손끝으로 휙 잡아 뽑은 후 심드렁하게 말했다.

"팔 것이 없는 사람은 없어. 정 없으면 몸을 팔고, 몸이 망가졌으면 목숨을 팔면 돼. 전문학교를 나오고 일본 유학까지 한 자네가 팔 것이 없다면 겸손이 아니라 거짓말이겠지. 일본어를 읽고 쓸 수 있다면 자넨 팔 물건이 있는 셈이야."

"그걸 어떻게 판다는 거죠?"

"이곳에서는 한 달에 한 번 일본어로 쓴 엽서 한 장을 외부로 보낼 수 있어. 하지만 죄수들 대부분은 일본어는커녕 조선어도 제대로 못 배운 까막눈들이지. 자네가 그 까막눈들의 엽서를 대신 써주는 거야. 그자들이 불러주는 조선어를 일본어로 번역해 쓰면 돼."

"일본어를 쓸 줄 아는 조선인은 저 말고도 있을 텐데요."

"이곳 검열관은 족집게 같은 놈이야. 조금이라도 문제 되는 구절이 있으면 폐기 처분 되는 건 물론 몽둥이찜질을 당한다고. 일본어를 아는 몇몇이 대필 때문에 초주검이 된 후엔 누구도 하려 들지 않아. 쓰고 싶은 자는 많은데 쓸 사람은 없는 거지. 어때? 돈이 보이지 않아?"

"글자 한 자라도 잘못 쓰면 초주검이 된다면서요?"

"그래서 자네가 적합한 거야. 자넨 글을 아는 문사니까 검열에 걸릴 만한 표현을 피할 수 있잖아. 게다가 돈도 벌 수 있고 말이야."

히라누마는 영감에게 경멸의 시선을 던지며 가진 것이라곤 없는 사람들이 어떻게 돈을 지불할 수 있냐고 되물었다. 영감은 두 눈을 반짝이며 설명을 계속했다.

"1, 4수용동의 일본 죄수 놈들에게 노역을 팔면 돼. 일본 놈들은 매일 자신들의 노역을 대신할 조선인을 찾고 있어. 일본어 엽서를 써주는 대가로 하루 동안 일본 놈을 대신해 노역을 하게 하고 난 일본 놈에게 품삯을 받으면 모두 남는 장사가 되지."

"조선인들의 노동력을 일본 놈들에게 팔아먹는다고요?"

"그게 장사야. 돈을 만드는 게 장사라고. 돈을 먹여둔 간수들에게 환자 등록을 하면 노역에서 빠질 수 있어. 그럼 일본 놈 대신 노역을 할 수 있지."

청년은 치밀어 오르는 구역질을 참으며 말했다.

"글자도 모르는 조선 사람들을 일본 놈 대신 개고생 시킬 순 없어요."

영감은 찔끔하는 표정을 풀며 말했다.

"똑똑한 놈인 줄 알았더니 멍청이군. 자네 재주로 글 모르는 자들이 긴한 소식을 전할 수 있다는데 그걸 마다하겠다고? 생각이 없는 건가 잔인한 건가? 여기 죄수들 태반은 가족에게 소식 한 자 전하지 못하고 있어. 그런 자들을 저버리겠다면 자넨 뭣 하러 글을 배웠나?"

한참 고민하던 청년은 입을 열었다.

"일본 놈들에게 하루 노역 대가로 얼마를 받죠?"

"4전. 공식 가격이야."

청년은 그럼 자신에게 얼마를 줄 것인지 물었다. 영감의 족제비 같은 눈이 날카롭게 빛났다.

"자네와 내가 반반씩 공평하게 나누는 거야. 한 사람당 2전씩. 대신 내 몫에서 김만교의 몫과 간수 놈들에게 맥일 상납금을 빼면 실제로는 자네에게 유리한 분배지. 할 거면 하고, 말 거면 마!"

영감은 침을 삼키고 청년의 다음 말을 기다렸다. 청년은 대답 대신 노인을 똑바로 보며 크게 한 번 고개를 끄덕였다. 계약은 성립되었다. 영감은 싱긋 웃었다. 빠진 이 구멍 사이로 바람이 새어 나왔다.

새로운 대필자에 대한 소문은 은밀하게, 하지만 빠르게 퍼졌다. 하지만 대필자를 찾아 형무소 담장 아래로 올 자는 쉽사리 나서지 않았다. 스기야마의 검열을 통과하는 것은 작두 위를 걷는 것처럼 위태로웠다. 감상적인 표현, 형무소의 실상 묘사, 전황에 관한 질문과 대답 등은 즉각 걸러졌다. 문제가 된 글의 발신자와 대필자는 함께 심문실로 불려 가 몽둥이찜질을 당했다.

위험을 두려워하는 죄수들을 설득할 방법은 위험하지 않다는 것을 보여주는 것뿐이었다. 영감은 조선인들이 들을 수 있도록 큰 소리로 사연을 불렀다.

"순아! 보아라. 벗어나고만 싶은 형무소에 기다리고 기다리는 봄은 오지 않는다. 봄이 왔다지만 니미럴, 감옥 마루는 얼음장 같고, 간수들은 점점 설쳐댄다. 사람들이 옆에서 죽어나가도 이젠 아무렇지 않다."

영감은 검열에 걸리기로 작정한 듯 위험수위를 넘나드는 표현들을 뱉어냈다. 히라누마는 빈 엽서에다 영감이 부르는 대로 받아썼다. 죄수들은 창백한 글쟁이가 영감의 불평을 어떻게 수습할지 궁금했다.

청년은 잠시 후 일본어로 쓴 엽서를 조선어로 바꾸어 읽었다. 영감이 토로한 뜻과 감정은 살아 있었지만 노골적인 불평은 절제되었고 대신 절절한 부정이 담겨 있었다. 수발 간수가 수거해 간 엽서의 검열을 기다리는 동안 죄수들은 극도로 긴장했다. 감방마다 엽서의 운명에 대해 수군거렸고 내기를 걸기도 했다.

이틀 후 검열을 거친 엽서가 발송되었다. 영감은 심문실로 불려 가지 않았다. 감방마다 환호가 번졌다. 아주 조용해서 누구에게도 들리지 않는 침묵의 환호성이었다. 죄수들은 지긋지긋한 철창 밖으로 자신들의 영혼을 빼내줄 인물이 누구인지 알게 되었다. 645번 히라누마 도주.

엽서를 든 죄수들이 하나둘 찾아왔다. 히라누마는 엽서를 쓰기 전에 그들과 대화를 나누었다. 누구에게 보내는지 어떤 관계인지 기억에 남는 추억은 무엇인지 묻고, 그들의 말버릇과 자주 쓰는 용어도 꼼꼼히 관찰했다. 단순히 엽서를 받아쓰는 것이 아니라 검열을 피하면서도 전달하려는 원뜻을 살리기 위해서였다. 그러려면 각자의 습관과 말투와 기억을 토대로 평범한 표현 속에 검열관이 알아챌 수 없는 비밀의 언어와 사연을 숨겨야 했다. 대필을 마친 엽서를 읽어주면 사내들은 자신들도 몰랐던 자신의 깊은 속마음을 듣고 눈물을 흘렸다.

히라누마는 말과 글이라는 고삐를 양손에 잡고 검열의 칼날을 피하며 죄수들의 간절한 마음을 싣고 달렸다. 한 문장, 한 단어만 삐끗해도 끝장나는 위태로운 줄타기 같았다.

보름이 지나자 답장이 돌아왔다. 스기야마의 검열을 통과하지 못한 불온한 단어와 문장들은 중간중간 검은 먹으로 지워져 있었다. 그러나 편지를 보낸 죄수들은 답장이 돌아왔다는 사실만으로도 희망에 들끓었다. 히라누마는 어둠에 갇힌 단어의 외침과 문장의 아우성을 나직이 읽어 나갔다.

무지막지한 검열관이 편지의 모든 행을 검게 칠한다 해도 그는 어둠 속에 묻힌 글자들을 되살려 보이지 않는 것을 보고 가려진 것들을 읽어낼 것 같았다. 그는 검게 칠한 먹 자국 속에서 말해지지 못한 말들과, 말할 수 없었던 이야기들 그리고 흘리지 못한 눈물과 꿈꾸어서는 안 되는 꿈의 조각들을 캐냈다.

엽서를 써도 무사하다는 사실이 증명되자 죄수들은 다투어 영감을 찾았다. 영감은 검댕으로 쓴 널빤지 장부를 들고 사람들을 안내했다. 히라누마가 바빠질수록 영감의 장부는 두둑해졌다. 영감은 김만교를 일본인 수용동에 보내 노역에 필요한 죄수를 댔고 챙긴 돈 중 일부를 담당 간수에게 상납했다. 노역을 대신할 자를 파견, 병결, 부상 등의 적당한 구실로 3수용동 노역에서 열외 조치시켜야 했기 때문이었다.

"히라누마, 대박이야. 엽서와 답장을 써달라는 놈들이 줄을 섰다고. 한번 코를 꿰면 저절로 따라오는 격이란 말이야. 쓸데없는 면담 시간을 줄이면 불쌍한 친구들이 그렇게 오래 기다리지 않아도 될 거야."

영감은 텅 빈 잇몸을 혀로 핥으며 히죽거렸다. 히라누마가 방금 쓴 엽서를 교정하며 말했다.

"그러다 스기야마의 칼 같은 눈에 걸리면 끝장이에요. 장사 그만하고 싶어요?"

영감은 고개를 절레절레 흔들며 장부로 쓰는 널빤지를 보며 말했다.

"무슨 소리! 이대로만 써. 돈벌이는 지금도 짭짤하니까. 보름 동안 총 마흔다섯 명이 엽서를 썼으니 180전, 그중 절반이면 자네 몫도 90전이지."

영감이 말을 끝내기도 전에 김만교가 다 쓴 엽서를 훑어보는 그에게 달려들었다.

"그 돈으로 필요한 물건 있나? 담배? 주먹밥? 각설탕이나 양갱? 뭐든지 구해줄 수 있어."

영감의 눈은 히라누마 앞으로 매겨진 90전에 쏠려 있었다. 히라누마는 사람을 쓰고 싶다고 말하며 하루에 얼마면 되냐고 물었다. 영감이 대답했다.

"일본 놈들한테 4전을 받는데 동업자에게 다 받을 순 없고……. 절반만 받지. 하루 2전!"

청년의 입가에 미소가 뚜렷해졌다.

"좋아요. 매일 제가 엽서를 써준 사람을 쓰도록 하죠."

영감의 얼굴이 종잇장처럼 구겨지더니 곧 빙긋 웃으며 눈을 흘겼다.

"이런 승냥이 같은 친구를 봤나. 남의 목구멍에 넘어간 고깃덩어리를 꺼내 먹으려 드는군."

김만교는 얼떨떨한 표정으로 두 사람을 번갈아 보았다. 영감이 딱하다는 표정으로 김만교에게 설명을 이었다.

"이 친구가 엽서 한 통을 쓰면 4전의 이문이 남지. 그건 현찰이 아니라 엽서를 보낸 자의 노역을 하루 동안 쓸 수 있는 비용이야. 우리는 돈 많은 일본 죄수 놈들에게 4전을 받고 엽서를 쓴 자들을 보내는 거야. 절반은 우리가 먹고 절반은 이 친구가 먹지. 그런데 이 친구는 그 돈으로 엽서를 의뢰한 자의 노역권을 되사겠다는 거야. 대가는 하루에 2전!"

김만교가 난처한 표정으로 되물었다.

"그럼 일본 놈들에게 대줄 노역자가 없어지고 우리 장사도……."

"끝장이지."

말을 끊긴 김만교가 얼떨떨한 표정을 지었다. 청년이 말을 이었다.

"하지만 걱정 마. 엽서를 의뢰한 자에게 일본 놈 대신 일을 하게 하고, 내게 줄 2전을 그에게 쳐주는 거야. 그러면 모두가 잃을 게 없어. 영감님과 자넨 그대로 돈을 벌 수 있고, 조선인들도 노역한 대가로 돈을 벌 수 있고, 일본 놈들은 대신 노역할 조선인을 구할 수 있어. 물론 간수들은 두둑이 상납금을 챙기지."

김만교가 말했다.

"그럼 자넨 한 푼도 못 건질 거야. 손가락이 부러지게 썼으면 자네도 남는 게 있어야지."

"내게도 남는 건 있어."

"뭐가 남지?"

"감옥 안에서 매일 연필과 종이를 쓸 수 있으니까. 무슨 글이든 쓸 수만 있다면 난 좋아."

이상적인 거래였다. 누구도 피 흘리지 않는 싸움. 누구도 손해 보지 않는 거래. 그때 영감과 김만교는 자신들이 얼마나 아름다운 거래를 하고 있는지 알지 못했다.

오후 순찰을 마친 스기야마는 발송 우편 수발함을 열었다. 수발함에는 네 통의 엽서가 있었다. 스기야마는 책상 깊이 엉덩이를 집어넣고 앉아 엽서를 집어 들었다. 30대의 죄수가 아내에게 보내는 첫 번째 엽서는 단정한 서체로 하고자 하는 말을 담백하게 전하고 있었다. 형무소에 대해 말했지만 불평은 아니었고, 고통에 대해 썼지만 처절하기보다 안도감이 느껴졌다. 미심쩍은 부분이 없진 않았지만 딱히 불온한 표현을 집어낼 수도 없었다.

두 번째 엽서는 환갑이 넘은 어머니에게 보내는 40대 죄수의 것이었다. 첫 번째 편지와 같은 필체였지만 문체와 표현은 물론, 용어와 종결어미까지 전혀 다른 사람이 쓴 것처럼 달랐다. 유일한 공통점이 있다면 문제가 될 만한 구절을 찾을 수 없다는 것이었다.

다음 엽서도, 그다음 엽서도 비슷한 필체였지만 각각 다른 목소리를 담은 문장은 달랐다. 엽서를 쓴 놈은 어떤 단어를 쓰면 안 되는지, 어떤 표현이 자신의 목을 옭아맬지를 알고 있는 것 같았다. 알아서 검열의 칼날을 피해 가는 놈은 어떤 면에서 자신의 조력자처럼 느껴졌다.

스기야마는 미심쩍은 기분을 억누르며 검열 도장을 내리쳤다. 엽서 한가운데에 푸른 글자가 찍혔다. 검열필. 그는 의자에 등을 기대고 뻑뻑한 눈을 비볐다. 사흘째 면도를 하지 못한 얼굴에서 버스럭대는 소리가 났다. 다음으로 집어 든 편지는 어느 죄수가 아내에게 보내는 답장이었다. 엽서를 읽던 그의 눈이 한 줄의 문장에 머물렀을 때 그는 의자에서 등을 바짝 세웠다.

무엇보다 검열관님의 관대함에 대해 당신도 알아야 할 것이오. 검열관이 이렇게 너그러운 줄 알았다면 진작 엽서를 보냈을 것이오. 검열에 걸릴 것 같아 지레 겁을 집어먹고 엽서를 보내지 못했지 뭐요. 검열관의 관대함 덕분에 당신의 엽서를 단 한 자의 삭제도 없이 받아 볼 수 있었소.

"검열관"이라는 단어를 보는 순간 어떤 생각이 화살처럼 머릿속을 스쳤다. '놈은 남의 엽서를 대필하는 것이 아니라 나에게 엽서를 보내고 있다!'

고도의 문장력에는 미심쩍은 냄새가 숨어 있었고 보이지 않는 밑밥이 뿌려져 있었다. 놈이 문제를 일으킬 거라는 예감은 빗나가지 않았다. 당장 놈을 심문실로 불러들여 글로 장난을 친 대가를 보여줘야 했다.

심문실로 불려온 히라누마는 자신의 필체처럼 반듯이 의자에 앉았다. 스기야마는 애써 누른 목소리로 전갈처럼 쏘아붙였다.

"승냥이 같은 놈! 네가 형무소 밖으로 쓴 엽서는 나를 향한 것이었어. 내가 그것들을 읽을 것을 알았을 테니까."

승냥이 같은 놈의 머리가 빠르게 돌았다. 족집게 같은 검열관에게 꼬리를 밟혔다면 자신은 물론 엽서를 보낸 자들까지 곤욕을 치르게 될 것이었다. 스기야마는 말을 이었다.

"네가 교활한 건 알지만 난 그렇게 나약하고 감상적인 인간이 아니야. 넌 알량한 글재주로 괜한 짓을 했고 꼬리를 밟혔지."

스기야마는 승냥이 같은 놈의 눈길을 피한 채 소리쳤다. 놈의 눈을 바로 보면 마음이 흔들리지 않을까 걱정스러웠기 때문이었다. 히라누마는 꼬리를 밟힌 건 맞지만 괜한 짓은 아니었다고 대꾸했다. 그리고 스기야마에 대해 많은 것을 알게 됐다고 덧붙였다.

스기야마는 가슴이 덜컹 내려앉았다. 교활한 글쟁이가 문장으로 내 마음을 들여다보며 뒷조사를 했다고? 스기야마는 645번이 어떻게 평범한 엽서에 다른 의미를 숨겨 싸움을 걸어왔는지를 생각하느라 안간힘을 썼다.

놈은 첫 엽서를 아주 조심스럽게 썼을 것이다. 감정을 자제하고 문제가 될 만한 단어나 표현을 피해 검열필 도장을 받을 수 있도록. 첫 번째 엽서가 무사히 검열을 통과하는 것을 확인한 놈은 조금씩 수위를 높였을 것이다. 어떤 날은 미심쩍은 단어 하나를 슬쩍 끼워 넣고, 어떤 날은 이중의 의미를 가진 문구를 교묘하게 숨겨 넣는 식으로. 검열관이 엽서의 표현들을 어떻게 받아들일지, 그 뜻을 어떻게 알아차릴지 문장으로 떠보았을 것이다.

죄수들에게 답장을 읽어줄 때도 탐색은 계속되었을 것이다. 검은 잉크로 삭제된 부분을 유추해 자신이 싫어하는 표현이 어떤 것인지, 어떤 단어를 피해야 하는지, 어떤 식으로 문장을 끝내야 하는지 파악했을 것이다.

자신이 놈을 철저히 통제하고 감시한다고 생각했던 건 착각이었다. 놈은 감시당하는 것이 아니라 오히려 자신의 마음을 유리병처럼 들여다보고 있었던 것이다. 스기야마의 목덜미에 굵은 핏줄이 불룩거렸다.

"알량한 글재주로 날 갖고 놀았지만 넌 너무 나갔어. 난 시를 모르고 글을 쓸 줄도 모르지만 그 정도도 분간 못하는 멍청이는 아니야."

스기야마는 까칠까칠한 머리카락을 손바닥으로 문지르며 이를 갈았다. 이제 모든 것이 분명해졌다. 놈은 처음부터 끝까지 모든 것을 정교하게 설계했다. 자신에게 엽서를 기다리게 하고, 검열필 도장을 찍게 하고, 자신을 심문실로 부르도록 조종한 것이었다.

"넌 뒈질 줄 알면서도 내게 싸움을 걸었어! 내 별명이 백정이란 것도 알고, 네 속셈이 들통나면 몽둥이에 뼈가 으스러질 것도 잘 알면서 말이야."

그렇게 말하면서 스기야마는 낭패감을 느꼈다. 놈의 모든 엽서가 검열을 통과했다는 사실을 깨달았기 때문이었다. 엽서를 쓴 놈을 죽일 정도로 잔인한 검열관이라면 놈이 쓴 엽서 중 몇 통은 절대 검열을 통과하지 못했을 것이다. 히라누마는 검열관이 엽서의 불온함을 보지 못했거나 보고도 못 본 척했다는 것을 간파했던 것이다. 그런 심성을 지녔다면 아무리 난폭한 자라도 자신을 죽이지 못하리라는 사실도. 청년이 말했다.

"당신에 대해서라면 별명 말고도 좀 더 많은 걸 알죠."

"나에 대해 뭘 안다는 거지?"

"당신이 말과 글이 품은 비밀을 알고 있으며, 시와 문장에 빠졌다는 것을요."

스기야마는 헛웃음을 내뱉으면서도 아니라고 말할 수는 없었다. 그는 사라지는 연기 속에서 말과 글이 지닌 내밀한 비밀을 지켜보았다. 거대한 의미의 숲을 이룬 문장의 뿌리들, 서로 얽혀 내밀한 비밀을 드러내는 단어들을.

싸움은 시작되었다. 청년은 문장을 무기로 달려들었고, 스기야마는 방어해야 했다. 더 이상 몽둥이는 필요 없었다. 칼보다 예리한 어휘와 창보다 치명적인 문장으로 싸워야 하는 것이다. 몇 줄의 글로 싸운다는 것이 가능할까? 그 싸움은 가능할지 모르지만 그렇다 하더라도 불공평했다. 교활한 글쟁이와 겨우 까막눈을 면한 무지렁이라니. 하지만 그 때문에 공평할지도 몰랐다. 까막눈에겐 글이 먹히지 않을 테니까. 공정한 검열 기준을 유지해야 하는 건 자신이었다. 문장에 현혹되지 않기 위해 의도적으로 검열을 피하거나 발송 불가 도장을 찍을 수도 없었다.

스기야마는 검고 속을 알 수 없는 늪으로 끌려 들어가는 것 같았다. 하지만 어쩔 수 없었다. 싸움은 시작됐고 시작된 싸움이라면 이기는 수밖에.

히라누마는 그늘진 담 아래에서 사내들의 말을 귀담아들었다. 그들은 울고 고함쳤으며 주먹을 쳐들었다. 그는 곧 거의 모든 사내들이 살아온 사연을 속속들이 알게 되었다. 그들이 어떤 어린 시절을 보냈는지, 어떤 죄를 저질렀는지, 어떤 억울함을 지녔는지. 그는 그들의 목소리와 표정과 말투와 이야기를 하나하나 되새기며 엽서를 써 내려갔다.

사연을 정확하게 전달하면서도 검열을 피하려면 하나의 표현에 두 가지, 세 가지 뜻을 정교하게 심어야 했다. 단어들은 언제 터질지 모르는 지뢰처럼 아슬아슬했고 문장들은 금방 발각될 음모처럼 위태로웠다. 밤새 쓴 엽서를 수발 간수에게 넘기면 검열관의 번득이는 눈이 떠올랐다. 그의 눈에 걸리는 단어는 잡초처럼 뽑힐 것이다.

새벽마다 히라누마는 땀에 젖은 몸으로 잠을 깼다. 붉은 낙인이 이마에 찍히는 꿈이었다. 스기야마가 언제 이 터무니없는 일에 싫증을 내고 엽서를 패대기칠지 알 수 없었다. 하지만 뒤집어 생각해보면 검열이 엄격할수록 지켜야 할 기준은 단순해지는 것이었다. 그는 한 장의 엽서로 검열관을 설득해야 했다. 그것은 벗어날 수 없는 반복적이고 집요한 유혹이었다.

한편 스기야마는 자신이 변해가는 것을 느꼈다. 그는 자신도 모르게 은근히 엽서를 기다릴 정도로 놈의 글에 빠져들고 있었다. 거무튀튀한 종이 위의 흐릿한 글씨에는 그리움이 담겨 있었고 행간에는 한숨이 스며 있었다. 엽서를 읽고 나면 따뜻한 물로 목욕을 한 느낌이었다.

그는 하루 종일 뱃멀미를 하듯 낯선 감정에 휘둘렸다. 그는 자신이 읽어버린 허튼 문장들에서 벗어나기 위해 안간힘을 썼다. 그럴수록 그는 더 혹독하게 죄수들을 다그치고 더 상스러운 욕을 내뱉었다. 그런 노력은 적어도 겉으로는 효과를 발휘하는 듯했다. 하지만 그의 머릿속에선 여전히 검은 글자들이 애벌레처럼 꿈틀거렸다. 몽둥이를 쳐들고 욕지거리를 내뱉어도 머릿속에서는 아름다운 단어와 구두점들이 반짝였다.

히라누마는 멀리 떨어진 곳에서 스기야마를 관찰했다. 그는 점점 난폭해지고 있었다. 몽둥이를 휘두르고 욕설을 내뱉고 고함을 질러댔다. 히라누마는 아무도 알아채지 못하게 싱긋 웃었다. 스기야마가 난폭해진다는 것은 그가 변하고 있다는 증거였다. 난폭함은 스스로를 방어하기 위한 몸부림에 불과했다.

며칠 전 한 죄수에게 온 아내의 답장에서 그 사실을 알 수 있었다. 편지지 곳곳에 그어진 붉은 줄은 스기야마의 검열 자국이었다. 이전에는 검은 잉크로 깡그리 지워져 무슨 말인지 알아볼 수 없었겠지만 그 편지는 붉은 줄이 그어져 있어도 내용을 알아볼 수 있었다. 스기야마는 분명 변하고 있었다.

다음 엽서엔 좀 더 노골적이고 대담한 표현을 써도 될 것 같았다.

스기야마는 엽서를 펼쳤다. 열세 살 난 아들에게 보내는 죄수의 엽서였다. 계절의 아름다움으로 시작된 사연은 전쟁의 고통으로 이어졌다. 공출, 감금, 궁핍, 죽음……. 지금껏 보이지 않던 전쟁에 대한 도발적 언급들이 눈에 띄었다. 그는 벼르기라도 하듯 소각 도장에 붉은 인주를 묻혔다. 사연은 계속 이어졌다.

아버지가 네 곁에 없다고 실의에 빠져서는 안 된다. 아무리 힘겨워도 견디지 못할 고통이란 없으니까. 고통은 우리를 망가뜨리기도 하지만 우리를 성장시키기도 한단다. 프랑스 시인 프랑시스 잠은 〈고통을 사랑하기 위한 기도〉라는 시에서 '고통이 가장 사랑하는 여인보다 정이 많다'고 썼단다. '세상에서 가장 위대한 것은 인간의 일들'이라고도 했지. 기회가 되면 프랑시스 잠의 시집을 읽어보도록 해라. 삶에 대한 희망과 고통을 견딜 힘을 얻게 될 것이다.

현실의 삶을 고통으로 표현한 것은 불경스러웠다. 하지만 엽서 내용처럼 고통을 긍정적으로 끌어안을 수 있다면 굳이 삭제할 이유가 없었다.

스기야마는 골똘히 생각했다. 이 의심스러운 문장들은 힘겨운 현실에 대한 비판과 자조일까? 그렇지 않으면 고통까지도 끌어안으려는 희망의 몸부림일까? 그것을 정확히 판단하려면 먼저 엽서에 언급된 〈고통을 사랑하는 기도〉라는 시를 확인해야 했다.

성급한 발걸음이 그를 압수물 서가로 이끌었다. 654번 압수물 상자. 손때 묻은 책들 사이에 노랗게 절은 책 한 권이 눈에 들어왔다.

《프랑시스 잠 시집》.

그는 서둘러 책을 펼치고 목차를 훑었다.

〈나귀와 함께 천국으로 가기 위한 기도〉〈검소한 아내를 맞기 위한 기도〉〈집 안은 장미와 말벌들로〉〈빛 아래 나무딸기들 사이로〉〈이 세상에서 가장 위대한 것〉……

책장들이 손가락 끝에서 바람을 일으켰다. 그는 길게 숨을 몰아쉬고 시를 읽어 내려갔다.

고통을 사랑하기 위한 기도

내게는 고통밖에 없습니다. 그것 말고는 아무것도 바라지 않습니다.
고통은 내게 충실했고, 지금도 변함이 없습니다.
내 영혼이 심연의 바닥을 헤맬 때에도
고통은 늘 곁에 앉아 나를 지켜주었으니
어떻게 고통을 원망하겠습니까.
아 고통이여, 너는 결코 내게서 떠나지 않겠기에
나는 마침내 너를 존경하기에 이르렀다.
나는 이제 너를 알겠다.
너는 존재하는 것만으로도 아름답다는 것을.
너는 가난한 내 마음의 화롯가를 결코 떠나지 않았던 사람을 닮았다.
나의 고통이여, 너는 더없이 사랑하는 여인보다 다정하다.
나는 알고 있나니 내가 죽음의 자리에 드는 날에도
너는 내 마음속으로 깊이 들어와
나와 함께 가지런히 누우리라.

스기야마는 "고통"을 "사랑"한다는 말의 의미를 알 것 같았다. 인간의 의지는 꺾일 것 같지만 다시 곧추서고, 꺼지는 듯하지만 다시 타오른다. 현실이 남루할수록 그것을 받아들이는 인간의 의지는 더욱 강해지는 것이다. 그러니 고통이라는 단어를 빼고 어떻게 삶의 의지를 말할 수 있을까?

그는 딱딱한 의자 등받이에 몸을 기대고 다시 시집을 펼쳤다. 또 다른 페이지에 눈길이 머물렀다. 〈이 세상에서 가장 위대한 것〉. 그는 검열을 마친 엽서를 다시 들여다보았다. 낯익은 문구는 그곳에도 선명하게 적혀 있었다.

'이 세상에서 가장 위대한 것은 인간의 일.'

스기야마는 꼬리를 잡았다고 생각했다. 놈은 엽서 속의 짧은 문구에 비밀스러운 암호를 담았다. 그 암호는 엄청난 불온함을 담고 있었다. 만약 아이가 프랑시스 잠의 시집을 읽는다면 그 의미를 발견하게 될 것이다. 어쩌면 그 엽서는 아이가 아닌 다른 불온 분자에게 전달될지도 모른다.

스기야마는 시가 품은 불온한 의미를 유추했다. '이 세상에서 가장 위대한 것'은 '목숨을 아끼지 않고 조국 해방에 바치는 것' 혹은 '안락한 개인적 삶을 버리고 조국의 독립을 위해 침략자에게 저항하는 것'이라는 선동일 것이다. 그는 바짝 긴장한 채 시를 읽어나갔다.

이 세상에서 가장 위대한 것

위대한 것은 인간의 일들이니
나무 병에
우유를 담는 일,

꼿꼿하고 살갗을 찌르는

밀 이삭들을 따는 일,

암소들을 신선한 오리나무들 옆에서
떠나지 않게 하는 일,

숲의 자작나무들을
베는 일,
경쾌하게 흘러가는 시내 옆에서
버들가지를 꼬는 일,

어두운 벽난로와, 옴 오른
늙은 고양이와, 잠든 티티새와,
즐겁게 노는 어린 아이들 옆에서
낡은 구두를 수선하는 일,

한밤중 귀뚜라미들이 날카롭게
울 때 처지는 소리를 내며
베틀을 짜는 일,

빵을 만들고
포도주를 만드는 일,

정원에 양배추와 마늘의
씨앗을 뿌리는 일,
그리고 따뜻한 달걀들을 거두어들이는 일.

예상은 완전히 빗나갔다. 아무리 눈을 씻고 읽기를 되풀이해도 불온한 구절을 찾을 수는 없었다. 숨어 있는 암호도 감춰진 음모도 없었고, 피를 뜨겁게 하는 선동이나 전투적인 구호도 보이지 않았다. 시는 그저 아름다운 자연 속의 평화로운 삶을 노래할 뿐이었다. 나무 병에 우유를 담고, 밀 이삭을 따고, 나무 그늘 아래에 소를 몰고, 벽난로 옆에서 헌 구두를 고치는 누추한 일상. 아무 걱정 없이, 누구를 미워하는 일 없이, 닭 우는 소리에 깨어 땀 흘려 일하고 귀뚜라미 소리를 들으며 잠드는 보잘것없는 삶.

스기야마의 눈빛은 날이 무뎌졌다. 그는 행복 같은 건 존재하지 않는다고, 나약한 낭만주의자들의 지껄임이라고 외면해왔다. 일상의 평화란 것 또한 한 번도 경험해보지 못했기에 애써 부정할 수밖에 없었다. 그것은 가질 수 없기에 더욱 간절했던 꿈, 꿈꾸지 못했기에 외면해야만 했던 그의 동경이었다.

그는 한참 후에야 푸른 검열필 도장을 내리쳤다. 검열은 실패했다. 아무것도 찾아내지 못했으니까. 엽서는 고베항 뒷골목의 초라한 판잣집에서 아버지를 기다리는 소년에게 날아갈 것이다. 소년은 잠을 읽을 것이고 엽서는 소년에게 삶의 무게와 전쟁의 고통을 이길 의지를 전할 것이다.

잠의 시를 시작으로 엽서에 낯선 이름과 문장들이 등장하기 시작했다. 받는 사람의 나이와 상황에 맞게 인용된 시의 구절들이었다. 히라누마는 모든 상황과 대상에 맞는 시들을 기억하고 있는 것 같았다. 아내에게 보내는 한 죄수의 엽서에는 잠의 〈검소한 아내를 위한 기도〉 전문이 적혀 있었다. 애인에게 보내는 사내의 엽서에는 괴테의 연애시가 쓰여 있었다.

스기야마는 헐떡이는 사냥개처럼 인용된 작가들과 작품을 찾아 서가 틈을 헤맸다. 그는 엽서에 언급된 이름 하나, 책 한 권도 놓치지 않았다. 톨스토이란 이름을 발견하면 톨스토이의 책을 찾아 읽었다. 밤마다 그는 미심쩍은 글자와 글자 사이, 행과 행 사이, 문장과 문장 사이를 헤맸다. 불온한 문장을 찾을 수는 없었지만 경계를 늦추어서는 안됐다. 히라누마 도주는 순결한 시인인 동시에 교활한 글쟁이기도 했으니까.

엽서는 스기야마뿐 아니라 죄수들도 변화시켰다. 욕지거리가 튀던 그들의 입에 웃음이 번졌다. 한 구절의 문장이 내일을 생각지 않던 자들에게 살아서 나갈 날을 손꼽게 했고, 싸움질을 일삼던 자들을 고분고분하게 만들었다. 일과처럼 벌어지던 싸움질도, 자학 소동도 줄었다.

답장을 받아 쥐고 죄수복 자락으로 눈물을 훔치는 자들을 보며 그는 생각했다. 그것이 글이 지닌 힘일지 모른다고. 모든 변화가 글에서 시작되고 있었다. 한 줄의 문장이 사람을 변하게 했고, 한 자의 단어가 세상을 바꾼 것이었다.

계절은 여름의 정점에 다다랐다. 여름밤은 짧아서 책 한 권을 제대로 읽을 수 없었다. 스기야마는 아들에게 보낸 한 조선인의 엽서를 검열하느라 밤을 꼬박 샜다. 가네야마〔金山〕라는 창씨명 때문에 아이들이 놀려댄다는 아들의 투정을 달래는 답장이었다. 김(金)이라는 조선 성에 야마〔山〕라는 일본어를 붙인 가네야마라는 창씨명은 자신이 조선인이라는 외침과 다름없었다. 엽서는 아이들의 놀림이 삶을 꿋꿋하게 살아갈 디딤돌이라며 아들을 달래고 있었다.

네 이름에 대해서라면 슬프게 생각하지 마라. 셰익스피어는 《로미오와 줄리엣》이라는 책에서 '우리가 장미를 그 어떤 다른 이름으로 불러도 그것은 여전히 장미 향기를 낼 것이다'라고 말했어. 이름이 중요한 게 아니라 자신의 향기를 갖는 것이 중요하단다.

문장 사이에 지뢰 같은 단어들이 심어져 있었다. 압수물 목록을 확인한 스기야마는 서가로 달려가 486번 상자에서 《로미오와 줄리엣》을 찾아 들었다. 셰익스피어가 영국인임을 확인한 스기야마는 쾌재를 불렀다. 적국인 영국 작가이니 불온한 꼬투리를 쉽게 캐낼 수 있을 거라는 생각 때문이었다.

그는 조심스럽게 위험한 페이지들을 펼쳐나갔다. 시작부터 퇴폐적 사랑 이야기였다. 몬테규가(家)의 아들 로미오와 캐플릿가의 딸 줄리엣, 무도회, 원수 가문 간의 이루어질 수 없는 사랑. 책장을 넘기는 스기야마의 손길이 빨라졌다. 머큐시오와 티볼트의 결투, 죽음 그리고 추방. 로렌스 신부가 준 약을 먹고 잠든 줄리엣. 독약을 마신 로미오. 자신의 가슴을 칼로 찌르는 줄리엣.

마지막 장을 덮자 새벽이 다가와 있었다. 아름다운 베로나의 풍경과, 로미오와 줄리엣의 대사들과, 이루지 못한 사랑의 여운은 여전히 그의 머릿속을 떠나지 않았다. 고개를 가로저어 잡념을 털어낸 스기야마는 엄정한 검열관으로 돌아갔다. 《로미오와 줄리엣》에는 확실히 문제가 없지 않았다. 적국인 영국 작가의 작품인 데다 내용마저도 퇴폐적 사랑 타령이었고 죽음으로 끝나는 결말은 염세적인 분위기를 풍겼다.

그렇다고 선뜻 붉은 도장을 들 수는 없었다. 검열 기준이 너무 온정적으로 변해버렸는지 모르지만 섣불리 발송 불가 판정을 하고 싶지는 않았다. 편지가 발송되지 못한다면 편지를 기다리는 아이의 마음은 누가 달래준단 말인가? 마침내 그는 절충안을 생각해냈다. 엽서를 쓴 자를 추궁하면 좀 더 정확한 해석의 단서를 찾을 것이었다.

오후가 되자 햇살이 형무소 뜰을 무쇠솥처럼 달구었다. 두꺼운 벽돌담은 열기를 내뿜었고, 노역장은 냄비 속처럼 뜨거웠다. 야외 활동 시간이면 죄수들은 지옥을 탈출하는 것처럼 담장 그늘로 몰려들었다. 그들은 무언가에 굶주린 사람들처럼 모여 앉아 끊임없이 떠들었다. 한 사내가 한참 목청을

돈위 이야기를 끝내면 다음 사내가 교대하듯 말을 이어받았다. 마치 무대 위의 연극배우들처럼.

스기야마는 고개를 절레절레 흔들며 뜰을 가로질렀다. 각반을 찬 종아리에 뜨거운 공기가 감겼다. 상체를 양옆으로 기우뚱거리며 두 발을 벌려 성큼성큼 내딛는 그의 독특한 걸음걸이는 죄수들을 주눅 들게 했다. 그러나 거만하고 전투적인 그 걸음새가 총상을 입은 허벅지 통증을 견디는 그만의 방편이라는 사실을 아는 사람은 거의 없었다. 위풍당당한 간수의 걸음걸이는 절룩거리는 부상병의 그것에 지나지 않았던 것이다.

그는 형장과 묘지로 이어진 미루나무 언덕을 향했다. 나란히 선 세 그루의 미루나무는 높이 자라기만 했을 뿐 성긴 가지 때문에 그늘조차 없었다. 죄수들은 사형당한 자들이 목에 밧줄을 건 채 그곳을 배회하고 있다고 믿었고 간수들은 야간 순찰 중 그곳을 서성이는 유령을 보았다며 웅성거렸다. 히라누마는 미루나무 아래에 기대앉아 있었다. 그의 매끄러운 휘파람 소리가 들려왔다.

"645번! 휘파람을 부는 걸 보니 견딜 만한 모양이지?"

자신의 휘파람 선율에 빠진 청년은 대답하지 않았다. 그의 눈은 어두운 우물처럼 서늘하고 텅 비어 있었다. 스기야마는 다시 소리를 질렀다.

"히라누마 도주! 대답 안 할 텐가? 개처럼 맞아야 짖을 건가?"

몽둥이로 턱을 치켜 올리자 저항을 포기한 청년은 눈을 깔았다.

"내 이름은 645번도 히라누마 도주도 아닙니다. 내 이름은 윤, 동, 주예요."

스기야마는 바짝 긴장했다. 창씨개명과 관련된 엽서와 답장은 이 글쟁이 놈이 설계한 덫이었을까? 놈은 이름과 존재에 관한 셰익스피어의 작품을 읽게 한 후 창씨명을 논쟁의 도마 위에 올려놓고 자신을 끌어들인 것일까? 그렇다면 오히려 잘된 일이다. 말을 빙빙 돌릴 필요가 없으니까. 그는 빙긋 웃으며 풀줄기를 꺾어 씹었다. 쌉쌀한 풀 맛이 입안에 찼다.

"윤동주? 히라누마? 그게 중요한가? 어떤 이름으로 불리든 자네는 자네일 뿐인데……."

스기야마는 그렇게 말하며 지난밤 읽은 줄리엣의 독백을 떠올렸다.

로미오 님, 로미오 님, 왜 당신의 이름이 로미오인가요? 아버님을 저버리고 그대의 이름을 거부하시어요. 당신 이름이 당신을 나의 적으로 만드는군요. 당신은 당신 자신이잖아요. 몬테규라는 성이 뭔가요? 손이나 발도 아니고, 팔이나 얼굴도 아니고, 그 다른 어떤 몸의 부위도 아닌데, 이름이 바뀐다고 무엇이 달라지나요? 이름이 뭔가요? 우리가 장미를 그 어떤 다른 이름으로 부른다 할지라도 그것은 여전히 장미 향기를 낼 텐데……. 로미오도 마찬가지잖아요. 당신을 뭐라고 부르든 당신의 완벽함은 바뀌지 않을 터인데. 이름을 버리세요., 로미오. 그리고 저와 함께해요.

"자네가 썼듯 장미는 어떤 이름으로 불러도 그 향기엔 변함이 없어. 이름은 아무것도 아니며 본질이 중요하니까. 윤동주든 히라누마 도주든 자넨 건방진 고집불통 조선인일 뿐이야."

스기야마의 딱딱한 목소리에 청년은 이름이 한 존재의 모든 것을 담은 상징이라고 항변했다. 이름에는 한 인간의 얼굴과 눈빛과 몸집과 행동뿐만 아니라 기억과 꿈과 그리움, 과거와 현재와 미래가 모두 담겨 있다고도 했다.

순간 섬찟한 생각이 스기야마의 머리를 스치고 지나갔다. 하나의 단어가 수많은 느낌을 담고, 한 줄의 문장이 헤아릴 수 없는 의미를 담고 있다면 놈은 셰익스피어의 문장에 정반대의 두 의미를 숨긴 것이다. 장미는 다른 이름으로 불려도 여전히 향기를 풍긴다. 하지만 장미라고 불리지 않으면 그 꽃은 더 이상 장미가 아니다. 아무리 향기로운 장미도 시간이 지나면 시들지만 그 이름은 살아남는다. '장미'라는 이름을 부르면 아름다운 자태와 향기가 떠오르는 것처럼. 장미는 사라지지만 장미라는 이름은 사라지지 않고, 장미는 유한하지만 장미라는 이름은 영원하다. 스기야마가 생각에 빠져 있는 동안 히라누마가 말을 이었다.

"줄리엣의 독백은 이름이 존재를 규정한다는 사실의 역설적 표현이에요."
"역설?"

히라누마는 그것이 말하지 않음으로써 말하고, 아니라고 말함으로써 그렇다는 사실을 강조하는 방식이라고 말했다. 스기야마는 화들짝 정신이 들었다. 하나의 문장이 읽는 사람에 따라 정반대로 해석된다고? 그렇다면 이름을 버리라는 줄리엣의 독백 또한 정반대의 의미란 말인가? 실체와 상관없는 이름을 버리라는 줄리엣의 절규는 이름이 모든 것을 규정짓는다는 사실을 더욱 명백하게 할 뿐인가?

로미오와 줄리엣은 그들이 속한 가문, 즉 캐플릿과 몬테규라는 이름 때문에 좌절했고 그들의 사랑은 비극으로 치달았다. 그 이름을 버리면 사랑을 방해할 것은 없었겠지만 그들은 끝내 그 이름을 버리지 못했다. 그 이름이 그들의 실존을 규정지었고, 그들의 사랑을 더욱 절실하게 만들었기 때문이었다. 히라누마, 아니 동주가 다시 말했다.

"내 이름은 윤동주예요."

그의 목소리에는 간절함을 넘어선 무엇이 있었다. 거스를 수 없는 위엄 같은 것이. 스기야마는 서슬 퍼런 눈으로 그를 노려보았다.

"네 이름일지 모르지만 조선어야. 조선어가 금지된 걸 모르나?"
"윤동주라는 이름이 아니라면 나는 아무것도 아니에요. 히라누마라는 이름은 일본인들이 억지로 뒤집어씌운 가면이일 뿐이니까요."

그의 말은 현학적으로 들렸고 실체 없는 헛소리 같기도 했다. 하지만 스기야마는 그 말이 헛소리가 아니라는 사실을 알았다. 놈은 좁은 감방 안에서 한 장의 엽서에 미끼처럼 책들을 숨겨 자신을 유인하고 세뇌했다. 책을 읽는 사람의 생각이 어떻게 바뀌고, 행동이 어떻게 변하리란 것을 알았던 것이다. 스기야마는 땀에 전 모자를 허벅지에 털었다.

"쓸데없는 소리 마! 난 변하지 않았어. 나는 여전히 스기야마 도잔이야."

그러나 놈의 두 눈은 여전히 스기야마가 변했다고 항변하고 있었다. 스기야마는 놈이 옳을지도 모른다고 생각했다. 《로미오와 줄리엣》을 읽지 않았다면 '장미의 이름'과 관련된 쓸데없는 입씨름에 걸려들지 않았을 것이다. 놈이 그렇게 교활하고, 문장이 그렇게 치명적인 독임을 더 경계해야 했다.

스기야마는 분명히 인식했다. 자신이 변했다는 것을, 다시는 변하기 전의 자신으로 돌아갈 수 없다는 것을. 그는 변해버린 자신이 두려웠다. 어떤 책을 읽은 사람은 그 책을 읽기 전의 사람이 아니다. 문장은 한 인간을 송두리째 변화시키는 불치병이다. 문장들은 뼈에 새겨지고 세포에 스며들고 자음과 모음은 바이러스처럼 혈관을 타고 흐르며 읽는 사람을 감염시킨다. 그들은 책과 글을 떠나서는 살 수 없는 중독자이고 의존자가 된다. 읽지 않을 책을 끼고 다니고 책을 잡지 않은 손을 공허해하며 오래전에 읽은 구절을 되새김질하듯 중얼거린다. 스기야마 또한 그 병증을 겪고 있으며 후유증을 벗어나지 못했다. 그는 어쩌면 죽는 날까지 그 중독에서 벗어나지 못하리라는 예감을 느꼈다. 그는 다시 과거로 돌아갈 수 없으며 돌아가서도 안 되는 인물이었다.

비가 내렸다. 비는 장막처럼 너울대며 허공에 드리워졌다. 희뿌연 물의 장막 너머로 모든 것이 어렴풋해졌다. 비가 그치면 하나의 계절이 지나고 새로운 계절이 다가올 것을 스기야마는 알았다. 8월의 태양이 식고 9월의 바람이 불 것을, 전쟁터로 끌려간 소년들은 청년이 될 것을, 죄수들은 죽어가고 새로운 죄수들이 감방을 채울 것을.

스기야마는 매일 밤 복잡한 서가들의 미로 사이를 유령처럼 오갔다. 폭발적으로 늘어난 서신 검열 업무가 싫지 않았다. 은근히 엽서가 기다려지기까지 했다.

　어느 날인가부터 그는 붉은 펜을 내려놓았다. 그는 더 이상 검열을 위해 엽서를 읽지 않았다. 대신 단아한 필체, 정겨운 감탄사들, 섬세한 형용사들, 낯익은 명사들의 위로를 받고 싶었다. 그는 엽서에 숨겨진 암호들이 이끄는 대로 조심스럽게 책들을 탐색했다. 도스토옙스키와 발레리와 보들레르와 지드와 호머와 단테, 셰익스피어와 세르반테스…….

　누구도 그를 가르치지 않았지만 그는 스스로를 가르쳤으며 스스로 변화했다. 그는 활자와 인쇄물에 중독되었고 무엇이든 읽지 않으면 불안해졌다. 이제 그는 책을 읽기 전의 자신으로 돌아가고 싶지 않았다. 세뇌당한 것일까? 그렇다 해도 어쩔 수 없었다.

　높은 시계탑 그림자가 뜰 위에 긴 그림자를 드리웠다. 스기야마는 문득 누군가에게 긴 엽서를 쓰고 싶었다. 아니, 누군가로부터 엽서를 받고 싶었다.

바람이
어디로부터 불어와
　　어디로 불려 가는 것일까

스기야마는 두 눈을 가늘게 뜨고 계절 속으로 걸어 들어갔다. 가을은 바싹 마른 햇살의 냄새, 씁쓸한 낙엽의 향기를 품고 있었다. 좁고 네모난 형무소의 하늘은 파란 보자기 같았다. 뾰족한 가시가 돋은 담장은 지평선처럼 멀고, 까마득했다. 오후의 태양이 철조망에 걸려 물고기처럼 파닥거렸다.

죄수들은 형무소로 쏟아져 들어왔고 또 형무소를 나갔다. 어떤 자는 절룩이는 다리로, 어떤 자는 거적때기에 덮인 채. 살아남은 자들의 눈빛은 계절을 닮아 서늘해졌다. 히라누마는 연갈색으로 물든 미루나무에 기대어 버릇처럼 휘파람을 불고 있었다.

"윤동주!"

스기야마는 낯설고 투박한 세 음절의 이름을 불렀다. 빼앗기고, 훼손되고, 먼지 앉은 이름, 이제는 존재하지 않는 이름이었다. 휘파람 소리가 뚝 그쳤다. '예'라는 대답이 생선 가시처럼 걸려 동주는 목구멍이 따끔거렸다. 한참 후에야 그는 각혈하듯 대답을 뱉었다.

"예!"

그 목소리는 히라누마 도주가 아닌 윤동주의 것이었다. 몽둥이를 든 사내가 눈두덩에 멍이 든 청년을 바라보며 물었다.

"자넨 휘파람을 그 노래밖에 못 부르나?"

스기야마는 두 눈을 멀뚱하게 뜨고 자신을 바라보는 동주에게 핀잔을 이어갔다.

"맨날 그 노래만 죽자고 불어대니 곡조는 외웠는데 제목조차 모르겠으니 말이야."

동주는 씁쓸하게 웃으며 그것이 미국에 잡혀 온 흑인 노예가 고향을 그리며 부르는 '내 고향으로 날 보내주'라는 영가라고 말했다. 그의 웃음은 스물여섯 젊은이에게 어울리지 않는 웃음이었다. 세상이 친절하지 않으며 세월이 다정하지 않음을 알아버린 노인의 웃음. 청년은 화제를 돌리려는 듯 혼잣말처럼 중얼거렸다.

"바람은 어디에서 불어와서 어디로 불어 가는지……"

알아들을 듯 말 듯 한 중얼거림이 압수물 상자의 시집에 실린 시의 첫 구절이라는 것을 스기야마는 깨달았다. 스기야마는 자신도 모르게 이어지는 시구를 읊었다.

바람이 불어

바람이 어디로부터 불어와
어디로 불려 가는 것일까

바람이 부는데

내 괴로움에는 이유가 없다

내 괴로움에는 이유가 없을까

단 한 여자를 사랑한 일도 없다
시대를 슬퍼한 일도 없다

바람이 자꾸 부는데
내 발이 반석 위에 섰다

강물이 자꾸 흐르는데
내 발이 언덕 위에 섰다

 스기야마는 자신의 입술에 바람과 강물의 냄새가 밴 것 같은 평온함을 느꼈다. 그럼에도 담담한 감정의 흐름에 도사린 의심스러운 단어들과 불온한 분위기에 혼란스러웠다. 정확한 암시를 알아차릴 순 없었지만 그 시에서는 어딘지 모를 음모의 냄새가 풍겼다. 스기야마는 시를 읊은 자신을 속으로 책망하며 소리쳤다.
 "바람이 어디에서 불어와 어디로 부는지는 과학자에게 물어야지. 시인 나부랭이가 그걸 어찌 알아?"
 반박할 수 없는 사실 앞에 동주는 고개를 떨궜다. 시는 우주의 기원과 존재의 양상, 삶과 죽음, 자연의 본질을 증명할 수 없었다. 과학자들은 시인이 온몸의 기름을 짜듯 쓴 시를 몇 줄의 공식으로 정리해버렸다. 동주는 마른 입술로 건조한 목소리를 내보냈다.

"알지는 못해도 느낄 순 있어요. 살결을 스치는 바람의 감촉과 바람에 스며 있는 계절의 냄새……."

"그런 것들을 느껴서 무엇을 하겠다고?"

동주는 회의를 담은 물음표에 이어질 말들을 생각했다.

'세계는 화염에 휩싸였고 청년들은 병정개미처럼 죽어가는데…….'

그렇다. 시는 총알을 막지 못하고 문장은 전투를 중단시키지 못한다. 어쩌면 시란 할 수 있는 것이 없는지도 모른다. 그런데 공허한 시 한 편이 이 광기의 시대에 무슨 소용인가? 동주는 자신의 질문에 답하지 못했지만 믿고 싶었다. 전쟁의 광기가 언어를 압살해도 그 야만성을 증거할 수단은 결국 언어밖에 없다는 것을. 가장 순결한 언어만이 가장 참혹한 시대를 증언할 수 있다는 것을.

동주는 담장 너머를 바라보았다. 높고, 견고한 담장은 공간적으로, 시각적으로, 정서적으로도 형무소를 바깥세상과 완전히 차단시켰다. 먼 항구 쪽 하늘 위로 색색의 연들이 날아올랐다. 연들은 물살을 거슬러 헤엄치는 숭어 떼처럼 힘차게 빛났다. 그때 담장 너머 가까운 곳에서 푸른 연 하나가 불쑥 솟아올랐다. 그 연은 먼 항구의 연들을 거느린 상어처럼 크고 맹렬하게 움직였다. 동주는 두 손으로 눈앞에 그늘을 만들어 연의 움직임을 주시했다. 그 눈빛은 견고한 형무소의 담장을 뚫으려는 듯 맹렬했다. 스기야마가 핀잔을 주었다.

"뭘 그리 골똘히 쳐다보나? 그냥 아이들의 연놀이일 뿐이야."

"보이는 건 작지만 보이지 않는 많은 것들을 말해주죠. 연을 보면 연을 날리는 사람을 알 수 있어요. 성격이 어떤지, 나이는 몇 살인지도 알 수 있죠."

청년은 펄럭이는 연의 움직임을 주시하며 담장 너머에서 연을 날리는 사람에 대해 말했다.

"열서너 살 정도의 여자아이예요. 연을 이동시킬 때 들판을 달리는 속도를 보면 어른의 보폭은 아니에요. 그렇다고 아주 어린아이도 아니죠. 날아오르는 연의 섬세한 움직임을 보면 남자아이는 아니에요. 겁 없고 호기심과 승부욕이 강하지만 외로움을 타는 성격이에요."

"어떻게 그걸 알지?"

"다른 연들은 여기서 보일 듯 말 듯 먼 해안가에서 날아올라요. 해풍이 불어 연을 높이 띄울 수 있기 때문에 모두 그쪽으로 몰려가죠. 저 푸른 연도 일주일 전엔 거기에 있었어요. 그런데 어느 날부터인가 다른 연들에서 떨어져 나왔어요. 일주일을 지켜보는 동안 매일 조금씩 이쪽으로 다가왔어요. 다른 아이들이 오지 않는 형무소 근처에서 혼자 연을 날리는 걸 보면 항구 쪽 아이들과 어울리지 못하는 성격이지만 연을 날리는 솜씨만은 보통이 아니에요."

"그럴듯하군. 연의 움직임으로 연 날리는 사람을 읽는다?"

스기야마는 코웃음을 쳤다. 동주가 눈을 반짝이며 말했다.

"보이지 않아도 볼 수 있는 것은 많아요."

"헛소리! 차라리 유령을 보여준다면 믿지. 이 언덕에 죽은 사형수들의 유령이 헤매고 다닌다는 소문이 있고, 그걸 직접 본 간수들도 있다니까 말이야."

청년은 빙그레 웃었다. 스기야마는 속는 기분이었지만 이 청년에게라면 싫지 않았다. 한 번 더 속는다고 나빠질 것도 없었다.

다음 날 오후, 요란한 사이렌 소리가 노역장 안에 퍼졌다. 성큼성큼 뜰을 가로지르던 스기야마는 발걸음을 멈추었다. 순식간에 시간이 멈춘 것 같았다. 욕설과 싸움질로 소란하던 뜰은 자신의 심장 소리가 들릴 정도로 적막했다. 죄수들은 한없이 평화로운 표정이었다. 그들의 눈은 일제히 허공의 한 점에 꽂혀 있었다.

오후의 햇살 사이로 무언가가 꼬물대고 있었다. 붉은 연 하나가 꼬리를 흔들며 솟구쳐 오르고 있었다. "와!" 함성이 터졌다. 죄수들은 민활하게 움직이는 마름모꼴의 몸체와 긴 꼬리에서 눈을 떼지 못했다. 스기야마는 반사적으로 미루나무 언덕 위로 눈을 돌렸다. 언덕 위에서 누군가가 부지런히 얼레를 움직이고 있었다. 소스라치게 놀란 그는 감시초소를 올려다보았다. 담장과 평행하게 거치되어 있어야 할 기관총의 총구가 언덕 쪽으로 스르르 움직이기 시작했다.

"개새끼!"

스기야마는 정신없이 뜰을 가로질러 달리기 시작했다. 심장의 피가 끓고 숨이 턱에 찼다. 언덕 위에 다다르자 세찬 바람이 불어왔다. 동주는 연에 눈을 고정한 채 바쁘게 연줄을 놀렸다. 그 얼굴에는 평화가 깃들어 있었다. 번쩍 쳐든 스기야마의 몽둥이가 청년의 어깻죽지로 달려들었다. 몽둥이가 뼈에 부딪치는 선명한 소리와 함께 청년의 몸은 달려드는 망치에 빗맞은 대못처럼 구부러졌다.

"죽으려고 환장했어? 어디서 날아오는지도 모르는 총알에 벌집이 되고 싶냐고?"

거친 욕과 몽둥이질에 청년은 자신의 몸이 찢어지고 부러지는 소리를 들었다. 팽팽하게 바람을 받은 연이 그의 손에서 얼레를 낚아챘다. 얼레는 마른땅 위에 뒹굴었다. 연은 맥없이 꼬리를 흔들며 가라앉았다. 청년은 구토하듯 신음과 목소리를 뱉어냈다.

"바람을 보았죠? 연을 띄워 올리고 연 꼬리를 흔드는 바람 말이에요."

청년의 이마에서 붉은 피가 흘렀다. 몽둥이를 쥔 스기야마의 손에서 힘이 빠졌다. 스기야마는 부정하고 싶었지만 그럴 수 없었다. 그는 분명 바람을 보았으니까. 숲의 향기와 묘지의 스산함과 미루나무 가지의 떨림을 싣고 골짜기에서 불어온 바람이 하늘 높이 연을 띄워 올렸으니까.

그는 무릎을 짚고 몸을 구부리며 감시초소를 살폈다. 죄수가 제압된 것을 확인한 총구는 아무 일 없던 것처럼 원위치로 돌아갔다. 그제야 스기야마는 긴 한숨을 쉬며 벌렁 드러누웠다. 푸른 하늘이 눈 안으로 쏟아져 들어왔지만 연은 보이지 않았다.

스기야마는 땅에 떨어져 망가진 연을 물끄러미 바라보았다. 종이 대신 속옷 등판을 찢어 만든 연이었다. 꼬리는 자투리 천을 이어 붙였고 대나무 대신 미루나무 가지를 살대로 쓴 듯했다. 연줄은 죄수복 솔기를 풀어 꼬아 만든 것 같았다. 스기야마는 그의 죄수복 자락을 젖혔다. 속옷은 입지 않았고 죄수복 소매와 발목 길이는 한 뼘이나 짧았다. 배를 채울 주먹밥으로 찢은 옷을 이어 붙였다는 것을 알 수 있었다. 스기야마는 간신히 소리쳤다.

"그 빌어먹을 바람 때문에 네놈은 벌집이 될 뻔했단 말이야."

"고마워요."

동주의 찢긴 입술 사이로 일그러진 말들이 새어나왔다.

"웃기지 마. 난 후쿠오카형무소 간수이고 문제 죄수를 몽둥이로 제압했을 뿐이니까."

스기야마는 두부를 자르듯 말했지만 몽둥이질은 징벌이 아니었다. 스기야마에겐 고가 초소의 기관총에서 쏟아질 총알을 막으려는 생각밖에 없었다. 그렇지 않았다면 그는 숨이 차도록 언덕 위로 달려오지 않았을 것이다. 동주를 미루나무 뒤로 밀어붙이지도, 사정없이 몽둥이를 휘둘러 몸을 웅크리게 하지도 않았을 것이다. 고가 초소를 등지고 등으로 총구를 가로막지도 않았을 것이다.

검열실로 돌아온 스기야마는 동주의 진료 의뢰서를 작성했다. 조선인 죄수에게 진료 의뢰서가 발부되는 것은 이례적인 일이었다.

소장은 둥근 안경을 고쳐 쓰고 유리창 밖을 지켜보고 있었다. 스기야마가 소장실로 들어서자 먼저 와 있던 간수장은 경례도 받지 않고 벌떡 일어섰다.

"스기야마! 자네 도대체 뭐 하는 작자야! 죄수가 그따위 미친 짓을 할 동안 뭘 했어!"

간수장의 목에서 가래와 짜증 섞인 목소리가 함께 끓었다. 스기야마는 대답 대신 낡고 해진 자신의 군화 코끝을 내려다보았다. 글쎄, 뭘 했던가? 짧은 영상이 획획 눈앞을 스쳤다. 아득한 사이렌 소리, 푸른 하늘 한곳을 응시하던 사내들, 떠오르는 붉은 연, 언덕 위에서 연줄을 감던 청년, 청년을 향하던 총구, 몽둥이질과 피……. 그는 그중 어느 한 장면도 현실로 믿을 수 없었다.

"금일 오후 4시경 645번 죄수 히라누마 도주가 규율을 어긴 사건입니다. 형무소 구내에서 연을 띄우고 조종한 행위가 10여 분간 계속되었습니다. 다행히 죄수들은 큰 동요가 없었으며 본 간수의 제압으로 종료되었습니다."

간수장의 눈초리에 날카로운 쌍심지가 섰다.

"모든 조선 놈들이 보는 가운데 규율을 어겼는데 다행이라고?"

"수칙을 어겼지만 허락한 바 있습니다. 히라누마 도주는 사전에 자체 제작한 연을 날릴 수 있도록 요청해왔습니다."

"무슨 생각으로 미친 짓을 허락한 거지? 미친놈들 사이에 있더니 자네도 미쳐버렸나?"

간수장이 소리쳤다. 스기야마는 침을 꿀꺽 삼켰다. 듣고 있던 소장이 느긋하게 말했다.

"덕분에 재미있는 구경을 했군."

소장의 신임을 확신한 간수장은 표정이 풀어졌다. 그는 이 형무소에서 살아남는 법을 알고 있었으며, 자신의 분수와 위치를 정확히 알고 그에 맞게 처신했다. 세상은 전쟁으로 시끄럽고 인생은 어디서 날아왔는지도 모를 폭탄 한 방에 끝장날 수도 있지만 적어도 이 담장 안의 삶은 그런대로 영위되고 있다.

 소동이 그 정도로 끝난 건 천만다행이었다. 총소리라도 났다면 일이 커졌을 것이다. 형무소 일이 담장을 넘으면 안 된다는 건 소장의 첫 번째 방침이니까. 스기야마는 간수장의 눈치를 살피며 입을 열었다.

"문제가 있긴 했지만 연날리기가 죄수들을 통제하는 방편이 될 수 있다고 생각했습니다. 야외 활동 시간은 감시 범위가 넓은 데다 죄수들끼리의 신체 접촉이나 싸움도 잦습니다. 놈들의 관심을 한곳에 집중시키면 감시와 통제가 용이할 거라고 생각했습니다. 오늘 연이 떠 있는 동안엔 죄수들 사이에 싸움이나 폭력 행위가 없었습니다. 모두 연에 정신이 팔려 있었으니까요."

 소장의 송충이 같은 눈썹이 꿈틀거렸다. 그의 생각에 형무소는 그 자체로 거대한 고문 기구였다. 배고픔과 불안, 춥지 않으면 더운 날씨는 죄수들을 걸어 다니는 폭탄으로 만들었다. 잔뜩 신경이 곤두선 사내들은 스치기만 해도 주먹을 휘두르고, 패거리를 지어 다니며 폭력을 일삼았다. 고문도, 독방 격리도 해결책이 되지 못했다. 그런데 생각지도 않았던 유희가 놈들을 고분고분하게 만들었다. 잘만 활용하면 이번 소동은 골칫거리 죄수들을 다루는 고깃덩이가 될 수 있었다. 그렇게 생각한 소장은 은밀한 웃음을 지었다.

"그래서 말인데…… 연날리기를 난폭한 죄수들을 다룰 미끼로 쓰는 건 어때? 야외 활동 시간에 연을 날리게 하면 놈들을 효율적으로 통제할 수 있지 않겠나."

 간수장이 고개를 갸웃거리며 대꾸했다.

"하지만 그들은 잠시라도 눈을 떼면 난폭해지는 짐승들입니다. 연이 형무소 담장 밖으로 날아오르면 놈들을 자극하게 되지 않을까요?"

"연이 아무리 높이 날아도 죄수는 형무소 구내에 있으니 문제 될 건 없어. 문제가 된다면 연줄을 끊어버리면 그만이니까."

 간수장의 눈이 반짝였다.

"알겠습니다. 매주 화요일 야외 활동 시간에 연을 날리도록 하겠습니다!"

"연싸움을 시켜도 좋을 거야. 사람 사는 곳엔 어디에나 싸움이 있고 형무소라고 예외는 아냐. 연싸움으로 폭력 욕구를 해소한다면 사고도 줄어들 거야. 하지만 그럴수록 경계는 더욱 엄중히 해야겠지."

소장은 혀로 얇은 입술을 핥았다. 스기야마는 목덜미에 찬물을 뒤집어쓴 것 같았다.

스기야마는 게으른 걸음을 옮기며 미루나무에 기대앉은 청년을 훔쳐보았다. 이런 곳에는 어울리지 않는 사람, 시를 쓰지 않았다면 이곳까지 오지 않았을 사람이었다. 스기야마는 목구멍에 걸린 가시처럼 뾰족한 질문을 던졌다.

"도대체 시가 뭔데 너처럼 순해터진 놈이 이런 형무소까지 왔지?"

못 들은 척 하늘을 바라보던 동주는 한참 후에야 입을 열었다.

"말씀 언(言) 변에 절 사(寺). 시(詩)는 말의 사원이지요."

스기야마는 찝찔한 입맛을 다셨다. 사원이라면 적어도 정결하고 신성한 영혼이 머무는 성소가 아닌가. 그곳은 죄지은 자들이 용서를 구하고, 지친 자들이 위로를 받고, 영원을 갈구하는 자들이 기도하고, 천국을 갈망하는 자들이 소원을 비는 곳이다. 그렇다면 시는 말 중에 가장 깨끗한 말들의 집이란 건가? 영혼을 위로하고 영원을 꿈꾸는 말들의 집? 문학 한다는 자들은 그런 걸 낭만이라고 하겠지. 낭만 좋아하고 자빠졌네. 지금 세상에 낭만 같은 게 살아 있다고 생각하다니. 스기야마는 경멸과 가래를 함께 뱉었다.

동주는 스기야마의 냉대에 아랑곳 않았다. 그는 시가 영혼을 비추는 우물이며 시인은 그 속으로 두레박을 던져 진실을 길어 올리는 자라고 말했다. 그리고 우리의 영혼은 시로부터 위로받고, 시로부터 배우며, 시를 통해 구원받을 수 있다고 덧붙였다.

스기야마는 동주가 하는 말을 알아들을 수 없었고 알고 싶지도 않았다. 다만 교활한 글쟁이에게 빠져들어서는 안된다는 생각에 바짝 긴장한 채 목소리를 높였다.

"절에 신이 있는지는 확실치 않지만 적어도 그곳에서는 값싼 위로라도 받을 수 있어. 하지만 시 따위가 무엇을 할 수 있지? 자기를 위로하고, 자기를 지킬 수 있는 건 자신뿐이야. 번지르르한 말로 빤한 속셈을 숨긴 시 나부랭이가 아니라고. 겨우 까막눈을 면한 나이지만 너 같은 글쟁이의 헛소리는 구별할 줄 알아."

"겨우 까막눈을 면했을 뿐이지만 당신은 숙련된 문장가예요. 비유와 상징, 언어의 이중적 구조와 함축미를 이해하고 있으니까요. 심지어 당신의 욕조차 시의 상징을 담고 있었어요. 모욕적인 욕을 하면서도 상징과 은유를 자유자재로 구사했으니까요."

"상징과 은유? 똥물에 파도치는 소리 그만해! 교묘한 말장난으로 둘러대도 뻥은 뻥이야. 진실을 말하는 사기도 결국 사기지. 평화를 위한 전쟁, 사랑하기 때문에 헤어진다는 헛소리와 다를 게 없어."

스기야마는 흥분한 소처럼 푸푸 숨을 헐떡거렸다. 청년은 희미한 미소를 지었다. 약간의 피로감이 서려 있는 웃음이었다.

"상징과 은유는 문장에 생명을 불어넣는 장치예요. 늘 보는 흔한 사물을 다른 방식으로 보이게 하거든요. '똥물에 파도치는 소리'라는 욕에는 '쓸모없는 말'이라는 뜻이 숨어 있죠."

"욕이 시가 된다고?"

"그 욕이 진실을 담고 있다면요. 논리적으로 틀리고 거짓말 같은 말이 때론 진실이 될 수 있어요. 그러면 아름다운 전쟁이란 말도, 달콤한 이별이란 말도 가능하겠죠."

시인의 눈은 깊은 우물처럼 검고 깊고 축축했다. 간수는 그 눈에서 한 번도 본 적 없는 자신을 들여다본 것 같았다.

"아름다운 전쟁? 너 같은 샌님은 전쟁을 몰라. 전쟁터에서 사람이 어떻게 망가지고, 어떻게 죽는지. 피가 고인 웅덩이에서 파리 떼에 묻혀 자본 적 있나? 적에게 잡혀 꿈인지 현실인지도 모른 채 동료들의 은신처를 불어버린 적은? 그렇게 더러운 게 전쟁이야."

스기야마의 목소리는 바삭바삭 부스러졌다. 그는 자신의 영혼이 망가졌다는 것을 알고 있었다. 하지만 말라비틀어진 영혼의 조각이 하나라도 남아 있다면 그는 위로받고 싶었다. 동주는 자신의 말이 그를 위로할 수 없다는 것을 알았지만 입을 열었다.

"난 전쟁을 모르지만 전쟁을 싫어하는 건 당신과 같아요."

건방진 소리! 스기야마는 결코 전쟁을 싫어하지 않았다. 전쟁을 조금이라도 알게 된다면 절대 싫어할 수 없을 것이다. 그것을 증오할 수밖에 없을 테니까. 스기야마는 물었다.

"까막눈이 지껄이는 욕이 시가 된다면 나 같은 인간도 시를 쓸 수 있나?"

하얗고 반짝이는 빛의 덩어리 같은 구름이 미루나무를 에워쌌다. 미루나무는 솜이불 위로 쓰러지듯 구름이 다가오는 쪽으로 기울어졌다.

"당신은 시를 쓸 수 있을 뿐 아니라 이미 시를 써왔어요."

"시인이 아닌데 어떻게 시를 쓸 수 있고 써왔다는 거지?"

"시인이 시를 쓰는 게 아니라 시를 쓰는 사람이 시인이니까요."

미루나무 위에서 새들이 날아올랐다. 스기야마는 고개를 숙여 닳은 군화 코를 내려다보았다. 전쟁터의 피 웅덩이와 형무소의 먼지 구덩이를 헤매며 누군가를 걷어차고 짓밟던 신발은 볼품없이 쭈그러진 자신의 인생처럼 낡고 긁히고 망가져 있었다. 스기야마는 범죄를 자백하는 죄수처럼 중얼거렸다.

"난 너처럼 깨끗한 인간이 못 돼."

말을 멈춘 그의 입술은 녹슨 자물쇠처럼 침묵했다. 몸속에 갇힌 말들이 그의 얼굴을 쥐어뜯었다. 그는 깨끗한 인간이 아닐 뿐더러 인간이 아니었다. 자신과 상관없는 무고한 사람들을 망가뜨린 야수에 지나지 않았다.

청년은 시가 곧 삶이라고 말했다.

"당신은 당신이 살아온 방식대로 시를 써왔어요. 잉크로 종이 위에 쓰는 대신 온몸으로 거리에다 시를 썼죠."

스기야마는 젊은 글쟁이의 말이 거짓말이 아니기를, 자신의 욕이 시가 될 수 있기를 원했다. 아름다운 것을 아름답다고 말하고, 더러운 것에 욕을 뱉는 것이 진실이라면 그는 이미 시인일지도 몰랐다. 적어도 그의 욕은 분노라는 진실을 담고 있으니까. 스기야마는 글을 배운 것이 후회스러웠다. 그의 시를 읽어버렸기 때문에. 하지만…… 글을 배운 게 다행일지도 몰랐다. 그의 시를 읽을 수 있었기 때문에.

그는 더 이상 냉혹한 간수도 엄격한 검열관도 아니었다. 시인이 되고 싶어 안달이 난 소년처럼 들떠 있을 뿐이었다.

가을이 깊어갔다. 죄수복 사이로 서늘한 바람이 파고들었다. 잿빛 뜰에는 낙엽이 바스락거리며 굴러다녔고 마른 가지가 부딪치며 소리를 냈다. 가끔씩 마른 먼지가 허연 입김처럼 피어오르기도 했다.

스기야마의 일은 점점 늘어났다. 동주가 만든 연보다 크고 튼튼하고 더 높이 날 수 있는 연을 만들어야 했다. 그는 작은 이면지들, 주먹밥을 풀어 끓인 풀, 대나무 살대와 연줄로 쓸 무명실을 준비했다. 만든 연은 화요일이 될 때까지 검열실에 보관했다. 화요일 오후 야외 활동 시간이 되면 스기야마는 보관했던 연을 동주에게 건넸다.

죄수들은 뜰로 모여들어 반짝이며 풀려나가는 연실을 바라보았다. 담장 위로 날아오른 연은 하얀 깃발처럼 나부꼈다. 꼬리를 흔들며 떠오르는 연에 눈과 마음을 빼앗긴 사내들은 누구랄 것 없이 지금과 달랐던 시절을 생각했다. 높은 담장과 굵은 철창이 시야를 가로막지 않았던 시절을. 마음껏 뛰놀던 들판과 논두렁, 연실로 전해지던 팽팽한 바람을.

날아오르다가 비틀대고 치솟다가 꼬꾸라지며 어지럽게 맴도는 연의 움직임 하나하나는 그들이 잃어버린 희망이었다. 그들은 날아오르지 못했지만 그들의 희망은 날아올랐고, 그들은 갇혀 있었지만 그들의 꿈은 담을 넘었다. 그들이 탄성을 지르고 웃으며 바라보는 것은 연이 아니라 그들 자신이었다.

동주는 변덕스러운 아이처럼 순간순간 방향과 속도를 바꾸는 바람을 손끝으로 읽으며 눈으로는 부지런히 연의 움직임을 쫓았다. 한순간 돌풍에 말린 연이 기우뚱대는 것과 동시에 죄수들의 입술 사이로 탄성이 터져 나왔다. 그것은 탄성이라기보다는 신음처럼 들렸다.

동주가 숙련된 솜씨로 얼레의 실을 풀고 감자 연은 곧 균형을 되찾았다. 잽싼 손놀림 때문에 공중에서 두어 바퀴 맴도는 묘기를 부린 것처럼 보였다.

마침내 동주가 손잡이를 놓자 팽이처럼 빠르게 회전하는 얼레에서 실이 풀려나갔다. 팽팽하던 연이 꼬리를 흐느적대며 떨어졌다. 사내들의 입에서 일제히 신음이 터졌다. 당황한 스기야마는 풀려나가는 실을 손으로 감아쥐었다.

"무슨 짓이야?"

연실이 손바닥을 파고들며 손바닥에서 끈적한 피가 배어 나왔다. 흔들리며 떨어지던 연은 바람을 받아 더 높이 솟아올랐다. 동주는 분주한 손길로 얼레를 움직이며 더 높이 올라가려면 연줄을 풀어야 한다고, 풀려나간 줄이 길수록 다시 바람을 타고 더 높이 날 수 있다고 설명했다.

그때 담장 너머에서 무언가가 불쑥 올라왔다. 푸른 몸체와 하늘색 꼬리를 가진 큰 연은 놀랄 틈도 없이 묵직한 꼬리로 바람을 차고 솟구쳤다. 사내들은 일제히 푸른 연으로 눈길을 돌리며 고함을 질렀다. 푸른 연은 먹이를 노리는 상어처럼 흰 연에게 달려들었다. 스기야마가 중얼거렸다.

"싸움을 거는 거야. 죄수들이 흥분하고 있어."

동주는 대답 대신 서둘러 연실을 감았다. 푸른 연은 중심을 잃고 흔들리는 동주의 연에 실을 걸었다. 얼레에 묵직한 무게가 얹혔다. 푸른 연은 고도와 방향을 바꾸며 집요하게 연실을 얽었다. 사내들은 숨을 죽인 채 푸른 연의 공격을 피하는 동주의 흰 연을 지켜보았다. 그들은 동주를 원망해야 할지 응원해야 할지 모르는 것 같았다.

마침내 동주의 연이 얽힌 연실을 빠져나오자 환호가 터졌다. 동주는 서둘러 연실을 감았다. 고도를 낮춘 연이 담장 안으로 돌아오자 사내들은 탄식했다. 그것은 상처 입은 짐승의 신음처럼 고통스러웠다.

요란한 사이렌이 울렸다. 사내들은 노역장으로, 감방으로 흩어졌다. 뜰은 다시 적막으로 가라앉았다. 스기야마가 물었다.

"왜 싸움을 피했지?"

동주는 대답 대신 연실을 감았다. 스기야마는 스스로 답을 떠올렸다. 그는 동료들을 좌절시키기보다는 자신이 비겁해지는 것이 낫다고 생각했을 것이다. 담 너머 띄워 보낸 자유가 난폭한 푸른 연에게 떨어지기보다는 담장 안으로 피하는 편이 낫다고 판단했던 것이다. 비겁함은 동주가 할 수 있는 최선의 선택이었다. 적어도 절망하는 것보다는 나을 테니까.

가자 가자
　　쫓기우는 사람처럼 가자

간수장은 들고 있던 종이를 홱 구겨 바닥에 패대기쳤다.
"검열관이란 자가 뭘 하길래 이런 불온한 종잇장이 돌아다니나!"
스기야마는 귀퉁이가 뜯겨나가고 때 묻은 종이 뭉치를 주워 들었다.
"종이가 아니라 거기 쓰인 글자를 보란 말이야. 미련한 작자야!"
구겨진 종이를 펼치는 스기야마의 두 눈이 커졌다. 깨알같이 작은 글씨들은 일본어가 아닌 조선어였다. 당혹스러운 그의 얼굴은 금방이라도 쩍쩍 금이 갈 것만 같았다.
"내용을 해독할 수는 없으나……."
간수장의 목소리가 칼날처럼 그의 말을 잘랐다.
"내용은 몰라도 돼. 금지된 조선어로 쓰인 것만으로도 불온 문서니까!"
난로에서 타닥타닥 석탄이 튀는 소리가 말소리를 삼켰다. 간수장은 어린아이처럼 보챘다.
"죄수들이 돌려가며 보는 걸 적발했어. 자넨 검열관이니 이 빌어먹을 문서를 작성한 놈을 알고 있겠지?"

 스기야마의 등줄기에 땀이 배었다. 일본어든 조선어든 글씨가 그 사람의 심성을 드러낸다면 이렇게 반듯한 글씨를 쓸 수 있는 자는 형무소 안에 유일했다. 스기야마는 침과 함께 그의 이름을 꿀꺽 삼켰다.

 "최대한 빨리 어떤 놈의 짓인지 찾아내겠습니다!"

 "그럴 필요 없어! 어떤 놈 짓인지 이미 알고 있으니까."

 간수장은 압수 저작물 대장을 펼치며 스기야마에게 다가더니 잠수부처럼 깊이 숨을 들이마신 후 말했다.

 "그런 짓을 할 놈이 히라누마 도주 말고 또 어디 있겠나! 놈의 압수 저작물 검열은 어떻게 됐지?"

 간수장의 눈빛이 스기야마의 관자놀이를 쥐어짰다. 스기야마는 다급하게 대답했다.

 "업무량이 밀려 아직 검열하지 못했습니다."

 간수장의 눈초리는 도끼처럼 날이 섰다.

 "자네가 늑장 부리는 동안 놈은 제 버릇을 고치지 못하고 못된 짓을 저질렀어. 당장 놈의 저작물 일체를 내게 보내! 이번 건은 내가 직접 검열하겠어. 자넨 놈을 족치기만 하라고!"

 스기야마는 딱딱한 거수경례를 남기고 돌아섰다.

 죄수복 윗도리를 벗은 동주는 심문용 의자에 묶여 있었다. 몽둥이로 빗장뼈를 후려치자 동주의 얼굴이 구겨졌다. 그의 내부에서 무언가가 뚝 부러지는 소리가 들리는 것 같았다. 불빛에 드러난 야윈 어깨, 속이 들여다보일 것처럼 창백한 피부, 마디마디 불룩불룩 튀어나온 뼈.

 스기야마는 자신이 어리석었다고 생각했다. 어쩌면 게을렀는지도 모른다. 놈의 불온함과 그것이 가져올 재앙을 뻔히 알면서도 놈의 세 치 혀에 놀아나 위험을 방치했던 것이다. 그건 어리석음도 게으름도 아닌 무책임한 범죄였다. 처음부터 압수물과 시 따위는 태워버리고 놈을 반병신으로 만들었어야 했다.

"네놈이 내 뒤통수에 똥칠을 했어. 말해! 저 빌어먹을 놈의 시가 무슨 내용이지?"

갈라지는 목소리가 동주의 얼굴을 짓이겼다. 동주의 터진 입술 사이로 뭉개진 자음과 모음의 부스러기들이 새 나왔다. 스기야마는 책상 위에 조서용지와 펜을 집어던졌다.

"일본어로 번역해 적어! 이 새끼야!"

종이와 펜을 본 동주의 얼굴에 환한 불이 켜지는 것 같았다. 부어오른 손가락으로 펜을 집어 든 그는 장난감을 얻은 아이처럼 해맑았다. 떨리는 펜이 구겨진 종이 위를 절뚝대며 밀고 나갔다. 펜 끝에서 문장이 강물처럼 흘러나왔다. 천진한 고백, 순결한 고뇌, 부끄러운 가책들. 스기야마는 순식간에 소년이 된 기분이었다. 마침내 동주는 툭 떨구듯 종이 위에 마침표를 찍었다.

스기야마는 대기하던 간수들에게 눈짓을 했다. 곧 고문이 시작되리란 것을 경험으로 아는 두 명의 간수는 유령처럼 문 밖으로 사라졌다. 스기야마는 조선어 시가 적힌 꼬질꼬질한 종잇조각과 몽당연필을 들어올렸다. 손때가 묻은 종이는 긴 띠처럼 잘라낸 여러 장의 종이를 풀로 거칠게 이어 붙였고, 몽당연필은 손에 제대로 잡히지도 않을 만큼 짧았다.

"이 빌어먹을 종이와 연필은 어디서 났지?"

그의 말은 유리 조각처럼 날카롭고 쟁강대는 소리를 냈다. 동주는 피딱지가 말라붙은 입술을 힘겹게 떼었다. 터진 입술 사이로 꼬깃꼬깃 구겨진 발음이 새 나왔다.

"죄수들의 편지를 대필하기 위해 지급받은 엽서의 아랫부분을 조금씩 잘라내어 밥풀로 이어 붙였어요. 연필도 반납하기 전에 뒷부분을 짧게 잘라

보관했고요."

"밥풀때기는 처먹으라고 주는 거지, 이딴 낙서를 하라고 주는 게 아니야, 이 새끼야!"

동주는 보일 듯 말 듯 한 미소를 지었다. 말라붙은 피딱지 때문에 그의 얼굴에 어울리지 않는 주름이 생겼다. 스기야마의 몽둥이가 허공에서 부들부들 떨었다.

"이 위험한 시를 써서 어떻게 하려던 거지?"

"이 시는 위험하지 않아요."

"위험하지 않다고? 이 시를 읽은 조선 놈들이 고향을 떠올리고 현실에 불만을 가질 건 불 보듯 뻔해. 죄수들에게 향수와 추억이라는 마약을 먹여 폭동이라도 일으키려던 참인가?"

"이 시가 사람의 감정을 혼란시킨다는 증거는 없어요."

"이 시가 사람의 감정을 극도로 증폭시킨다는 증거가 있어."

스기야마는 자신도 모르는 사이에 자신의 말의 덫에 걸려 있었다. 시가 자신의 냉혹한 마음을 움직였다는 말은 차마 할 수 없었다. 시는 아무 쓸모없는 것이라는 자신의 말을 다시 뒤집을 수 없었다. 망설이던 그는 무장해제를 당한 듯 방망이를 내던졌다.

"네놈의 시를 읽는 순간 현기증을 느꼈어. 그게 뭔지는 모르지만 멀미가 날 정도였지. 넌 그걸 노리고 쓴 게 분명해. 인간들은 제 재주 때문에 죽지. 물속에선 질식해 죽고, 땅 위에선 제 무게에 눌려 죽는 고래처럼. 원숭이가 나무에서 떨어져 죽고, 두더지가 흙더미에 깔려 죽는 것처럼 네놈은 빌어먹을 시 때문에 뒈질 거야."

동주의 눈이 자신을 죽일 것인지 묻고 있었다. 스기야마는 대답했다.

"하지만 난 널 죽이진 않을 거야. 살아 있는 채로 네 머릿속을 빨 거거든."

멍한 두 눈이 어떻게 그럴 수 있느냐고 물었다.

"난 널 독방에 집어넣을 거야. 15일 동안!"

동주는 오래된 가구처럼 낡고 색이 바랜 채 거기 놓여 있었다.

이틀 후, 스기야마는 소각장으로 오라는 간수장의 지시를 받았다. 먼저 도착해 기다리는 스기야마 앞에 나타난 간수장은 한결 여유 있는 표정이었다.

"다행히 놈을 신속히 잡아들인 덕에 불온 저작물이 전파되는 것을 막았어. 보름 동안 독방에 처박혀 있으면 시체가 되거나 머릿속이 텅 빌 거야."

스기야마는 꼿꼿이 허리를 세운 채 말했다.

"놈은 글쟁이입니다. 놈의 대가리엔 글이 문신처럼 새겨져 있죠. 글을 쓰기 위해서라도 놈은 살아 나올 겁니다."

간수장이 도금된 어금니를 반짝이며 웃었다. 그는 스기야마가 때로 막무가내이긴 하지만 여전히 믿을 만한 검열관이라고 생각했다.

"상관없어. 드러난 위험은 더 이상 위험하지 않으니까."

간수장은 종이 뭉치 하나를 스기야마에게 건넸다. 겉장에 붉고 굵은 글자가 찍혀 있었다. 소각. 스기야마는 원고 뭉치를 한 장 한 장 넘겼.

〈소년〉〈눈 오는 지도〉〈돌아와 보는 밤〉〈태초의 아침〉〈또 다른 고향〉〈별 헤는 밤〉……. 글자들은 종이 위에서 바들바들 떨었다. 간수장이 말했다.

"소동이 일어나긴 했지만 따지고 보면 자네 잘못은 아냐. 잘못을 따진다면 쥐새끼 같은 글쟁이의 죄지. 놈은 죄에 걸맞은 벌을 받고 있어. 자넨 마무리만 하면 돼. 문제투성이 시들을 소각해버리면 끝이라고."

스기야마는 자신의 가슴에서 철렁하는 소리를 들었다. 결국 태워야 하는가? 태우려면 진작 태울 수도 있었다. 하지만 골치 아픈 원고 뭉치를 보관한 건 자신의 손으로 불을 붙이기 싫었기 때문이다. 스기야마는 주섬주섬 원고 뭉치를 챙기며 말했다.

"빠른 시일 내에 검열을 마무리하고 선별해 소각하겠······"

"빠른 시일 내가 아니라 지금 당장, 선별해서가 아니라 몽땅 불살라!"

칼날 같은 간수장의 목소리가 말꼬리를 잘랐다.

"놈은 치안유지법 위반자야. 핏줄 속에 저항의 피톨이 흐르고 있다고. 이 시만 봐도 얼마나 위험한 놈인지 알 수 있어."

간수장은 스기야마의 손에서 원고 뭉치를 신경질적으로 낚아챘다. 그러더니 원고를 홱홱 넘겨 한 페이지를 펼쳐 내밀었다.

또 다른 고향

고향에 돌아온 날 밤에
내 백골이 따라와 한 방에 누웠다.

어둔 방은 우주로 통하고
하늘에선가 소리처럼 바람이 불어온다.

어둠 속에서 곱게 풍화작용하는
백골을 들여다보며
눈물짓는 것이 내가 우는 것이냐
백골이 우는 것이냐
아름다운 혼이 우는 것이냐

지조 높은 개는
밤을 새워 어둠을 짖는다.

어둠을 짖는 개는
나를 쫓는 것일 게다.

가자 가자
쫓기우는 사람처럼 가자.
백골 몰래
아름다운 또 다른 고향에 가자.

"봤나? 백골이니 고향이니, 그럴듯하게 포장했지만 제목부터 마지막 줄까지 노골적인 반일 구호야. '지조 높은 개'가 '어둠을 짖는다'는 게 무슨 말이겠나? '개'는 고집 센 조선 놈들이고, '어둠'은 식민지를 뜻하는 거야. '또 다른 고향'은 해방된 조선이지. 조선 해방을 위해 싸우자는 선동이야."

스기야마는 시구들을 하나하나 들여다보고 말했다.

"놈의 시를 너무 높게 평가하시는군요. 이 시는 놈이 경성 유학 중 고향 만주에 돌아갔던 1941년 9월에 쓴 것입니다. 어린 녀석의 장래에 대한 불안과 혼란스러운 자의식에 불과합니다. '백골'이니 '아름다운 혼'이니 하는 말은 자신을 향한 채찍질로 볼 수 있죠. 거창한 민족정신을 들먹일 만큼 뛰어나지도 깊지도 않은 감정적인 낙서입니다."

그는 손가락으로 단어들을 짚어가며 열심히 설명했지만 마음속의 해석은 달랐다. 그 시는 청년을 둘러싼 섬뜩한 식민지 현실을 보여주고 있었다. 가난한 식민지의 청년은 간절히 고향을 그리워했지만 고향조차도 숨을 곳은 되지 못했고, 기댈 곳 없는 영혼은 고향에서조차 쫓겨나야 했던 것이다. 청년에게 이 시대는 돌아갈 곳이 없는 시대, 그리움조차 허락되지 않는 시대였다. 간수장은 그사이에 원고를 넘겨 다른 페이지를 펼쳐 보였다.

"이건 어떤가? 완전히 노골적인 반일 불온시라고!"

슬픈 족속

흰 수건이 검은 머리를 두르고
흰 고무신이 거친 발에 걸리우다.

흰 저고리 치마가 슬픈 몸집을 가리고
흰 띠가 가는 허리를 질끈 동이다.

"'흰 수건' '흰 고무신' '흰 저고리 치마' '흰 띠'란 단어를 봐!"
스기야마는 초조한 표정으로 원고와 간수장의 표정을 번갈아 살폈다. 간수장이 말을 이었다.
"흰색이 조선 놈들이 좋아하는 색깔인 건 알고 있겠지? '검은 머리' '거친 발' '슬픈 몸집' '가는 허리'는 식민지 현실에 대한 상징이야. 흰 수건이 검은 머리를 두르고, 흰 고무신이 거친 발에 걸리고, 흰 옷이 슬픈 몸집을 가리고, 흰 띠가 가는 허리를 동여매는 건 조선 놈들이 일본을 물리칠 거라는 염원이자 은밀한 암시야."
간수장의 분석대로 넉 줄밖에 안 되는 짧은 시에는 노도와 같은 저항이 담겨 있었다. 눈앞의 전경을 무심하게 묘사한 것처럼 보였지만 짧은 문장을 반복해 조선을 상징하는 흰 이미지를 강조함으로써 가장 단순한 언어로 가장 격렬한 목소리를 낸 것이다. 스기야마는 침을 꿀꺽 삼켰다.
"말씀대로 그 시는 명백히 불온한 민족주의를 담고 있습니다. 놈이 조선인인 이상 불온할 수밖에 없겠죠. 하지만 그의 모든 시가 다 그렇지는 않습니다."

원고를 바쁘게 넘긴 스기야마는 한 편의 시를 읽었다. 나직한 자신의 목소리가 귓가에서 두런거렸다.

소년

여기저기서 단풍잎 같은 슬픈 가을이 뚝뚝 떨어진다. 단풍잎 떨어져 나온 자리마다 봄을 마련해 놓고 나뭇가지 위에 하늘이 펼쳐 있다. 가만히 하늘을 들여다보려면 눈썹에 파란 물감이 든다. 두 손으로 따뜻한 볼을 씻어 보면 손바닥에도 파란 물감이 묻어난다. 다시 손바닥을 들여다본다. 손금에는 맑은 강물이 흐르고, 맑은 강물이 흐르고, 강물 속에는 사랑처럼 슬픈 얼굴——아름다운 순이의 얼굴이 어린다. 소년은 황홀히 눈을 감아 본다. 그래도 맑은 강물은 흘러 사랑처럼 슬픈 얼굴——아름다운 순이의 얼굴은 어린다.

스기야마는 강물처럼 차가운 자신의 손바닥을 물끄러미 내려다보았다. 그 손으로 그는 사람들을 두들겨 팼고, 멱살을 잡았고, 몽둥이질을 했다. 그는 문득 자신의 손이 부끄러워졌다.

"이 시는 어디로 보아도 민족주의나 불온함의 흔적을 찾아볼 수 없습니다. 첫사랑에 달뜬 소년의 순수한 마음을 그렸을 뿐이죠."

간수장이 고까운 눈으로 비스듬히 흘겨보았다.

"히라누마는 용의주도한 놈이야. 체포될 때를 대비해 검열관을 혼란시킬 목적으로 일부러 연애시를 끼워두었겠지."

"그렇지 않습니다. 이 시에는 히라누마의 솔직한 마음이 깃들어 있습니다."

"사랑에 빠진 순진한 녀석 흉내로 본색을 감추는 거야. 순이란 여자도 가상 인물이 분명해!"

"순이란 여자는 상상의 인물이 아닙니다."

스기야마는 자신도 모르게 소리쳤다. 간수장은 두 눈에 쌍심지를 켜고 그를 노려보았다. 스기야마는 거친 손길로 원고를 넘겨 한 페이지를 펼쳤다.

눈 오는 지도

순이가 떠난다는 아침에 말 못할 마음으로 함박눈이 내려, 슬픈 것처럼 창 밖에 아득히 깔린 지도 위에 덮인다.

방 안을 돌아다보아야 아무도 없다. 벽과 천정이 하얗다. 방 안에까지 눈이 내리는 것일까. 정말 너는 잃어버린 역사처럼 홀홀히 가는 것이냐, 떠나기 전에 일러둘 말이 있던 것을 편지로 써서도 네가 가는 곳을 몰라 어느 거리, 어느 마을, 어느 지붕 밑, 너는 내 마음속에만 남아 있는 것이냐. 네 쪼그만 발자국을 눈이 자꼬 내려 덮여 따라갈 수도 없다. 눈이 녹으면 남은 발자국 자리마다 꽃이 피리니, 꽃 사이로 발자국을 찾아 나서면 일 년 열두 달 하냥 내 마음에는 눈이 내리리라.

"〈소년〉과 〈눈 오는 지도〉는 2년의 시차가 있는 연작시입니다. 〈소년〉이 사랑에 빠진 소년의 마음을 그린 시라면, 〈눈 오는 지도〉는 사랑을 잃은 청년의 상심에 대한 시입니다. 두 편의 시는 쓴 사람도 같고 '순이'라는 등장인물도 같습니다. 눈속임을 위해 대충 끼워 넣은 시라면 2년이 지난 후에도 이렇게 같은 어조로 같은 대상을 간절히 그리워할 수는 없을 것입니다."

절박함이 묻어나는 목소리에 간수장은 떨떠름한 표정을 지었다.

"어찌 되었건 시를 보는 자네 눈이 만만치 않은 건 알겠군."

"하루만 시간을 주시면 소각 대상을 엄중히 선별해 보고하겠습니다."

말이 끝나기도 전에 간수장이 손을 내저었다.

"됐어. 그럴 필요까진 없어. 지금 당장 모조리 태워!"

"하지만 두 편의 시가 불온성이 없는 서정시라는 데 동의하시지 않았습니까?"

"그게 문제야. 불온성이 없기 때문에 더 위험해. 전 국민이 허리띠를 졸라매고 미·영 침략자들과 맞서야 하는 총동원령하에서 한가한 사랑 타령이라니. 그런 퇴폐적인 시야말로 결사 항전의 각오를 무너뜨린다는 걸 모르나?"

"전쟁은 언젠가 끝날 것입니다. 동원령이 거두어지면 떠났던 사람들은 돌아오고, 살아남은 사람들은 다시 살아가야 할 것입니다. 동원령하에선 불온 시일지 모르지만 전쟁이 끝나면 지친 사람들을 달래줄 것입니다."

스기야마는 자신의 목소리가 높아지는 것을 깨닫지 못했다. 간수장이 버럭 소리쳤다.

"그건 자네가 걱정할 일이 아냐! 전쟁이 끝난다는 건 우리가 승전국이 된다는 뜻이야. 대일본제국 군대가 미·영 침략자 놈들을 지구 끝까지 쫓아가 박멸할 거라고."

스기야마는 입술을 달싹였다. 승전? 전쟁에 이긴다는 것이 가능할까? 전쟁과 싸워 이기는 인간은 없다. 죽음과 싸워 이기는 인간이 없는 것처럼. 전쟁이 끝나면 모두가 패자다. 승자조차도 자신이 얻은 승리 때문에 고통받고 파멸당한다. 그러니 이기는 자에게도 지는 자에게도 위로는 필요하다. 전쟁으로 상처 입는 것은 똑같으니까. 스기야마는 말했다.

"전쟁이 끝나고 나면 그의 시가 필요한 사람이 있을지도 모릅니다. 그러니 그의 모든 시를 태워 없애는 것은 제국에도 도움이 되지 않습니다."

"자네 감정을 흔들어놓은 걸 보면 보통 시가 아닌 건 분명해. 하지만 잘 썼기 때문에 더욱 위험한 재앙이야."

간수장의 태도는 담벼락처럼 견고했다. 말이 되어 입 밖으로 나오지 못한 생각이 스기야마의 몸 안에서 웅웅 울렸다. 스기야마는 머뭇대며 소각로 철문을 열었다. 끼익 소리를 내며 녹슨 철문이 열리고 매캐한 연기와 재의 냄새가 났다. 간수장은 원고 뭉치를 소각로 안으로 던져 넣었다. 바닥에 가라앉아 있던 재와 먼지가 피어올랐다. 간수장이 고개를 까닥여 재촉했다.

스기야마는 조심스레 한 장의 종이를 구겨 들고 간수복 주머니에서 라이터를 꺼냈다. 소각로의 원고 뭉치는 삼킬 듯이 덤벼드는 불꽃 앞에서 떨고 있는 것처럼 보였다. 그것은 한 청년의 잃어버린 꿈이었으며 눈물이었고 뼈아픈 참회였다. 스기야마는 자신의 손이 떨리는 것을 보았다.

"뭘 꾸물거리나! 놈은 의도적으로 자네에게 접근해 안심시킨 후 금지된 조선어 시를 써왔어. 자넨 놈에게 놀아난 거야. 하지만 과오를 추궁하지는 않겠네. 놈들은 늘 자네처럼 유능한 간수를 표적으로 삼으니까 말이야."

스기야마는 원고 맨 앞장을 뜯어냈다. 불꽃은 구겨진 종이의 가장자리를 훑으며 단정한 글씨와 금지된 구문을 순식간에 삼켰다. 한 자씩 한 자씩, 한 줄씩 한 줄씩, 한 장씩 한 장씩. 원고 뭉치는 우악스럽게 뜯겨 화염 속으로 날아들었다.

〈자화상〉〈돌아와 보는 밤〉〈사랑스러운 추억〉……

불꽃이 혀를 날름대며 순결한 글자에 달려들었다. 그의 노래는 불길에 스러졌다. 처음부터 세상에 존재한 적조차 없었던 것처럼. 사람들은 그런 시가 있기나 했는지 영원히 모를 것이다.

스기야마는 눈을 감았다. 자신이 하는 짓을 보고 싶지 않았다. 그는 다만 시간이 빨리 지나기를, 모든 시들이 흔적 없이 사라지기를 바랐다. 타버린 재를 쓸어 묻은 후 더러워진 손을 오래오래 씻고 싶었다. 손끝에 묻은 재의 자국과, 옷에 배인 탄내와, 불탄 시의 기억이 사라질 때까지. 하지만 모든 것이 씻겨 나간다 해도 죄의 흔적은 사라지지 않고, 가책은 그을음처럼 남아 있을 것이다.

죽어가는 시가 뿜어내는 마지막 불기운은 따뜻했다. 따뜻해서 더 고통스러웠다.

"좋아! 깨끗이 끝났어. 독방에서 죽을 고생을 하고 나오면 놈은 다시 시를 쓸 생각을 못할 거야. 그렇지 않나?"

그렇게 말하는 간수장의 얼굴에 불그림자가 번득였다.

"물론입니다."

스기야마는 그제야 자신의 목소리가 잠겨 있으며 자신의 눈이 젖어 있다는 것을 알았다. 그는 아마도 매운 연기 때문일 거라고, 슬픔 때문이 아닐 거라고 짐작했다.

시인을 삼킨 독방은 2주 후에 그를 반쯤 삭여 도로 뱉어냈다. 동주는 어기적대며 독방을 걸어 나왔다. 스기야마는 후들거리는 그의 다리를 보며 비틀대긴 해도 제 발로 걸어 나왔다는 사실에 안도했다. 하지만 동주의 영혼은 그곳을 나오지 못한 것 같았다. 그는 어딘가에 허물을 벗어두고 온 뱀처럼, 영혼을 다른 세상에 두고 온 것처럼 보였다.

동주는 더 이상 연을 날리지 않았고, 엽서를 쓰지도 않았으며, 시를 쓰지도 않았다. 자신이 하고 싶은, 바로 그것을 하지 않으려고 마음먹은 사람 같았다. 그는 허약했지만 과격해졌고, 우울해하면서도 신경질적으로 변했다. 아무에게나 시비를 걸었고 어설픈 주먹질을 했지만 거친 사내들을 당해내지는 못했다.

소동을 일으킬 때마다 그는 간수들에게 팔이 꺾인 채 심문실로 끌려갔다. 심문실 복도 밖으로 그의 신음이 흘러나왔다. 피투성이가 된 그는 절룩거리며 독방으로 갔다.

일주일이 지나면 그는 유령처럼 어기적거리며 걸어 나왔다. 멍한 눈길을 낚시처럼 허공에 던진 그는 시간 속에서 길을 잃은 것처럼 보였다. 매일 오후 형무소 담 밖에서 떠오르던 푸른 연도 언제부터인가 모습을 감추었다.

동주의 우울은 수용동 전체를 깊은 늪으로 빠뜨렸다. 죄수들은 그제야 유약해 보이기만 했던 그가 자신들에게 얼마나 큰 영향을 미치는 존재였는지 알게 되었다.

스기야마는 미소를 문신처럼 입가에 새긴 한때의 청년을, 연기가 되어 하늘로 사라져버린 그의 시를 기억했다. 더러운 전쟁이 세상을 송두리째 망가뜨려도 그의 시만은 살아남게 하고 싶었다. 단 한 사람이라도 이 전쟁에서 살아남는다면 그의 시를 읽고 위안받을 수 있기를 원했다. 그렇게만 된다면 종말을 향해 치닫는 이 세상에도 작은 희망을 걸 수 있을 것이다. 그러려면 재처럼 사그라진 청년에게 다시 시를 쓰도록 해야 했다.

스기야마는 밤마다 검열실 책상 위의 거친 이면지와 자신의 손을 물끄러미 내려다보았다. 굳은살 박인 손바닥, 비틀어진 손가락, 닳아 없어진 지문, 부러진 손톱……. 종이 위에는 닳은 펜 한 자루가 있었다. 무언가 쓰고 싶다는 갈망, 무언가를 쓰지 않으면 안 된다는 조급증이 그를 사로잡았다. 시인이 되고 싶지는 않았다. 단지 무언가를 쓰고 싶을 뿐이었다. 그것이 무엇이든, 내부에서 부글거리는 무언가를 종이 위에 엎질러버리고 싶었다.

그는 지금껏 오감을 통해 세상을 인식하고 이해해왔다. 피투성이 시체들, 폭음과 비명, 매캐한 화약 냄새와 비릿한 피 냄새, 파헤쳐진 흙과 먼지 냄새……. 하지만 이제 그의 눈은 더 이상 보지 않고, 그의 귀는 듣지 않고, 그의 코는 냄새 맡지 않았다. 그는 자신을 둘러싼 세상을 읽기 시작했다. 엽서에서 죄수들의 인간됨을 읽고, 신문 조각을 떠듬대며 전황을 읽었다.

세상은 이제 그에게 보고 듣고 냄새 맡는 것이 아니라 읽음으로써 존재했다. 그는 제6의 새로운 감각을 얻은 셈이었다. 그는 언젠가 청년이 했던 말을 떠올렸다.

'가장 중요한 건 첫 문장이에요. 첫 문장을 제대로 쓰면 마지막 문장까지 쓸 수 있어요.'

스기야마는 위험한 촉수를 가진 물건을 만지듯 조심스레 펜을 쥐었다. 펜촉은 검은 잉크를 듬뿍 머금었지만 앞으로 나아가지 못했고, 심지어 종이 위에 내려앉지도 못했다. 눈앞의 백지는 형무소의 뜰처럼 황량했다. 그는 자신이 무엇을 하고 있는지 자문했다. 시를 쓰겠다고? 사람을 팰 줄밖에 모르는 고문관에다 글을 불태우는 반까막눈 검열관이? 그는 스스로를 조소했지만 펜을 놓지는 못했다.

바람이 얇은 함석지붕을 스치고 지나가는 소리가 났다. 그의 가슴은 꽁초처럼 타들어갔다. 낱말들은 어둠 속에서 사금파리처럼 번득였다. 그는 벌레처럼 사전과 옥편 속으로 파고들어 모르는 명사와 형용사와 구두점들을 파먹었다. 그리고 반짝이는 말 조각들을 조심스레 잇고 붙이고 또 고쳤다. 그것이 무엇이 될지는 알 수 없었다. 시가 될 수 있기나 할지, 그저 아무렇게나 끼적인 낙서가 되고 말지.

열흘이 지나갔다. 어쩌면 아흐레였는지도 모르고 보름이었는지도 모른다. 그는 밤마다 어둠의 하얀 얼굴을 보았다. 파도 소리가 들려왔다. 잠 못 이룬 바다가 돌아눕는 소리. 그는 바다처럼 잠들지 못하고 밤새 뒤척였다. 새벽이 다가왔다. 멀리 하카타만에 정박한 군함에서 음울한 무적 소리가 들렸다. 스기야마는 무언가를 적은 종이를 접어 간수복 윗주머니에 넣었다.

동주는 끊어진 연처럼 언덕 위에 혼자 앉아 있었다. 스기야마는 정성 들여 만든 연과 얼레를 들고 그에게 다가섰다.

"윤동주! 언제까지 유령처럼 망가져 있을 거야! 그만하고 일어나! 몽둥이 찜질을 해야 일어날 거냐?"

무릎을 감싸 안은 동주의 영혼은 호두 껍데기처럼 단단한 육체 속에 숨어버린 것 같았다. 푸석한 짧은 머리, 하얗게 부르튼 입술. 어두운 눈에는 헤아릴 수 없는 감정들이 담겨 있었다. 좌절과 원망, 절망과 기대, 증오와 용서, 그중 무엇이 먼저인지 알 수 없었다. 스기야마는 누가 그의 영혼을 망가뜨렸는지 알았다. 조선어로 시를 썼다고 몽둥이질을 하고 독방에 처박은 간수, 마지막 시집마저 불태워버린 검열관. 그것은 다른 누구도 아닌 자신이었다.

스기야마는 몽둥이로 그의 몸 이곳저곳을 더듬어 무사함을 확인했다. 자신의 몽둥이에 찢긴 이마와 부어오른 눈두덩과 터진 입술에 눈길이 머물렀을 때 스기야마의 눈빛이 흔들렸다. 때로 말은 소리를 필요로 하지 않았다. 그럴 때 침묵이야말로 가장 진실한 대화였다. 그의 눈빛은 수십 마디의 미안하다는 말보다 절실했다.

"난 네가 살아서 독방을 나올 거라 확신했어. 멀쩡히 살아 나왔으니 이제 글을 써야지."

그 말은 명령이나 강요가 아니라 애원이고 부탁이었다. 스기야마는 다시 동주의 시를 아껴 읽으며 지친 영혼을 위로받고 싶었다. 동주가 옛날 모습으로 돌아오길 기다리는 건 스기야마뿐만이 아니었다. 죄수들과 간수들 또한 그가 다시 휘파람을 불고 연을 날리고 엽서를 쓰길 기다렸다. 동주는 무덤에서 살아 나온 사람처럼 차갑게 물었다.

"가혹하군요. 당신이 무슨 자격으로 내게 목숨을 걸고 시를 쓰라는 거죠?"

스기야마는 그의 항변이 정당하다고 생각했다. 그의 영혼을 증오로 망가뜨린 건 다른 누구도 아닌 자기 자신이었으니까.

"내게 자격이 없다고 해도 좋아. 그건 사실이니까. 염치없는 놈이라고 해도 좋아. 그것도 사실이니까. 하지만 시를 포기하지는 마. 너 자신을 더 이상 망가뜨리지 말라고."

애절한 자신의 목소리에 스기야마는 흠칫 놀랐다. 청년은 자신의 것이 아닌 것처럼 거친 목소리로 대들었다.

"왜죠? 세상은 이렇게 미쳐 돌아가는데 왜 나만 망가지면 안 되죠?"

대꾸할 말이 없다는 사실에 스기야마는 울화가 치밀었다. 노역장에서는 몽둥이가 통했지만 몽둥이로 시를 쓰게 할 수는 없었다. 총칼을 들이대도 원하지 않는 글을 억지로 쓰게 할 수는 없을 것이다. 스기야마는 끓는 욕을 가래침처럼 내뱉었다.

"씨발, 맘대로 해."

그것은 동주가 아니라 더러운 시대와 무심한 신을 향한 욕이었다. 언어를 다루는 재능을 주는 것과 동시에 모국어를 빼앗아버린 잔인한 신. 시를 쓰는 재능은 동주에게 축복이 아니라 재앙이었다. 그런 시대를 미워해야 할까? 스기야마는 고개를 가로저었다. 미워하기보다는 뒤틀어지고, 어긋난 시대를 망가진 피아노처럼 조율하고 싶었다. 그는 부스럭대며 안주머니에서 구겨진 종이를 꺼내 청년의 눈앞에 들이댔다.

"봐! 이게 뭔지. 이건 시야."

동주의 시선이 미끼를 삼킨 물고기처럼 종이 위로 다가왔다. 어쩌면 그것은 시가 아닐지도 몰랐다. 하지만 자신의 말대로 진실을 담는 게 시라면 그 낙서 쪽지를 시라고 할 수 있을 것이다. 볼품없는 몇 줄의 문장에 불과했지만 그것은 거짓이 아니었다. 그 문장을 쓰는 동안만큼은 그는 잔혹한 간수도 냉혹한 검열관도 아닌 진실한 한 인간이었다.

"그래, 나도 못 믿겠지만 몽둥이 대신 펜을 잡고 시를 썼지. 왜인지 알아? 나처럼 사람을 패고 죽인 놈도 시를 쓸 수 있다는 걸 보여주고 싶었어. 그런데 자넨 뭘 하고 자빠져 있는 거지?"

거무튀튀한 이면지의 서툰 글씨가 동주의 눈으로 빨려들었다. 청년은 먼

여행에서 돌아온 사람처럼 희미한 미소를 짓더니 고개를 가로저었다. 그것은 노래 부르지 못하는 가수의 비애, 눈물 흘리지 못하는 어릿광대의 웃음과 닮아 있었다. 스기야마는 풀무처럼 펄떡이던 호흡을 가다듬었다.

"시를 쓰지 않겠다는 이유가 뭐야?"

"이 형무소의 조선인들은 일본어밖에 쓸 수 없으니까요."

동주의 말은 도끼처럼 묵직하게 스기야마에게 날아들었다. 스기야마는 자신이 두 쪽으로 쪼개지고 조각들이 사방으로 튀어 오르는 충격을 받았다. 그 말은 한 나라의 언어가 단순히 의미를 전달하는 도구가 아니라 한 민족의 역사를 담은 헌장이며 한 인간의 영혼을 담는 그릇이라는 선언이었다. 청년의 영혼을 담은 그릇은 깨어졌고, 심문실 바닥에 엎질러졌다. 그를 그렇게 만든 것은 검열관인 자신이었다. 자괴감이 벌레처럼 스기야마의 얼굴 위를 스멀스멀 기어 다녔다. 그는 겨우 입을 열었다.

"네 시가 조선어건 일본어건 상관없어. 그건 조선어나 일본어가 아니라 너 자신의 언어니까."

청년의 시는 조선어였기에 아름다운 것이 아니었다. 스기야마는 일본인이었지만 그의 시를 읽으며 가슴이 떨렸다. 부끄러웠고, 죄책감이 들었고, 떠나온 고향이 생각났고, 오래전의 여인이 떠올랐다.

"꽉 막힌 감옥에서 아무도 안 읽을 시를 왜 써야 하죠?"

청년의 말이 뾰족한 못처럼 스기야마를 찔렀다. 스기야마의 눈가에 보일 듯 말 듯 한 경련이 일어났다.

"아무도 읽지 않는다고? 내가 읽을 거야. 그러니까 날 위해서라도 시를 써!"

스기야마는 동주의 죄수복 자락을 와락 움켜쥐었다.

"넌 시인이야. 그러니까 시를 써야 한단 말이다."

그렇지만 그는 시인이 아니었다. 시인이 되고 싶었지만 시집을 내지도 못했고, 누구도 그를 시인이라 부르지 않았다. 그를 시인이라고 부른 사람은 스기야마뿐이었다. 스기야마는 애원하듯 말을 이었다.
"시는 네가 살아 있다는 유일한 증명이야. 시가 죽으면 넌 죽은 목숨이라고!"
동주는 어금니를 물었다. 그는 죽음을 생각할 만큼 나약하지도, 삶이 한가하지도 않았다.
"난 죽지 않아요. 11월 30일, 내 발로 이곳을 걸어 나갈 거예요."
수용동 창틀에서 도둑고양이 한 마리가 그들을 지켜보았다. 야윈 어깨뼈가 불거졌고 뻣뻣한 털은 아무렇게나 뭉쳐져 있었다. 놈이 이 황폐한 감옥에 들어온 걸 보면 어딘가 나가는 길도 있을 것이다. 이 청년도 운이 좋다면 살아 나갈 수 있겠지만 운을 믿을 순 없었다. 죽어가는 죄수들이 늘고 있었다. 만약 그가 이곳을 걸어 나가지 못한다면 그의 머릿속에 있는 시들도 영원히 이 형무소의 담장 안에 갇히고 말 것이다. 스기야마는 결코 그의 시를 이 감옥 안에 내버려두고 싶지 않았다.
동주는 무심한 눈길을 먼 하늘로 던졌다. 그의 눈은 이 일에 더 이상 스기야마를 끌어들이고 싶지 않다고 말하는 것 같았다. 시시각각으로 변하는 하늘이 그의 눈 속에 담겼다. 스기야마는 그 하늘에 작고 하얀 연을 띄우고 싶었다. 그는 들고 있던 연과 얼레를 불쑥 내밀었다.
"좋아, 시를 쓸 수는 없다면 연을 날릴 수는 있겠지? 자넨 연날리기를 좋아했잖아."
연을 본 동주의 눈은 반가움으로 빛났지만 곧 체념의 빛으로 가라앉았다. 청년은 얇은 종이와 가는 대나무 살로 만든 연을 닮아 있었다. 바람을 타지 못하는 연, 하늘로 날아오르지 못하는 연. 하지만 바람이 불면 연은 그 연약한 뼈 때문에, 얇은 피부 때문에 높이 떠오를 것이다. 스기야마는 죄수들이 웅성대는 뜰을 턱으로 가리키며 떠맡기듯 얼레를 건넸다.
"모두 자네가 독방에서 나와 연을 날리기만 기다렸어."

엉겁결에 얼레를 받아 든 동주는 결심한 듯 눈을 감고 바람의 세기와 방향을 가늠했다. 스기야마는 연을 들고 몇 걸음 떨어진 곳으로 갔다. 바람이 불자 청년이 달려 나갔다. 스기야마는 들고 있던 연을 가볍게 놓았다. 기다렸다는 듯 얼레가 돌았다. 연은 순식간에 까마득하게 솟구쳤다.

며칠 후, 형무소 담 위로 낯익은 푸른 연이 솟아올랐을 때 죄수들은 숨을 죽였다. 푸른 연은 먹잇감을 발견한 상어처럼 동주의 흰 연 주위를 빙빙 돌며 싸움을 걸어왔다. 동주는 연을 거두어들이기 위해 서둘러 얼레를 감았다. 그때 완강한 악력이 동주의 손을 움켜쥐었다.

"왜 피하려는 거지?"

그것은 질문이 아니었다. 스기야마는 닳아서 나달거리는 청년의 죄수복 깃을 노려보며 소리쳤다.

"떨어질 때 떨어지더라도 연줄을 걸어! 늘 피하고 굽실댄다고 무엇이 달라질 것 같나?"

생각에 잠겼던 동주는 결심한 듯 연실을 풀었다. 동주의 연이 하늘로 솟구치자 푸른 연은 꼬리를 흔들며 따라 올라갔다. 동주는 푸른 연의 주인이 분명 연줄에 유리 가루를 먹였을 거라고 짐작했다. 동주는 올라갈 수 있는 데까지 높이 올라가 강한 바람을 이용해 함께 떨어지는 방법밖에 없었다. 이기지 못할 바에야 최소한 지는 것이라도 피하려는 배수진이었다.

푸른 연은 방향을 바꾸어 다가왔다. 동주는 얼레를 잡은 손에 힘을 주었다. 연실이 손바닥을 파고들었다. 푸른 연이 바짝 다가와 바람을 막자 동주의 연은 비틀거렸다. 지켜보고 있던 사내들은 탄식을 터뜨렸다.

바람이 강하게 불었다. 동주의 연은 꺼꾸러지듯 몇 바퀴를 돌며 푸른 연의 목줄을 단단히 감았다. 이제 줄이 끊어져도 두 개의 연은 물귀신처럼 옭아매어져 함께 떨어질 것이다. 순간 툭 하는 느낌과 함께 손바닥을 파고들던 팽팽한 연실의 통증이 사라졌다. 중심을 잃은 연은 한참을 날아가더니 꼬리를 너울대며 가라앉기 시작했다. 푸른 연도 함께 가라앉았다. 동주는 말없이 끊어진 연실을 감았다. 뜰의 사내들이 웅성댔다. 가벼운 환호와 박수도 섞여 있었다.

"저자들은 처음부터 승부엔 관심이 없었어. 단지 연이 형무소 담장을 넘기를 원했을 뿐이야."

스기야마는 턱으로 뜰을 가리키며 희미하게 웃었다. 철창 속에 갇힌 사내들은 연이 아니라 자신들의 마음을 날렸던 것이다. 그랬기에 연이 형무소 담장을 넘어간 것만으로도 행복해할 수 있었다. 그들은 자신들의 영혼이 형무소를 벗어나 자유의 땅에 발을 딛었다고 상상했다. 스기야마는 연에서 눈을 떼지 않은 채 말했다.

"이 진흙탕에서 꿈틀거릴 것만 아니라 자네도 날아올라야지. 시를 써야 하지 않겠냐고?"

동주는 까마득한 하늘을 날아오르며 지상을 내려다보는 자신을 상상했다. 넓게 펼쳐진 바다와, 끊임없이 밀려드는 포말과, 햇살에 반짝이는 항구와, 갑판 위의 인부들과, 연 날리는 아이들과, 붉은 옷을 입은 사내들과, 키 큰 미루나무와, 목각 인형 같은 간수와, 그 모든 것들을 품은 여름의 공기.

본관동 지붕의 거대한 돔이 황동을 칠한 듯 노을에 번득였다. 동주는 생각했다. 어쩌면…… 다시 시를 쓸 수 있을지 모르겠다고.

화요일마다 동주는 형무소 뜰 위로 연을 띄웠다. 가는 연실을 통해 담장 밖의 소녀가 느껴졌다. 발그레한 볼과 꼭 다문 입술. 그의 목표는 이기는 것이 아니라 얼마나 오래 버티느냐였다. 푸른 연 또한 연실을 끊기 위해서가 아니라 대화를 하듯 연실을 걸어 왔다. 동주가 연실을 풀면 함께 풀고 감으면 함께 감았다. 동주의 연이 비틀대면 연줄을 죄어 바람을 받아 다시 떠오르게 했다.

두 개의 연은 연실을 걸었다가 풀고, 감았다가 늦추며 서로를 희롱했다.

·

그들은 다가들다 물러나고, 얽혔다가 떨어지며 갖가지 장면을 연출했다. 흰 연이 맴돌며 가라앉으면 푸른 연은 반대 방향으로 회전하며 날아올랐다. 그것은 푸른 하늘을 수놓는 아름다운 춤처럼 보였다.

얼마간의 시간이 지나면 푸른 연은 승부를 걸어왔다. 바람의 방향과 세기를 읽은 후 강한 바람을 타고 연실을 끊었다. 끊어진 동주의 연은 바람에 실려 흐느적거리며 멀리 날아갔다. 사라져가는 하얀 연을 바라보며 죄수들은 가슴을 쓸어내렸다. 그들은 자신들의 꿈이 먼 곳으로 날아간다고 생각했다. 그럴 때면 스기야마는 빙글대며 중얼거렸다.

"좋아! 날아갔어. 멀리멀리 날아갔다고."

동주는 그의 실없는 웃음을 이해할 수 없었다. 눈부신 두 연의 향연은 후쿠오카형무소에서 유일하게 아름다운 풍경이었다. 감옥은 살기엔 고통스러웠지만 꿈꾸기에는 좋은 곳이었다. 그들은 자유가 없었기에 자유를 꿈꿀 수 있었고, 희망이 사라졌기에 희망을 꿈꿀 수 있었다.

별
헤는
밤

스기야마는 벽돌담에 기대어 섰다. 그는 안주머니에서 부스럭거리며 낡은 종이를 꺼내 펼쳤다. 서툰 글씨 위로 겨울 햇살이 떨어졌다. 스기야마는 소리를 내지 않고 시를 읽었다.

"파란 녹이 낀 구리거울 속에 내 얼굴이 남아 있는 것은 어느 왕조의 유물이기에 이다지도 욕될까……."

낱말과 구두점 하나하나가 물방울처럼 그의 가슴에 맺혔다. 앙상한 나뭇가지 같은 청년의 그림자가 다가섰다. 스기야마는 고개를 들었다. 바람 속에서 그들은 서로의 영혼이 같은 결과 무늬를 간직하고 있음을 확인했다. 스기야마는 조심조심 종이를 접어 안주머니에 넣었다.

"당신이 왜 그 시를 간직하고 있죠?"

청년의 목소리는 질문이 아니라 추궁처럼 들렸다. 스기야마는 대답하지 못했다. 시를 읽고 있을 때면 위안받는 느낌이라고, 치유받는 느낌이라고 말할 수는 없었다. 잃어버린 것을 찾은 기분이며, 애타게 구하던 것을 얻은 기분이라고도 말할 수 없었다. 청년의 시를 불태운 손이 다른 누구도 아닌 자신의 것이라는 자책감 때문이었다.

스기야마는 언제부턴가 사라져가는 청년의 시를 구할 사람이 자신뿐이라고 생각했다. 초조해진 그는 무언가에 쫓기듯 청년의 시를 막무가내로 읽고 외우기 시작했다. 그는 기도하는 심정으로 시를 읽고, 고해하듯 시를 읊었다. 그리고 베껴둔 시는 부적처럼 주머니 깊은 곳에 숨겼다. 그가 외운 언어들이 그의 가슴속에 눈처럼 내려와 차곡차곡 쌓였다.

"내가 그 시에서 위안받았으니 모두가 위안받을 수 있을 거야. 한 사람을 위로할 수 있는 시라면 모든 사람을 위로할 수 있을 테니까."

동주는 가만히 눈을 감고 오래전에 연기와 재가 되어 사라진 시들을 생각했다. 미루나무 위에서 까마귀들의 날갯짓 소리가 들렸다. 그의 얼굴에는 하얀 살얼음이 끼어 있는 것 같았다.

"어쩌면…… 그 시집은 살아남았을지도 몰라요."

스기야마의 눈이 커졌다. 자신이 불태운 시집의 사본이 어딘가에 남아 있다면 시들도 살아 있을 것이고, 조금은 죄책감을 덜 수도 있을 것이다. 하지만 지금 같은 전시에 그것들이 살아남기를 기대하는 건 얼마나 어리석은가? 그는 동주의 어깨를 그러쥐고 흔들었다.

"그 시들이 어디에 있지?"

동주는 가지런한 눈썹을 쳐들어 텅 빈 하늘을 바라보았다.

"나도 몰라요. 그것들은 오래전에 내 손을 떠났어요."

*

동주는 자신의 시들이 어디 있는지 알지 못했다. 그것이 세상에 남아 있기나 한지도.

연희전문학교 시절 그는 폭풍처럼 시를 쓰고 책을 읽고 음악에 빠졌다. 오후 내내 헌책방과 음악다방을 순례했고, 기숙사로 돌아가면 새로 산 책들을 밤새 읽었다. 볼품없는 그의 책꽂이는 점점 많은 책들로 빼곡해졌다.《문장》《사계》《시와 시론》등의 문예지,《현대조선문학전집》과 앙드레 지드, 발레리 전집, 도스토옙스키 연구서, 릴케 시집, 키르케고르와 성경,《고흐 평전》과《고흐 서간집》. 책 속에는 산책길에서 주운 마른 나뭇잎에 장소와 날짜를 써서 끼워두었다. 그 시절, 모든 것이 새롭고 모든 것이 빛나던 나날들.

그러나 전쟁의 발톱은 그를 비켜 가지 않았고 경성에서 보낸 그의 나날들은 혹독했다. 젊은이들은 전쟁터로 끌려갔고, 군용물자 공출로 삶은 피폐해졌다. 그도 기숙사를 떠나 하숙집으로 옮겨야 했다.

새 하숙집 주인인 소설가 김송 씨는 고등계가 주시하는 요시찰인물이었고 하숙생들 또한 사찰 대상이 되었다. 고등계 형사들은 학생들의 일거수일투족을 24시간 감시했다. 저녁마다 쳐들어와 방 안의 책 제목을 적어 가는가 하면 서랍 속 편지를 압수해 가기도 했다. 그는 다시 이삿짐을 꾸렸지만 가혹한 통제와 감시의 눈초리를 피할 곳은 세상 어디에도 없었다.

식민지의 젊은이들이 갈 곳은 군대 아니면 감옥밖에 없었다. 몇몇 친구들은 박박 깎은 머리에 붉은 띠를 매고 전쟁터로 향했고 경찰서로 끌려간 친구들은 죽도록 맞고 감옥으로 갔다. 어디로 가든 그들의 종착역은 무덤이었다. 전쟁은 끝이 보이지 않았다.

그는 밤마다 낮은 앉은뱅이책상에 앉아 어둠 속으로 침잠했다. 쓰다가 만 시, 쓰고 싶었으나 쓰지 못한 시가 구겨진 종이들, 까맣게 지운 흔적들과 토막 난 문장들, 그리고 흩어진 단어들과 함께 쌓여갔다.

졸업을 앞둔 그는 열아홉 편의 시를 베껴 쓴 필사 시집 세 권 중 한 권을 간직하고, 한 권은 함께 하숙하던 후배 정병욱에게 맡겼다. 그리고 남은 마지막 한 부를 들고 은사인 이양하 선생을 찾았다. 서문을 받아 몇 십 부라도 출판하고 싶다는 그의 소박한 욕심에 스승은 고개를 내저었다. 시집 출판은 불온할 뿐 아니라 위험하기까지 한 일이었다. 고등계 형사들이 〈십자가〉〈슬픈 족속〉〈또 다른 고향〉 같은 시를 보면 이빨을 드러내고 달려들 것이 뻔했다. 스승은 때를 기다리자고 말했다. 그는 스승에게 물었다.

"시들을 출판할 수 있는 날이 언제 올까요?"

스승은 대답하지 못했다. 그는 다시 자신에게 물었다.

'과연 그날이 오기나 할까? 그때까지 열아홉 편의 시들이 남아 있을까?'

대답하지 못한 건 그 자신도 마찬가지였다.

*

"불타버린 것과 같은 시집 두 권이 아직 조선에 남아 있다는 건가?"

"3년 전 일이에요. 나 자신도 지키지 못한 시들을 누가 간수해줄 수 있겠어요?"

동주는 시가 아니라 학병으로 끌려간 친구가 살아 돌아오기를 빌어야 했다. 불온한 시집을 지닌 죄로 스승이 위험해지는 것 또한 바랄 수 없었다. 하지만 스기야마는 믿고 싶었다. 그의 친구와 스승이 그의 시를 지켜주기를. 그것은 헛된 바람일까? 그럴지도 모른다. 지금은 스스로의 목숨을 지키기에도 버거운 전쟁의 시절이니까.* 동주는 갈증에 시달리는 사람처럼 물었다.

"오늘 밤에도 하늘엔 별이 떠오르겠죠?"

스기야마는 고개를 끄덕였다. 밤마다 동쪽 하늘엔 어김없이 샛별이 떠오

---

* 그의 친구 정병욱은 학병으로 끌려가면서도 목숨을 걸고 《하늘과 바람과 별과 시》의 초고를 보관했다. 해방이 된 후 경향신문 기자로 있던 정병욱은 기적적으로 살아남은 동주의 시편들을 세상에 소개했고 유고 시집 《하늘과 바람과 별과 시》를 발간했다.

르고, 북두칠성은 거대한 하늘의 물레방아처럼 북극성을 돌고 있다. 우유를 뿌려놓은 것 같은 은하수와 반짝이는 별들, 수다 떠는 아이들처럼 깔깔대고 소곤대고 서로 다투는 빛들.

그러나 청년의 하늘에는 별이 뜨지 않았다. 그는 어두운 감방 천장에다 상상의 별자리를 그리며 간절히 빛을 그리워할 뿐이었다. 청년은 이제 세상에서 빛이 사라졌고 별 같은 건 떠오르지 않는다고 생각할지도 몰랐다. 스기야마는 아직도 세상의 빛이 사라지지 않았고, 지금도 밤이면 별이 떠오른다는 것을 그에게 보여주고 싶었다. 그리고 스스로도 그 사실을 확인하고 싶었다.

그날 밤 10시, 스기야마는 몽둥이를 챙겨 들고 수용동 복도의 철창 앞에 섰다. 철컹! 철문이 열리는 소리는 수용동이 내지르는 비명 같았다. 28호 감방은 복도 오른쪽 끝에 있었다.

"645번, 심문 호출! 저작물 관련 심문이다."

사내들은 숨을 죽인 채 돌아누워 잠 속으로 도망쳤다. 그들은 모두 한밤중에 불려 나가는 자들이 성한 몸으로 돌아오지 못한다는 것을 알았다. 자물통의 걸쇠가 풀리는 소리와 함께 감방 문이 열렸다.

근무 간수는 그의 양팔을 묶고 손목에 수갑을 채웠다. 스기야마는 죄수 신병 인수 장부에 서명하고 몽둥이로 645번의 등을 쿡 찔렀다. 몽둥이 끝에 튀어나온 갈비뼈와 마른 가죽의 느낌이 전해졌다. 쇠약한 동주의 몸은 회색 벽에 새겨진 음각처럼 푹 꺼져 있었다.

심문실로 가는 복도는 어둡고 멀고 꼬불꼬불했다. 두 사람은 심문실을 지나쳐 계속 걸었다. 족쇄가 절걱거리는 소리에 동주는 두려움을 느꼈다. 이 간수는 나를 어디로 데려가려는 걸까? 가늘고 흰 발목과 낡은 군홧발은 나란히 소금을 뿌린 것처럼 하얀 형무소 뜰을 가로질렀다. 고가 초소에서 기관총 자물쇠 풀리는 소리와 함께 서치라이트가 그들을 비췄다. 스기야마는 다급하게 소리쳤다.

"간수부 소속 스기야마 도잔이다. 645번 죄수의 현장 심문 중이다."

미리 신청했던 간수장 명의의 현장 심문 허가서를 확인한 고가초소 간수는 서치라이트를 원 궤도로 돌렸다. 바람이 미루나무 가지를 스치는 소리가 들렸다. 미루나무가 밤공기 속에서 부드러운 빵처럼 부풀어 올랐다. 그들은 나란히 미루나무에 기대어 앉았다. 바람이 창백한 뺨과 관자놀이에 냉기를 쏟아부었다. 찬 공기는 눈이 고운 체처럼 여린 별빛을 걸러냈다. 동주의 입에서 하얀 입김이 뿜어져 나왔다. 스기야마는 그의 포승줄을 느슨하게 늦추고 수갑을 풀어주었다.

차가운 밤공기에서 달콤한 솜사탕 냄새가 났다. 동주는 길게 숨을 들이마신 후 알아들을 수 없는 말들을 중얼거렸다. 그것은 그가 어머니 품에서 옹알댔고, 고향의 산과 들을 뛰놀며 재잘댔고, 좁은 하숙방에서 시와 음악을 이야기했고, 입술 밖으로 내뱉지 못하고 삼켰던, 그의 빼앗긴 모국어였다. 파랗게 질린 입술에서 소금 같은 시어들이 흘러나왔다.

별 헤는 밤

계절이 지나가는 하늘에는
가을로 가득 차 있습니다.

나는 아무 걱정도 없이
가을 속의 별들을 다 헤일 듯합니다.

가슴속에 하나 둘 새겨지는 별을

이제 다 못 헤는 것은
쉬이 아침이 오는 까닭이요,
내일 밤이 남은 까닭이요,
아직 나의 청춘이 다하지 않은 까닭입니다.

별 하나에 추억과
별 하나에 사랑과
별 하나에 쓸쓸함과
별 하나에 동경과
별 하나에 시와
별 하나에 어머니, 어머니,

어머님, 나는 별 하나에 아름다운 말 한마디씩 불러봅니다. 소학교 때 책상을 같이 했던 아이들의 이름과, 패(佩), 경(鏡), 옥(玉) 이런 이국 소녀들의 이름과 벌써 애기 어머니 된 계집애들의 이름과, 가난한 이웃사람들의 이름과, 비둘기, 강아지, 토끼, 노새, 노루, '프랑시스 잠', '라이너 마리아 릴케', 이런 시인의 이름을 불러봅니다.

이네들은 너무나 멀리 있습니다.
별이 아슬히 멀 듯이,

어머님,
그리고 당신은 멀리 북간도에 계십니다.

나는 무엇인지 그리워

이 많은 별빛이 나린 언덕 위에
내 이름자를 써보고,
흙으로 덮어 버리었습니다.

딴은 밤을 새워 우는 벌레는
부끄러운 이름을 슬퍼하는 까닭입니다.

그러나 겨울이 지나고 나의 별에도 봄이 오면
무덤 위에 파란 잔디가 피어나듯이
내 이름자 묻힌 언덕 위에도
자랑처럼 풀이 무성할 게외다.*

   별똥별 하나가 이마 위로 빠르게 지나갔다. 별똥별을 보며 소원을 빌면 이루어진다지만 청년은 소원을 빌지 못했을 것이다. 그에겐 이루지 못한 꿈과 소원이 너무 많을 테니까. 그러나 스기야마는 소원을 빌 수 있었다. 청년이 잔인한 이 시대를 무사히 빠져나가게 해달라는, 단 한 가지 소원을.
   스기야마는 동심원을 그리며 돌고 있는 별들의 궤도가 어둠 속에 그려진 별들의 발자국이라고 상상했다. 그리고 인간도 별들처럼 어둠 속에서 자신의 궤도를 따라 돌고 있는 건 아닐지 생각했다. 별들도 발소리를 낼까? 아니면 부드럽게 미끄러지는 마찰음을 낼까? 거대한 별들이 하늘을 걸어

---

* 《정본 윤동주 전집》(문학과지성사, 2004) 원문에는 이 시의 마지막 연이 제외되어 있다. 그러나 제작일자 다음에 시인의 자필로 적혀 있는 육필 원고라는 점을 감안해 이 소설에서는 포함시켰다.

가는 소리를 들을 수 있다면, 수많은 별들이 내는 소리의 음표를 읽을 수 있다면……

심문실로 돌아온 스기야마는 심문조서를 펼쳤다. 석고상처럼 굳었던 동주의 입술이 달싹였다. 일본어로 번역한 〈별 헤는 밤〉이었다.

그 위태로운 언어들마저 사라지면 무엇을 바라보며, 무엇을 꿈꾸며, 무엇에 기대어 살아가야 할지 스기야마는 알지 못했다. 언젠가 전쟁이 끝나고 이 더러운 바람이 잦아들면 그의 시를 지키지 못한 자신을 얼마나 자책해야 할지도 알 수 없었다. 그는 청년의 시를 지킬 유일한 사람이 자신임을 다시 절감했다. 스기야마는 펜 끝에 잉크를 찍어 낱말들을 받아 적었다. 칙칙한 심문조서에 글자들이 별처럼 떠올랐다.

스기야마는 다 쓴 심문조서를 조심스럽게 접어 안주머니에 넣었다. 세상에 하나밖에 남지 않은, 비밀문서 같은 시를.

절망은 어떻게
노래가 되는가

　소장과 원장은 두 눈을 감은 채 피아노 연주에 빠져들었다. 연주가 끝나자 소장은 정신이 번쩍 든 듯 박수를 쳤다.
　"훌륭한 연주였소, 미도리 양. 음악회 연습에 정진해주시오. 온 후쿠오카 시가 주목하고 있소."
　소장의 머릿속을 맴도는 얄팍한 생각이 모습을 드러내고 있었다. 죄수들의 음악회가 형무소에서 열린다면 대단한 뉴스가 아닐 수 없었다. 형무소 책임자인 소장은 행사에 참석하는 내무대신을 비롯한 고위 관리들에게 좋은 인상을 심어줄 기회를 얻게 될 것이다. 유력 신문 기자들도 몰려들 테니 전국적인 명사가 될 수도 있다. 동맹국 대사들과 외신 기자들도 초청할 테니 명성은 국경을 넘어갈 지도 모른다. 꼬리에 꼬리를 물고 기분 좋은 생각이 떠올라 소장은 자신도 모르게 미소를 줄줄 흘렸다.
　미도리의 연주는 듣고 있던 모든 사람을 호의적으로 바꾸어놓았다. 상황이 자신의 편임을 확인한 그녀는 그 순간의 분위기를 놓치지 않고 한 가지 부탁이 있다는 말로 입을 열었다. 당돌하다고 생각할 수도 있었지만 소장은 반색하며 그녀의 다음 말을 기다렸다. 그녀는 공연 마지막 순서에 합창곡을 넣고 싶다고 말했다. 소장은 흥미로운 표정으로 콧수염을 꼬았다.

"합창? 누가 부른다는 거요? 연습을 누가 시키고?"

"노래를 부를 사람은 이 형무소에 가득합니다."

"누구? 죄수들……?"

그녀는 대답 대신 눈빛으로 긍정의 뜻을 보였다. 소장의 얼굴이 순간적으로 일그러졌다. 흉악한 죄수들이 내무대신을 비롯한 고위 인사들 앞에서 노래를 부른다고? 그녀가 대답했다.

"죄수들이기 때문에 오히려 공연이 빛날 것입니다. 그들이 아름다운 노래를 부른다면 제국의 형제(刑制)가 흉악한 범죄자들을 교화시킨 것을 증명하는 셈이 될 테니까요."

"저명한 마루이 야스지로 선생의 독창회요. 일본 최고 성악가의 무대를 망치려고 작정했소?"

그녀는 잠시 망설이더니 간호복 주머니에서 편지 한 통을 꺼내 보였다. 소장은 미심쩍은 표정으로 편지를 받았다. 그녀가 입을 열었다.

"어제 도착한 마루이 선생님의 편지예요. 선생님께서도 이미 승낙하셨어요."

소장은 콧수염을 매만지며 이 계획이 가져다줄 득과 실을 부지런히 계산했다. 형무소 음악회가 고정관념을 깨뜨린 역작이라면 죄수들의 합창 또한 안 될 법이 없지 않은가? 최고의 성악가와 흉포한 죄수들의 앙상블. 그것은 자신이 그린 형무소 음악회란 큰 그림에 날개를 달아 줄 수도 있었다. 소장은 결심한 듯 그녀를 바라보며 말했다.

"그렇다면 망설일 것 없군. 하지만 무도한 죄수들이 합창단에 들려 하겠소? 설사 그런 자가 있다 해도 철저히 감시하지 않으면 무슨 짓을 저지를지 모르는데······."

소장이 걱정스러운 표정으로 중얼대자 그녀 뒤에 서 있던 스기야마가 나섰다.

"염려하지 마십시오. 제가 연습 시간에 죄수들을 철저히 호송하고 감시하겠습니다."

자신이 조율한 피아노로 누군가에게 음악을 들려줄 수 있다면 그는 무슨 일이든 하고 싶었다. 누가 어떤 목적으로 하는 일이든 상관없었다. 그녀가 말했다.

"레퍼토리는 베르디의 오페라 '나부코' 제3막 2장의 합창곡 '히브리 노예들의 합창'입니다."

"베르디······ 베르디라······."

소장이 중얼거렸다. 원장이 그녀 대신 말을 이었다.

"동맹국 독일에 바그너가 있다면 이태리에는 베르디가 있습니다. 라 스칼라에서 대성공을 거둔 '나부코'는 이탈리아의 희망을 담은 국민 오페라죠. 분열과 전쟁에 시달리던 이탈리아인들에게 강력한 통일 국가를 만들려는 조국애를 일깨워주었습니다. 그중에서도 '히브리 노예들의 합창'은 제2의 이탈리아 국가로 알려져 있고 베르디의 장례식장에서 불렸죠. 웅장한 힘이 넘쳐 남성 성부로만 편곡해도 소화할 수 있을 겁니다."

원장의 말은 소장의 가슴을 뛰게 했다. 이탈리아인들에게 조국애를 끓어오르게 한 국민적 애창곡이라면 전시의 일본인들에게도 마찬가지일 것이다. 더 망설일 이유가 없었다.

소장은 단원으로 선발된 자들에게는 노역을 면제해주고 특식을 제공하겠다는 파격적 조건을 내걸었다. 비록 인간적인 배려가 아니라 자신의 계획을 위한 조치일 뿐이었지만 죄수들은 앞뒤 가리지 않고 달려들었다. 원장은 오디션과 연습을 위해 그녀의 오후 근무 시간을 비워주었다.

오디션에는 꼬박 일주일이 걸렸다. 그녀는 강당으로 호송된 죄수 한 명 한 명에게 건반을 두드려 기준음을 잡아주고 발성을 지켜보았다. 그리고 단원 명부에 음색과 성량, 적합한 성부에 대한 평가를 꼼꼼히 적었다. 70여 명의 1차 후보가 선발되자 그녀는 더 정밀하고 복잡한 2차 평가를 이어나갔다. 그녀는 다양한 음을 따라 부르게 해 정확한 음정을 살피고 명부에 꼼꼼히 기록했다. 높은 음에서 목소리가 갈라지거나 박자를 따라잡지 못하는 자들이 속출했다.

사흘이 지나자 70명은 30명으로 줄었다. 음색과 발성 음역에 따라 바리톤, 베이스, 테너의 3성부에 각각 10명씩이 배정되었다. 성량이 좋고 음감이 뛰어난 단원은 따로 성부장으로 지명했다. 우에노음악학교 예과에 다니다 사상 전력으로 형무소로 온 한대명이 악장으로 지휘를 맡았다. 소장은 성부별로 감방을 정해 단원들을 몰아넣었다.

스기야마는 피아노 관리와 단원 호송 업무를 함께 맡았다. 매주 월요일이면 그는 성부별 감방을 돌며 단원들에게 수갑과 족쇄를 채우고 감방을 나섰다. 사내들은 절그럭거리는 소리를 내며 의무동으로 향했다.

연습 시간의 강당은 거의 난장판이었다. 악보를 읽기는 커녕 음계에 대한 기본적 이해도 없는 사내들에게 베르디 오페라는 몸에 맞지 않는 옷처럼 거북했다. 그들이 강당으로 모여든 이유는 단지 노역에서 벗어나 특별 배급을 받기 위해서였다. 스기야마는 불협화음 속에서 망연자실했다.

연습에 들어가기에 앞서 그녀는 단원들의 수갑을 풀어주도록 요청했다. 제대로 된 발성을 하려면 상체를 펴고 반듯한 자세를 유지해야 하는데 수갑을 차고 있으면 몸이 앞으로 숙여지고 눌린 폐가 공기를 들이마시지 못하기 때문이었다. 소장은 그녀의 생각 없음을 탓해야 할지, 그녀의 당돌함에 탄복해야 할지 알 수 없었다.

"그러다 죄수들이 난동이라도 부리면 어떻게 할 거요?"

그녀는 대답 대신 열 손가락을 건반 위에 던지듯 힘 있게 내려놓았다. 장중한 피아노 소리에 사내들이 웅성거림을 멈췄다. 백 마디의 말보다 믿을 만한 한 번의 타건으로 시끌벅적한 소란을 정리한 것이다. 소장은 마뜩잖은 표정으로 말했다.

"좋소! 하지만 족쇄는 양보할 수 없소. 하긴 족쇄를 하고 무대에 오르면 그럴듯한 히브리 노예 분장이 되겠지."

그녀는 각 성부장들에게 악보를 나누어주고 성부별 멜로디를 연주해 주제 선율을 익히게 했다. 그러나 다음 주도, 그다음 주도 강당은 소음의 도가니였다. 소리는 갈라지고 얽혔으며 발성은 엉망이었다. 몽당 빗자루처럼 우두커니 서 있는 단원들은 베르디는커녕 동요 한 곡 못 부를 것 같았다. '히브리 노예들의 합창'의 반주를 시작한 그녀는 지치지 않고 건반을 두드리며 단원들의 목소리를 점검하고 발성을 수정하고 복식호흡을 독려하느라 그들의 주린 배를 쥐어짰다.

시간이 지나면서 소음 덩어리는 점점 가지런해졌다. 수없는 망치질 아래에서 칼날이 되는 쇠뭉치처럼 소음은 소리가 되고, 소리는 음악이 되었다. 탄식과 한숨만 뱉어 냈던 사내들의 입에서 노래가 흘러나오기 시작했다. 그것은 잃어 버렸던 그들 자신의 목소리였다. 그들의 노래는 더 이상 한 끼의 밥과 노역을 피하기 위한 구실이 아니라 잃어버린 자신을 찾는 언어가 되었다. 그들의 목소리가 그들 자신이 누구인지 말해주었다.

연습이 끝나면 그들은 테너, 바리톤, 베이스의 성부별로 도열했다. 스기야마는 인원 점검을 하고, 수갑을 채우고, 구령을 외쳤다.

"감방으로 귀환한다. 앞으로 가!"

붉은 애벌레처럼 꿈틀거리며 감방으로 돌아간 단원들은 이제 명령이 없어도 노래를 불렀다. 시도 때도 없이 발성 연습을 하고, 옆 감방의 다른 성부와 화음을 맞추었다. 두꺼운 감방 벽도 어울리기를 열망하는 그들의 목소리를 가로막지는 못했다. 각 성부의 소리는 점점 윤기를 더해갔다.

한 달이 지나자 족쇄는 더 이상 그들의 목소리를 가두지 못했다. 강당으로 향하는 단원들은 신성한 의식을 준비하는 제관들 같았다. 잘 다듬어진 목소리가 햇살 속의 먼지와 함께 날아올랐다. 목소리들은 각 성부로 모이고 각각의 성부는 동아줄처럼 엮여 허공의 한 점에서 폭발했다. 그것은 고결한 권력자들이 아닌 가장 낮은 자들의 목소리였다.

그녀는 건반을 두드리며 단원들의 목소리 하나하나를 이끌었다. 그녀의 지휘봉은 양치기의 지팡이처럼 지친 목소리를 위로하고, 저항하는 목소리를 지그시 누르고, 처진 목소리를 떠밀어 무리로 돌려보냈다. 그녀는 결코 서두르지도 않고 게으르지도 않게 소리의 밝음과 어두움, 세고 여림과 차고 따뜻함을 조절했다. 단원들은 자신의 몸에서 뽑을 수 있는 가장 아름다운 소리를 위해 수도승처럼 정진했다.

먼지와 빛과 함께 허공을 떠도는 선율과 화음에 귀를 기울이며 스기야마는 오래전에 잃어버렸다고 생각했던 자신의 장기(臟器)를 다시 찾은 것 같았다. 아름다움에 감동하는 뜨거운 심장을.

위생
검열

 형무소에선 모든 계절이 끔찍한 고문이었다. 돋아나는 새싹이 희망은커녕 깊은 우울에 빠져들게 하는 봄, 가혹한 온도와 습도, 땀내와 모기떼가 달려드는 여름, 스산한 바람이 혹독한 계절을 예고하는 가을, 매 순간 날카로운 이빨을 드러내고 달려드는 겨울. 짧은 소매 안에 흰 손목을 감추며 죄수들은 혹독한 네 계절을 견뎠다.
 모리오카 원장이 3수용동을 찾은 건 지난가을 어느 날이었다. 소장과 간수장이 나란히 원장을 안내했고, 20여 명의 의사들과 간호사들이 뒤를 따랐다. 흰 가운 행렬이 수용동 복도를 가득 메웠다. 그렇게 많은 의료진이 한꺼번에 감방을 찾은 일은 없었다. 소장은 침침한 복도 끝에서 외쳤다.
 "모든 감방 문을 개방하고 간수는 정위치하라!"
 요란한 군홧발 소리를 내며 간수들이 흩어졌다. 여기저기서 열쇠 뭉치가 쩔렁이고 자물쇠가 풀리는 금속음이 울렸다. 감방 문이 열리며 시큼한 땀내새와 오물 냄새가 코를 찔렀지만 원장은 얼굴을 찡그리지 않았다. 그의 지적인 분위기와 세련된 말투와 부드러운 표정은 흐트러지는 법이 없었다.

지시 사항을 완수한 간수들은 복도 양편에 5~6미터 간격으로 도열했다. 원장의 눈짓에 따라 마스크와 수술용 고무장갑을 착용한 의사들과 간수들이 감방으로 들어갔다.

"특별 위생 검열이다! 피복 탈의!"

사내들은 서로의 눈치를 살피며 주섬주섬 옷을 벗었다. 영문을 모르고 주춤대는 자들에겐 몽둥이가 달려들었다. 순식간에 발가벗겨진 사내들은 서로를 마주 보며 침상 양쪽에 도열했다. 의사들은 날카로운 눈으로 겁에 질린 사내들의 키와 몸무게를 점검했고 장갑 낀 손으로 그들의 눈꺼풀을 까뒤집거나 입을 벌리게 해 구석구석 들여다보았다. 감방을 나선 의사들은 중앙 복도에 재집결한 후 원장에게 죄수들의 위생 상태, 건강 상태가 적힌 검열 장부를 제출했다. 장부를 챙겨 돌아서는 원장의 하얀 가운 자락에서 싸한 소독약 냄새가 났다.

복도 저편으로 멀어지는 원장 일행을 바라보며 소장은 번쩍이는 금테 안경을 낀 그 신사가 자신의 야망을 떠밀어줄 것이라고 확신했다. 콧수염을 꼬며 소장은 카랑카랑하게 소리쳤다.

"위생 검열 끝! 감방 문 폐쇄해!"

간수들이 콩 튀듯 움직였다. 스기야마는 불안한 표정으로 눈앞의 풍경을 지켜보았다. 그는 모든 일은 앞으로 일어날 어떤 일의 전조라고 생각했다. 시간은 하나의 순간으로 완결되지 않고 사건은 그 자체로 목적이 될 수 없었다. 마찬가지로 모든 행위는 다가올 운명을 위해 복무했다. 문제는 그것이 기막힌 행운이 될지 모두를 죽음으로 몰아갈 불운이 될지 알 수 없다는 것이었다.

이튿날 소장은 죄수들을 뜰에 도열시켰다. 꽉 짜인 대오는 서로의 자유를 구속하는 의식의 형틀이었다. 누구도 튀어 나가거나 뒤로 빠질 수 없었다. 죄수들은 자신이 복종하는 것으로 타인을 복종하도록 했다.

소장은 단상 위에서 반듯한 대오를 내려다볼 뿐 쉽게 입을 열지 않았다. 그것은 그가 죄수들의 조바심을 자극하는 오랜 방식이었다. 시간은 힘을 가진 자의 편이고 지연할수록 상대는 더욱 초조해하기 마련이었다. 죄수들이 원하는 것은 '좋은' 소식이냐 '나쁜' 소식이냐가 아니라 '새로운' 소식이었다. 사내들은 간절한 눈빛으로 소장의 입을 주시했다. 잔뜩 뜸을 들인 소장은 삐익 하는 마이크 소음과 함께 입을 열었다.

"규슈제국대학 의과대학 의료진의 위생 검열에 감사하라!"

사내들이 웅성거렸다. 그들이 충분히 궁금해하도록 내버려둔 소장은 웅성거림이 잦아들고 한참이 지난 후에야 말을 이었다.

"열도 최고의 의료진이 조선인 죄수들을 진료하는 것은 대일본제국의 포용이 아닐 수 없다. 검열 과정에서 상당수 죄수의 개인 건강에 하자가 있음이 노출되었다. 의료진은 검열 결과를 토대로 건강 수준이 평균치에 미치지 못하거나 특별 조치가 필요한 자에게 무상 의료를 실시할 것이다. 대상자들은 의무동에서 주사, 투약, 처치를 받게 될 것이다."

얼굴에 기쁨의 화색이 돌았지만 사내들은 소장의 말을 믿을 수 없었다. 하지만 안락한 대학을 떠나 형무소로 온 모리오카 원장을 생각하면 믿지 못할 일도 아니었다. 원장은 소장과는 다른 인간이었다. 환자가 누구든 상관 않고 인술을 펼치려는 숭고한 인도주의자를 믿지 못한다면 누굴 믿을 것인가.

소장은 지지직대는 마이크 소리를 남겨두고 돌아섰다. 단상 옆 게시판에 죄수 번호가 빼곡하게 적힌 종이가 나붙었다. 사내들이 몰려들었다. 글을 못 읽는 자들은 게시판 앞에서 발을 동동 굴렀다. 간수장이 명부를 펼치고 죄수 번호를 부르자 그들은 환호성을 질렀다. 건강이 나쁘다는 건 기뻐할 일이 아니었지만 깨끗한 의무동에서 의료 조치를 받는 것으로 환호성을 지를 이유는 충분했다. 끝까지 번호가 불리지 않은 자들이 간수장 앞으로 몰려갔다. 그중에는 눈치 빠른 김만교도 끼어 있었다.

"간수장님, 절 좀 넣어주십시오. 맨날 힘이 없고 눈이 침침해 금방이라도 쓰러질 것 같습니다요."

간수장이 지휘봉으로 그의 목덜미를 후려치자 붉은 자국이 부풀어 올랐다. 간수장은 지휘봉으로 그의 턱을 쳐들고 말했다.

"금방 핏기가 올라오는 걸 보니 멀쩡하군."

이번에는 핼쑥한 사내 하나가 다가섰다. 노르스름한 흰자위는 황달기가 완연했다.

"전 오래전부터 빈혈을 앓았습니다. 멀쩡한 사람을 치료해주면서 저는 왜 빼는 겁니까?"

풀이 죽었지만 독기가 서린 목소리였다. 간수장이 건들거리며 대답했다.

"자네에겐 결격 사유가 있어. 이마가 찢어진 걸 보니 피를 흘렸군. 상처가 있는 자는 열외야! 그러나 원한다면 기회는 많아. 검열은 정기적으로 계속될 테니까."

오랜만에 형무소 안에 환호성과 웃음이 퍼졌다. 소장도 간수들도 죄수들도 모두 행복한 한나절이었다. 다만 한 남자만이 뜰 구석에서 행복해하는 그들을 불안한 눈으로 물끄러미 바라보았다.

To Be,
or Not to Be……

　검열실은 스기야마의 근무지이자 은둔지이자 서식지였다. 나는 검열실에 들어설 때마다 습관처럼 스기야마의 흔적이 남아 있을 만한 구석구석을 살폈다. 그러나 특별한 소득을 얻은 날은 없었다. 책상과 서가, 그리고 서류 상자들은 언제나처럼 익숙했고 특별한 물건이라야 서가와 벽 사이 좁은 공간의 낡은 나무 캐비닛뿐이었다. 자물쇠가 망가진 그 캐비닛은 스기야마의 개인 비품함 겸 옷장 같았다.

　캐비닛 안에는 잘 다림질된 정복 간수복 한 벌, 갈색 겨울 간수복 한 벌, 그리고 회색 여름 간수복 두 벌이 걸려 있었다. 아래쪽 서랍에는 낡은 군용 내의와 속옷, 양말, 각반 그리고 손수건 몇 장이 차곡차곡 개켜 있었다. 사건 직후에 살폈을 때와 마찬가지로 스기야마의 결벽적 성격을 충분히 짐작할 만큼 깔끔하게 정리되어 있었다.

　캐비닛 문을 닫는 순간 아래쪽 빈 공간의 커다란 상자가 눈에 들어왔다. 빨랫감을 모아둔 상자 같았는데 뚜껑을 열자 시큼한 땀 냄새와 퀴퀴한 곰팡이 냄새가 났다. 나는 빨랫감 사이에서 후줄근한 겨울 간수복 바지를 집어 들었다. 튀어나온 무릎 부분과 바짓단의 올 사이에 흙먼지가 끼어 있었다. 누구에겐가 무릎을 꿇었거나 거친 바닥을 기었던 자국처럼 보였다. 검열실에서 살다시피 한 검열관이 무슨 이유로 무릎을 꿇고 흙바닥을 기었던 것일까? 게다가 형무소 뜰의 흙은 툭툭 털면 쉽게 날아가는 마른 흙이었다.

나는 옷걸이에 걸린 간수복들의 바짓단을 들추었다. 생각대로 모든 간수복 무릎에 축축한 흙덩이에 긁힌 자국이 남아 있었다. 그 자국들은 시체실에서 본 스기야마의 무릎 생채기들과 관련이 있을 터였다. 하복과 동복 모두에 자국이 있는 것을 보면 그는 6개월이 넘는 동안 젖은 흙바닥에서 누군가에게 무릎을 꿇었던 것이다. 그는 도대체 누구에게 왜 무릎을 꿇어야 했을까?

두꺼운 심문실 문을 열고 최치수가 들어섰다. 오래 깎지 못한 수염이 텁수룩하게 자라 있었다. 그는 퀭한 눈을 번득이며 내 어깨를 살폈다. 거기에는 풀기가 빠지지 않은 빳빳한 새 계급장이 달려 있었다.

"축하하네. 진급을 했군."

나는 반쯤 부끄러웠고 반쯤 미안했다. 원하진 않았지만 상등병 계급장은 그를 살인자로 만든 대가였다. 그는 흰 이를 드러내며 웃었다.

"그래, 죽을 사람은 죽고 살 사람은 잘 살아야지. 진급도 하고, 휴가도 가고 말이야."

그의 표정엔 죽을 날을 기다리는 자의 피로와 모든 것이 빨리 끝나기를 바라는 초조함이 스며 있었다. 나는 간수복 상의의 위 단추를 풀며 물었다.

"히라누마 도주에 관해 몇 가지 더 묻고 싶어요."

"그 골치 아픈 작자의 이름은 왜 또 꺼내는 거지? 그 친구는 나와는 다른 부류의 인간이야. 어떤 식으로든 그자와 엮이고 싶지 않아."

버럭 소리를 질렀지만 그의 눈빛은 흔들렸다.

"당신 말대로 독방을 드나든 자들은 대부분 당신의 추종자들이었어요. 그런데 당신과 어울리려야 어울릴 수 없는 극과 극의 인물인 윤동주가 왜 독방을 드나들었을까요?"

그는 수갑을 찬 두 손으로 거칠게 자란 수염을 쓰다듬었다. 나는 그가 눈치채지 못하게 침을 삼켰다.

"놈이 왜 독방에 갔는지, 거기서 뭘 했는지 난 몰라. 그걸 알려면 내가 아니라 놈에게 묻는 게 빠를 거야."

그는 생각을 정리하는 듯했다. 나는 그의 생각을 다시 헝클어뜨려야 했다.

"당신은 거짓말을 하거나 알고 있는 사실을 말하지 않고 있어요. 당신은 독방에서 돌아온 그에게 졸개들을 보냈으니까요. 그들의 주먹질에 윤동주는 얼굴에 멍까지 들었죠."

"그걸 어떻게 알았지?"

"죽은 스기야마의 근무 일지에 적혀 있어요. 그는 윤동주를 철두철미하게 관찰했거든요. 그러니 거짓말은 더 이상 안 통해요."

"사람들이 거짓말을 하는 이유는 두려움 때문이거나 희망 때문이야. 하지만 난 두렵지도 않고 희망도 없어. 종결된 사건이 이제 와서 뒤엎어지진 않을 테니까."

그는 잠시 숨을 고른 후 말을 이었다.

"우린 그를 우리 계획에 끌어들이려고 안간힘을 썼어. 그자가 맘에 들지는 않았지만 조선인들에겐 빛이 될 것으로 생각했거든."

*

최치수는 형무소로 온 동주를 첫날부터 주시했다. 부드러운 동주의 첫인상에서 그는 나약함과 무력감을 엿보았다. 히라누마라는 창씨명도 실망스럽기 짝이 없었다. 성을 버린 것은 제 나라를 버린 행위였다. 최치수는 사람을 풀어 그에 대한 정보를 수집했다. 김만교는 간수들을 통해 동주의 신상 정보를 빼내왔다. 청년은 간도 출신으로 연희전문을 거쳐 도쿄와 교토로 온 유학생이었다. 최치수는 그 사실만으로도 청년을 자신이 가장 경멸하는 '나약한 지식인'으로 규정할 수 있었다.

하지만 어느 순간부터인가 상황이 의도치 않게 바뀌었다. 조선인 죄수들이 최치수가 아닌 윤동주의 곁으로 모이기 시작한 것이었다. 최치수는 이해할 수 없었다. 그는 패거리를 규합할 수완도, 주먹으로 누군가를 때려눕힐 완력도 없는 데다 작은 일에도 부끄러워하는 나약한 청년에 불과했다. 그가 하는 일이라곤 담장 아래서 말없이 사내들의 이야기를 듣고, 그들의 엽서를 대신 쓰고, 연을 날리는 것이 전부였다.

사람들을 끌어당기는 그의 유일한 무기는 말과 글이었다. 간수들 몰래 나누는 이야기와 죄수들을 대신해 쓰는 엽서를 통해 그는 조선인들을 한자리에 모았고 같은 생각을 하도록 만들었다. 최치수는 말이 어떻게 사람의 마음을 움직이는지 알지 못했다. 하지만 그럴 수만 있다면 그는 죄수들을 하나로 규합할 무기를 얻는 셈이었다. 윤동주는 바로 그 일을 해낼 인간이었다.

최치수는 자신과 동주가 같은 부류의 인간이 아닐 뿐 아니라 극단적으로 다르다는 것을 명백히 알았다. 그의 눈에 윤동주는 나약했고, 감상적이었고, 허황되기까지 했다. 동주 또한 자신을 폭력적이고, 막무가내이며, 이기적인 인간으로 볼 것이 분명했다. 그러나 어느 순간부터인가 동주는 거부할 수 없는 자장으로 최치수를 끌어당겼다. 그는 동주에게 몇 차례나 패거리를 보내 만남을 청했지만 소득은 없었다. 며칠이 지나서야 그는 할 수 없이 직접 동주에게로 찾아갔다.

"얼굴 보기 힘들군. 할 이야기가 있어. 자네도 흥미가 당길 거야."

동주의 눈은 허공에 박힌 듯이 고정되어 있었다. 최치수는 자신의 권위에 흠이 가기를 원하지 않았다. 그는 흰 이를 드러내며 시원하게 웃고는 발걸음 수를 세며 온 길을 되돌아갔다.

그날의 짧은 만남 이후 최치수는 매일 동주를 찾아갔다. 그가 새파란 샌님에게 얼마만큼 인내심을 발휘하고 공을 들이는지는 형무소 안의 누구나 알 수 있었다. 어느 날 그는 마음속에 감춘 단검을 슬쩍 꺼내 보였다.

"이 더러운 곳에서 나가고 싶지 않아? 이 지긋지긋한 감옥에서 살아 나가고 싶으면 내 말을 듣는 게 좋을 거야."

그렇게 말하며 최치수는 형무소에서 보낸 지난 세월을 떠올렸다. 망가진 몸으로 냄새나는 독방 변기대 밑을 파 들어가던 미련하고도 무모한 날들을. 하지만 동주는 끌려오지 않았다.

"사양하겠어요. 난 내 발로 이 형무소의 정문을 걸어 나갈 테니까요. 더 빨리도, 늦게도 아닌 내년 11월 30일, 형기 만료일에 말이에요."

최치수는 흙이 낀 손톱과 굳은살이 박인 무릎과 닳아버린 숟가락을 이 꽉 막힌 머저리에게 들이밀고 말해주고 싶었다. 그 모든 것들이 이 지긋지긋한 형무소를 빠져나가기 위해서라고. 그리고 그의 멱살을 끌고 독방으로 가 자유로 가는 터널을 보여주고 싶었다. 하지만 까다로운 글쟁이에게 함부로 입을 놀릴 수는 없었다. 비밀이 드러나면 땅굴은 탈출이 아니라 죽음으로 가는 통로가 될 테니까. 최치수는 흰 이를 드러내며 말했다.

"이곳이 어떤 곳인지 모르는군. 너 같은 약골이 이곳에서 1년을 버틸 것 같아? 내년 11월까지 이곳에서 몇 백 구의 시체가 나갈지 몰라. 너도 그중 하나가 될 거고."

"보호는 필요 없어요. 하나님이 지켜주실 테니까요."

"소심한 글쟁이에다 나약한 예수쟁이군."

공산주의자와 기독교인, 그들은 도무지 어울리지 않는 조합이었다. 그는 마른땅에 가래침을 뱉으며 돌아섰다. 미루나무 위에서 매미들이 귀를 갉아먹을 것처럼 울어댔다.

　상황을 바꾼 것은 동주의 독방행이었다. 최치수는 어깨를 웅크리고 독방으로 가는 동주의 뒷모습을 보며 불안에 휩싸였다. 동주가 독방에 있는 동안 최치수는 안절부절못했다. 매 같은 그의 눈과 예민한 감각이라면 독방의 비밀을 알아차릴 수도 있었다. 보름이 지난 후 어기적대며 독방을 걸어 나오는 동주에게 그는 천연덕스러운 웃음을 보이며 말했다.
　"살아서 돌아온 걸 보니 다행이군."
　동주는 강한 햇살에 눈살을 찌푸렸다. 보름의 독방 생활로 그의 흰 얼굴은 더욱 창백해 보였다.
　"괴롭긴 하지만 죽을 정도는 아니더군요. 절망은 인간을 죽이지만 괴로움은 절대 인간을 죽이지 못해요. 희망을 잃은 사람들은 죽지만 희망을 간직한 사람들은 살아남거든요."
　최치수는 다급했지만 애써 태연하게 말했다.
　"시는 희망이 아니라 마약이야. 현실을 극복하는 것이 아니라 현실을 잊게 만들지. 나약한 감상에 젖는다고 냉혹한 현실이 사라지지는 않아. 희망은 이 철창과 담장을 벗어나는 것뿐이야."
　"당신은 불가능한 꿈을 꾸고 있어요. 식민지인에게 허락된 자유는 세상 어디에도 없어요."
　최치수의 가슴속에 뜨거운 것이 뻗쳤다. 모든 계획을 말해버리고 싶었다. 깜깜하고 습기 찬 땅굴 속을 두더지처럼 판 이유를 안다면 그도 함부로 입을 놀리지 못할 것이다.
　"아무것도 모르면서 함부로 말하지 마. 이 담장 안에는 이곳만의 규칙이 있고 말해서는 안 되는 비밀도 있어."

"그 비밀 때문에 당신은 죽을 수도 있어요."

반듯한 억양이 최치수의 어깨를 무너뜨렸다. 이자는 무언가를 알고 있는 것일까? 알고 있다면 어디까지 알고 있을까? 최치수는 목소리를 낮추었다.

"독방 안에서 무엇을 보았지?"

헛된 질문이었다. 그가 무엇을 발견했든, 무엇을 알든 이미 비밀에는 금이 갔다. 비밀에는 중간이 없다. 모든 것이 지켜지든가 모든 것이 까발려질 뿐이니까. 독방동이 뭔가 수상하다는 심증만으로도 간수장은 독방동을 샅샅이 파헤칠 것이고, 독방에 드나든 자들을 거꾸로 매달 것이다. 최치수는 침을 삼키고 말했다.

"눈이 밝은 친구로군. 그래. 얘기하지 않아도 좋아. 자네가 본 것들은 모두 사실이니까."

최치수는 예리한 눈으로 동주의 죄수복 무릎에 묻은 흙을 쏘아보았다.

"눈이 밝은 친구니까 이제 선택해야 할 순간이라는 것도 알겠군. 계획에 합류하든가 그렇지 않으면……."

생략된 말은 분명했다. '죽든가.' 동주는 생각했다. To be, or not to be. 죽느냐 사느냐, 항상 그것이 문제였다. 하지만 죽느냐 사느냐는 생과 사가 아니라 to be, '가만히 있느냐?' not to be, '가만히 있지 않느냐', 즉 행동하느냐 행동하지 않느냐의 문제이기도 했다. 안다면 행해야 하고 행하지 않는 지식은 무력하고 부도덕하다는 사실은 분명했지만 생각 없는 섣부른 행동은 자신뿐 아니라 다른 사람까지 위험에 빠뜨릴 수도 있었다. 최치수가 말했다.

"지난 6년 동안 난 다른 자들이 하지 않는 온갖 생각을 했어. 지상에서 보폭으로 길이를 재고 방향을 가늠해서 터널을 팠지. 계획에 동조할 사람을 물색할 때도 수십 번의 탐색을 거쳤어."

"형무소를 벗어나면 어떻게 할 거죠?"

"도망쳐야 해. 이 더러운 전쟁으로부터, 이 더러운 나라로부터."

"언제까지 피해 다닐 수 있을 것 같아요? 당신은 24시간도 못 돼 잡혀 와 총살당할 거예요. 이곳에서 빠져나가도 도망칠 곳은 없어요. 결국 개죽음을 당할 뿐이에요. 그게 바로 일본 놈들이 원하는 거예요."

"일본 놈들이 나의 탈옥을 원한다고?"

"쓸데없는 탈출극의 말로를 보여줄 본보기니까요."

동주를 끌어들이려던 최치수의 계획은 이빨도 들어가지 않았다. 게다가 동주는 독방의 비밀을 모두 알아버렸다. 선택의 여지는 없었다. 비밀을 지키려면 그의 입을 영원히 막는 수밖에 없었다. 최치수는 먼발치에서 대기하고 있는 세 사내들에게 눈짓했다. 비밀스러운 눈빛을 교환하던 사내들이 움직이기 시작했다. 한 사내가 그들의 곁으로 다가왔고, 또 한 명은 호주머니 속으로 철조망 조각을 날카롭게 간 흉기를 움켜쥐느라 바지 자락을 추슬렀다. 나머지 한 명은 죄수들이 몰려 있는 쪽으로 향했다. 일사불란한 동작은 사전에 잘 계획된 것 같았다. 사람들 쪽으로 간 자가 소리를 질러 간수의 시선을 끌면 흉기를 든 자가 동주를 찌르고 사라질 것이었다. 바지춤 깊이 손을 찌른 사내가 다가오고 있었다.

"행동하지 않으면 개죽음을 당하는 건 자네도 마찬가지야."

강압적인 최치수의 말투는 계획에 합류하라는 완곡한 부탁처럼 들렸다. 뾰족하게 간 철사를 움켜쥔 사내의 팔뚝에 굵은 힘줄이 불룩거렸다. 동주는 자신도 모르게 원하지 않은 일에 발을 들인 것을 알아차렸다. 그는 거미줄에 걸린 곤충처럼 자신을 묶은 거미줄이 어디로 연결되는지 알지 못했다. 모두가 그랬다. 무언가에 옭매어 있지만 자신을 옭아맨 것이 무엇인지 몰랐다. 안다 해도 할 수 있는 일은 없었다. 동주는 다급하게 뱉어냈다.

"알았어요. 하겠어요!"

눈앞까지 다가와 바지춤의 철사를 꺼내려는 사내에게 최치수가 눈짓을 했다. 사내는 방향을 돌려 성큼성큼 멀어졌다. 동주의 등줄기에 땀이 흘렀다.

*

"그래서 히라누마가 함께 터널을 팠나요?"
나는 이마가 닿을 것처럼 최치수에게로 다가들었다. 그는 고개를 가로저었다. 부정이 아니라 알 수 없다는 뜻의 고갯짓이었다.
"모르겠어. 그자가 자기 몫의 터널을 팠는지 그렇지 않은지. 어쨌거나 상관없었지. 그자를 우리 계획에 끌어들인 것만으로도 충분했으니까. 그는 우리가 가지지 못한 지략과 명민함을 가졌고 조선인들을 규합할 수 있는 능력이 있었지."
"그는 독방으로 갔지만 당신의 계획에는 동조하지 않았어요. 당장 죽음을 피하기 위해 계획에 합류했던 것뿐이죠. 터널 작업이 끝나도 그는 탈출하지 않을 생각이었을 거예요."
"그가 계획에 합류한 동안에는 비밀이 지켜질 수 있다는 것만 해도 큰 수확이었어. 만약 우리가 탈출한 후에도 형무소에 남아 있다면 죽음밖에 기다릴 게 없다는 걸 그자도 알았을 테고……"
최치수의 말은 앞뒤가 맞지 않았다. 그는 윤동주를 탈출 모의에 있어도 그만 없어도 그만인 대수롭지 않은 인물처럼 말했지만, 그렇게 형편없는 인물이었다면 그를 포섭하는 데 그렇게 공을 들이지 않았을 것이다. 나는 그의 심문조서를 살피며 다시 물었다.
"왜 탈출 사건 심문 과정에서 윤동주와 관계된 진술이 이렇게 허술하죠?"
최치수는 납덩이처럼 굳은 표정으로 입가의 수염을 쓸어내렸다.
"어차피 사건과 직접적인 관계가 없는 변두리 인물이라 얘기하지 않았을 뿐이야."

 그는 다른 동조자들과 달리 윤동주를 의도적으로 사건에서 떼어놓으려는 것 같았다. 만약 그가 윤동주를 보호하려 했다면 이유는 무엇일까? 그가 지금까지 밝혀지지 않은 어떤 비밀을 쥐고 있기 때문은 아닐까?

 최치수는 펼쳐진 조서를 뚫어질 듯 바라보았다. 나의 주의를 분산시키려는 의도적인 행동 같았다.

 "괜찮다면 그 용지 한 장만 찢어 줄 수 있겠나?"

 나는 미심쩍은 표정으로 되물었다.

 "종이는 무엇에 쓰려는 거죠?"

 "언제 죽을지 모르는 인간에게 유서 쓸 종이 한 장 내주는 데 그렇게 빡빡하게 굴어야겠나?"

 그렇게 말하는 그의 표정은 비장했다. 나는 아무 말도 하지 않고 용지철 맨 뒷장을 뜯어 그에게 건넸다. 그는 종이를 받아 곱게 접어 죄수복 윗주머니에 간직했다.

 "고맙네. 언젠가 이 종잇값은 치르지."

 그것은 독방에 갇혀 집행을 기다리는 사형수의 가망 없는 허세였다. 하지만 나는 그 약속이 지켜졌으면 좋겠다고 생각했다.

책벌레의
사생활

    검열실로 돌아온 나는 소각 저작물 장부를 뒤졌다. 1월부터 8월까지는 눈에 띄는 점이 없었다. 9월 장부를 훑어내려 가던 내 눈이 9월 18일자 소각물 목록에 걸렸다. 하루 평균 10권 내외인 소각량의 두 배 가까이 되는 열여덟 권이었다. 새로 들어온 죄수들의 압수물이나 보존 기간이 지난 장부가 대부분이었다. 그중 등록 번호가 없는 책 한 권이 있었다. 내무성 국민교육국에서 발행한《제국의 탄생》이었다.

    나는 장부를 들고 검열실 옆의 5평 남짓한 도서자료실로 향했다. 군데군데 회칠이 벗겨진 외벽에는 곰팡이가 슬어 있었고 집기라고는 덩그러니 놓인 책상과 네 개의 의자, 낡은 책장이 전부였다. 책장에는 〈순찰 근무 요령〉〈교도 행정 수칙〉〈간수 교범〉 등 치안국에서 간수 교육을 위해 배포한 간행물들이 꽂혀 있었다. 육군성에서 배포한《제국의 길》《사쿠라의 전사》《창공의 사쿠라》 등 전쟁소설들과 〈전시 행동 요령〉〈군인 교범〉도 있었다. 매달 불하된 책자들을 분류하고 관리하는 업무는 검열관의 몫이었다. 오래된 책을 소각시켜야 새로 불하되는 책을 보관할 공간을 만들 수 있었던 것이다.

나는 책등을 하나하나 더듬으며 서가를 살폈다. 서가 오른쪽의 뽀얀 먼지 위에 두 줄의 자국이 나 있었다. 누군가가 그곳에 꽂혔던 책을 뽑아낸 것이다. 그것은 범죄의 흔적이라고 할 수 있었다. 그것 말고도 비교적 선명한 몇 개의 굵고 가는 평행선들이 보였고 다시 먼지가 쌓여 희미한 자국도 있었다. 그것은 책들이 사라진 시차였다.

남아 있는 책들의 책등에는 등록 번호가 없었다. 검열관이 된 스기야마가 불하받은 모든 인쇄물 목록을 장부에 정리하기 전부터 있었던 책이라는 뜻이었다. 맨 뒷장의 발행 연도를 확인하니 대부분 1943년 이전의 책이었다.

검열실에서 가져온 도서 장부에는 등록 번호가 없는 간행물 기록이 한 권도 남아 있지 않았다. 거대한 물레방아가 내 가슴속에서 빙글빙글 돌기 시작했다. 책들이 사라졌다. 그토록 철저한 검열관의 자료실에서 한두 권이 아닌 수십 권의 책이 사라졌다. 책들은 어디로 사라졌을까? 알 수 없었다. 다만 사라진 책들은 어떤 식으로든 스기야마의 죽음과 관련이 있을 것이다. 그의 죽음을 온전히 이해하려면 사라진 책들의 행방을 찾아야 했다.

나는 적막과 냉기로 가득한 자료실에서 서가의 먼지 자국과 씨름하며 하루를 보냈다. 분명한 것은 없고 모든 것은 미로처럼 복잡했다. 스기야마의 죽음과 윤동주란 존재는 그 자체로 미스터리였으며 어둠에 싸인 형무소의 구석구석은 비밀투성이였다. 나는 지쳐가고 있었다. 나는 쫓을 수 없는 것을 쫓고 있으며 알아서는 안 될 것을 알고 싶어 하는 것일까?

막다른 미로 끝에서 나는 서가에 등을 기대고 털썩 주저앉았다. 나는 서가에서 눈에 띄는 대로 낡은 책 한 권을 뽑아 들었다. 일본이 곧 전쟁에서 승리할 테니 마지막까지 국가를 위한 희생을 자랑스럽게 생각하라는 선동이 담겨 있었다.

나는 혐오감을 느꼈다. 이렇게 많은 사람들이 죄수가 되고, 이렇게 많은 사람들이 목숨을 잃고, 이렇게 많은 아이들이 고아가 되고, 이렇게 많은 여인들이 과부가 된 후의 승리는 누구를 위한 것일까? 전쟁을 끝내는 것을 지상 과제로 여기는 자들이 왜 전쟁을 일으켰을까? 그들은 바보들일까? 아니면 사악한 거짓말쟁이들일까?

책을 펼치자 오래된 책등은 더 이상 버티지 못하겠다는 듯 가운데가 뚝 부러졌다. 펼쳐진 책갈피 사이는 종이를 갉아 먹은 책벌레가 지나간 좁고 긴 고랑 같은 자국이 나 있었다. 다음 페이지에도, 그다음 페이지에도 자국은 이어졌다.

나는 그런 방식으로 종이를 갉아 먹는 벌레를 알고 있었다. 교토의 책방에 수시로 출몰하며 책들을 망가뜨리던 갑충의 애벌레들이었다. 놈들은 상아처럼 희고 반짝이는 촉수와 양쪽으로 벌어진 억센 턱으로 수백 페이지의 책장을 파낸 홈에 고치를 짓고 알을 깠다. 통통하게 살이 오른 애벌레들은 영어판 《셰익스피어 희곡집》 갈피 속에, 단테의 《신곡》 속 지옥 장면에 꿈틀대고 있었다.

책은 놈들의 먹이였고 은신처였고 무덤이었다. 밤낮을 가리지 않고 종이를 파먹으며 살아가는 책벌레들은 나와 같은 종족이었다. 나는 놈들이 부러웠다. 놈들처럼 책 속에서 태어나 책을 먹고 살다 책 속에서 죽고 싶었다.

놈들은 거침없는 식욕과 놀라운 운동 능력을 자랑했다. 오필리아의 죽음이 그려진 페이지를 갉아 먹는가 하면 투르게네프의 양장 표지와 디킨스의 《올리버 트위스트》도 삼켰다. 한 마리의 애벌레가 며칠 만에 《오디세이》와 《돈키호테》와 《레미제라블》을 동시에 못쓰게 만들기도 했다. 호머와 세르반테스와 위고로 이어지는 세 권의 걸작을 잇는 긴 터널을 뚫은 것이었다.

놈들이 먹어치운 것은 책뿐만이 아니었다. 나와 어머니의 삶 또한 놈들에게 갉아 먹혔다. 누구도 벌레 먹은 책을 선뜻 사 가려는 사람은 없었으니까. 나는 놈들을 막아야 했다. 그러려면 먼저 놈들의 정체를 알아야 했다.

나는 책방 안쪽 서가에서 돈이 궁할 때마다 아버지의 서재에서 한 권씩 책을 훔쳐 팔던 대학교수의 아들에게서 사들인 곤충 도감을 뽑았다. 책갈피 사이에 애벌레를 올려놓고 책장의 곤충들과 꼼꼼히 비교했다.

종이를 먹이로 삼는 벌레들
- 아노비움(Anobium):

구더기를 닮았으며 유충 상태에서는 주로 견과류 안에서 지낸다. 잘 마른 나무 조각, 나무 상자, 고문헌을 갉아 먹는다.
- 오에코포라(Oecophora):

오에코포라 수도스프레텔라(Oecophora pseudospretella). 몸 길이는 1/2인치 정도이고 머리 부위에 강력한 턱을 가지고 있다. 누에처럼 생겼으며 몸에는 6개의 다리와 8개의 빨판이 있다.

책벌레의 정체를 알아낸 나는 주둔군 의무대에서 잡충 방역제를 구할 수 있었다. 흰 가루약을 서가 사이와 책 틈에 뿌리자 약효는 금방 나타났다.

나는 그때 곤충 도감에서 보았던 책벌레들의 학명을 중얼거렸다.

"오에코포라 수도우스프리텔라."

그것들은 어디에서 왔을까? 서가의 틈과 벽 구석 곳곳에 흰 가루가 보였다. 책벌레를 퇴치하기 위한 방역제가 분명했다. 철두철미한 스기야마가 책벌레들을 방치했을 리가 없었다. 그런데도 책벌레들이 창궐한 이유는 어딘가에 방역제의 공격을 피할 곳이 있기 때문일 것이다.

책장 안쪽 구석구석을 꼼꼼히 살피던 내 눈에 벽 틈에서 꼬물대는 무언가가 보였다. 반짝이는 등, 종이와 잉크 냄새를 탐색하는 두 개의 긴 촉수. 놈은 여섯 개의 다리로 굼실대며 서가를 기어올랐다. 뒤를 이어 또 한 마리가 꼬물거리며 나타났다. 또 한 마리, 또 한 마리……. 성충이 벽 틈에 알을 낳은 것이 분명했다. 책벌레들은 회색 벽 틈에서 기어 나왔다.

갈라진 벽 옆에 놓인 탁자로 다가서자 발바닥에 빈 공간에서 울리는 진동이 전해졌다. 탁자를 밀어내자 그 자리에 분리된 사각의 마룻장이 보였다. 벌레는 그곳에서 기어 나오고 있었다. 마룻장을 들어내자 곰팡내가 섞인 눅눅한 공기가 확 덮쳤다. 나의 심장은 쫓기는 사람처럼 뛰기 시작했다.

두 눈이 어둠에 익숙해지자 지하로 이어지는 낡은 나무 계단이 보였다. 나는 후들대는 다리를 간신히 침침한 어둠 속으로, 매캐한 먼지 속으로, 내밀었다. 한 칸 한 칸 계단을 내려서자 나 자신은 어둠의 한 부분이 되었다. 호주머니에서 라이터를 꺼내 켜고 바닥에 도착한 나는 계단 끝 등잔에 불을 붙였다. 마른 심지가 바지직대는 소리와 함께 좁은 실내가 밝아졌.

50여 권이 넘는 검은 책들이 벽돌에 걸친 널빤지 위에 서 있거나 누워 있었다. 반대쪽 구석에는 쓰다 남은 벽돌 더미와 각목, 널빤지들이 쌓여 있었다. 나는 두근거리는 가슴을 억누르고 부풀어 오른 책등들을 쓰다듬었다. 검은 책등에는 조선어 제목과 일본어 제목이 병기되어 있었다. 내가 책등을 하나하나 손끝으로 매만지자 책들은 피아노 건반처럼 저마다의 소리를 내는 듯했다. 《돈키호테》《레 미제라블》《릴케 시집》《프랑시스 잠 시집》《로빈슨 크루소》《로미오와 줄리엣》……

책 속에는 불타는 거리와 살인자의 모략, 의로운 자들의 탄식과 희생자들의 비명이 숨 쉬고 있었다. 자료실에서 사라진 전투 교범과 전쟁 수칙들은 숨 가쁜 모험과 사랑 이야기로 변모해 있었다. 이 숨겨진 공간은 그 작가들의 망명지였고 그 주인공들의 도피처였다. 그들은 참혹한 현실로부터, 비열한 전쟁으로부터, 냉정한 인간들로부터 도망쳐 온 것 같았다.

나는 표지가 반질반질하게 닳은 한 권의 책을 뽑아 들었다.《독일인의 사랑〔獨逸人の愛〕》. 그 책의 첫 구절을 나는 생생하게 기억한다.

어린 시절은 그 나름의 비밀과 경이로움을 갖고 있다. 하지만 누가 그것들을 이야기로 엮을 수 있으며, 누가 그것을 해석할 수 있을까?

그러나 나는 책에 쓰인 글들을 읽을 수 없었다. 책에 쓰인 문장들은 내가 모르는 조선어였다. 나는 책을 닫은 후 원래 있던 자리에 조심스럽게 밀어 넣었다. 오른쪽 책장에는 서툰 필체의 일본어 책들이 꽂혀 있었다. 조선어 책들이 뒤마나 스탕달과 같은 소설이라면 일본어 책들은 키르케고르와 같은 철학 교양서였다.

책들은 많지 않았지만 내용적으로 균형 잡혀 있었고 책에 익숙하지 않은 사람들과 상당 수준의 독서가를 동시에 만족시킬 만한 수준별로 구비되어 있었다. 이 어둠 속의 도서관을 건설한 사람은 책을 알고, 인간의 지적 모험이 어떻게 이루어지는지 아는 인물이었다.

그렇다면 그는 왜 모든 책을 조선어로 번역하지 않았을까? 그 이유는 일본어와 조선어 필체가 다른 점에서 짐작할 수 있었다. 일본어를 쓴 사람은 조선어를 몰랐던 것이다. 그 도서관에는 적어도 한 명 이상의 조선인과 한 명 이상의 일본인이 개입되어 있었다. 서투르지만 힘 있는 그 일본어 필체가 누구의 것인지 알 것 같았다.

스기야마 도잔.

내가 할 수 있는 선택은 두 가지였다. 이 모든 사실을 보고하느냐 보고하지 않느냐? 보고를 한다면 비밀 도서관의 존재는 드러나고 보고하지 않는다면 비밀은 봉인될 것이다. 비밀이 드러나면 책들은 불살라질 것이며 음모를 꾸민 자들은 죽을 것이다. 비밀이 봉인되면 나는 반역자가 될 것이다. 나는 이 참혹한 형무소에 건설된 문명을 말살해야 할지, 반역자가 되어야 할지 알 수 없었다.

결국 나는 아무것도 선택하지 않기로 했다. 나는 다만 진실을 택해야 할 것이다.

　진실을 말해줄 수 있는 한 사람이 떠올랐다. 어쩌면 그는 진실한 사람이 아닐 수도 있었다. 그렇다면 그가 진실하지 않다는 진실이라도 확인해야 했다.

사라진
　　책들의
노래

 심문실로 들어서는 동주의 얼굴은 잠을 제대로 자지 못한 듯 까칠했다. 포승줄을 풀어주자 겨우 얼굴에 핏기가 비쳤다. 그는 초조한 듯 보였지만 겁을 먹은 것 같지는 않았다.
 내 머릿속에는 수십 개의 질문들이 떠돌았다. 진실은 내가 이해할 수 있는 범위를 넘어서 있었다. 동주는 손목에 뱀 비늘처럼 새겨진 포승줄 자국을 매만지며 말했다.
 "스기야마에 관한 이야기라면 끝난 걸로 아는데……."
 그는 피곤이라는 등짐을 진 노역자처럼 보였다. 나는 대답했다.
 "스기야마에 관한 이야기는 끝났을지 모르지만 사라진 책들과 지하 도서관 이야기는 시작도 하지 않았어요."
 "사라진 책들? 지하의 도서관? 그게 도대체 무슨 소리지?"
 "모르는 척해도 소용없어요. 내 눈으로 똑똑히 확인했으니까!"
 나의 목소리가 격해질수록 그의 입술은 완강하게 굳어갔다. 그의 입을 열기 위해 나는 더 맹렬하게 다그쳤다.

"원했든 그렇지 않았든 당신은 최치수의 탈출 터널 사건에 가담했어요. 그러나 그는 땅굴이 발각된 뒤에도 당신에 대한 진술을 얼버무렸죠. 최치수가 당신을 보호해야 할 이유가 도대체 뭐죠?"

동주의 눈가가 가볍게 떨렸다. 자신에게 왜 그런 것을 묻느냐고 되묻는 것 같았다. 나는 말을 이었다.

"처음엔 중벌을 피하게 하려고 당신을 단순 가담자로 만들었다고 생각했어요. 하지만 그게 아니었어요. 최치수가 당신을 보호한 것은 철저하게 의도적이었어요. 그에겐 단순히 당신을 보호하는 것보다 더 큰 목적이 있었죠. 터널에 관해 숨겨야 할 비밀이 있었기 때문이었어요."

동주는 비밀을 말해야 할지 비밀을 지켜야 할지 망설이는 것처럼 표정을 일그러뜨렸다. 마침내 그는 겨우 말라붙은 입술을 떼고 말했다.

"스기야마…… 그 사람에 대해 뭘 알아냈지?"

"그의 바지 무릎에 묻은 흙은 최치수가 판 터널의 흙과 달랐어요. 제2의 터널이 있다는 얘기죠. 이상한 점은 또 있어요. 검열실 책장의 책들 중 오래된 정부간행물들이 사라졌다는 거예요. 군인 수칙, 전시 국민 행동 요령, 대일본 제국 선전 책자들 말이에요."

그는 반박하지 않았다. 그의 눈에서 연민과 분노가 싸우고 있었다. 목숨을 지렛대로 진실을 떠받치고 있는 자들을 향한 연민과 그들을 그렇게 내몬 자들에 대한 분노. 어쩌면 그 대상은 나인지도 몰랐다. 그가 나에 대해 분노한다 해도 나는 어쩔 수 없었다. 나는 다시 말했다.

"내가 원하는 것은 사건의 해결이 아니라 사건의 진실이에요."

"그런 건 없어. 있다 해도 넌 알 수 없을 거야."

"당신이 털어놓지 않으면 난 상부에 보고할 수밖에 없어요. 사라진 책에 대한 조사가 시작되면 숨겨진 도서관의 비밀이 밝혀질 거예요. 스기야마가 영웅이 아니라 반역자에 불과했다는 것까지요."

모든 것을 체념한 듯 그의 눈빛이 흔들렸다. 그는 다른 사람이 아닌 나에게 털어놓는 것이 최선임을 알 것이다. 비록 조선인과 일본인이지만 적어도 책을 사랑한다는 점에 있어 우리는 같은 종족이니까. 나는 침을 삼키고 물었다.

"누가 사라진 책들을 훔쳤죠?"

나의 목소리가 떨리고 있다는 것을 나도 알 수 있었다. 그는 결심한 듯 어렵사리 입을 열었다.

"스기야마는 책을 불태우는 자였어. 동시에 책 도둑이었고 책을 만드는 장인이기도 했지."

그의 이야기는 스기야마의 죽음이 아니라 그의 삶에 대한 이야기였다. 책 도둑이자 책을 만드는 장인이었던 한 남자의 이야기, 그리고 그가 만든 세상에서 가장 은밀한 책의 이야기.

*

스기야마 노장은 책을 혐오했고, 책을 불태웠으며 책을 훔쳤다. 그것은 책에 대한 불타는 증오인 동시에 동경이었다.

최치수의 탈출 모의를 캔 그는 독방행을 자청한 자들을 심문실로 불러들였다. 그들은 눈두덩이 부어터지거나 정수리가 찢기거나 팔목이 부러진 채 심문실을 나갔다.

스기야마의 몽둥이는 그들의 희망을 바스러트리고 현실을 직시하게 했다. 어설픈 탈출 모의는 성공할 수 없고, 최치수란 자는 믿을 만한 자가 못 되며, 이 요새 같은 형무소를 벗어날 수 없다는 것을.

마지막으로 심문실로 호출된 자는 윤동주였다. 놈에 대한 배신감 때문에 스기야마의 얼굴 근육은 일제히 뒤틀렸다. 그는 흥분하면 지는 것이라고 자신을 다독인 후 입을 열었다.

"시니 문학이니 읊어대더니 무식한 주먹패들의 어설픈 모의에 목숨을 거는 멍청이였군."

그의 빈정거림은 눈앞의 멍청이가 아니라 잠시나마 그와 마음을 나눈 자신을 향한 것이었다. 동주가 말했다.

"나는 멍청이일지 모르지만 모의에 가담한 적은 없어요. 그의 계획을 알았고 독방행을 자초했지만 성공할 거라 믿지 않았고, 성공한다 해도 그런 식으로 이곳을 나가기는 싫었어요."

"그럼 독방으로 간 목적이 뭐였지?"

"최치수의 터널이 아니라 내 터널을 파기 위해서였어요. 형무소 담장 밖이 아닌 다른 곳을 향한 터널이죠."

"또 다른 터널이 있다고?"

"최치수의 터널 중간에서 갈라져 바로 이 검열실로 향하죠."

스기야마는 뒤통수를 얻어맞은 것 같았다. 이자는 최치수의 강압에 굴복한 것이 아니라 최치수의 계획을 역이용했던 것이다. 무엇 때문에 그런 터무니없는 일을 한 걸까?

"그렇다면 그건 탈출로가 아니군?"

"나는 땅굴을 통해 이 형무소를 나가지 않을 거예요. 철조망을 벗어나도 속박은 마찬가지니까요. 사냥개들과 고등계 형사들이 뒤를 쫓고 철창 대신 멸시의 눈초리가 우릴 가로막을 거예요. 지옥을 탈출해 더 지독한 지옥으로 가는 거죠."

"그런데 왜 몽둥이찜질을 당하며 지긋지긋한 독방행을 자처했지?"

"탈출하고 싶었어요."

"어디로?"

"글 속으로, 문장들 속으로!"

스기야마는 헛웃음 속에 두 가지 의문을 감추었다. 놈이 제정신인가? 글 속으로의 탈출이 가능한 일인가? 대답은 명확했다. 놈은 제정신이었다. 글 속으로의 탈출도 가능했다.

스기야마는 활자를 향한 그의 갈망과 책이 그 갈망을 채울 것이라는 것을 이해했다. 책이 있는 곳이라면 그는 아무리 좁고 어두운 땅 속에도 자신의 세계를 창조할 수 있을 것이다. 수많은 도시와 마을을 만들고 그곳에 자신의 영혼을 살게 할 수 있을 것이다.

그가 제정신이라고 생각하는 자신이 제정신이 아닐지도 모른다고 생각하자 스기야마는 문득 두려워졌다.

"문장 속으로? 어떻게?"

동주는 골똘한 스기야마의 표정을 살피며 갈등했다. 그가 모든 것을 털어놓을 수 있는 인물인지 생각하는 것 같았다. 설사 그렇지 않다 해도 다른 방법은 없었다. 숨긴다고 숨겨지지 않을 것이며 더 이상 숨길 것도 없었다. 막다른 구석에 몰린 쥐가 할 수 있는 유일한 행동은 고양이에게 달려드는 것밖에 없었다.

"형무소 안에서 책이 있는 장소는 검열실과 자료실이 있는 검열동이었어요."

"검열동은 지옥이야. 유령에게나 어울릴 끔찍한 곳으로 땅굴을 팠다고?"

스기야마는 자조 섞인 목소리를 가래처럼 내뱉었다. 그 지옥을 서성이는 유령이 바로 자신이라는 사실이 부끄러웠다. 동주가 말했다.

"검열실 지하 쪽으로 통로를 파면 당신이 자리를 비우는 동안 한두 권의 책을 훔쳐낼 수 있을 거라 생각했어요. 독방 생활 일주일이면 몇 권이든 읽을 수 있는 시간이니까요. 읽은 책을 도로 갖다놓으면 모를 거고요."

그의 눈에 담긴 것은 거짓말도 헛된 공상도 아닌 뜨거운 열망이었다. 스기야마의 머릿속에 빛의 속도로 어떤 생각이 스쳤다.

"네 계획은 어처구니없을 뿐 아니라 반드시 실패할 거야. 왜냐고? 나는 너처럼 허술한 미련퉁이가 아니야. 설사 그렇다 해도 내 영역에 어떤 놈이 나 모르게 드나드는 걸 모를 만큼 멍청이는 아니지. 그러니 자료실이라면 몰라도 내 검열실은 꿈도 꾸지 마!"

하지만 자료실에 보관된 도서들은 반강제적으로 떠맡겨진 정부 홍보물일 뿐 목숨 걸고 터널을 파서 읽을 만한 것들이 아니었다. 스기야마는 잠시 말을 멈추었다가 결심한듯 이어나갔다.

"자료실 아래에 한때 고문실로 쓰던 지하실이 있어. 형무소가 확장되면서 폐쇄한 후 지금은 목재나 벽돌 같은 남은 자재를 보관하는 창고로 쓰고 있지."

이제 더 이상 스기야마는 감시자가 아니고 심문자는 더욱 아니었다. 그는 공모자이자 반역자가 되어 있었다. 동주는 스기야마가 무슨 말을 하려고 하는지 정확하게 이해했다.

"당신이 도와준다면…… 그곳에 도서관을 만들 수 있어요."

동주의 맹렬한 눈빛이 스기야마를 옥죄었다. 스기야마는 왠지 그의 올가미에서 빠져나가고 싶지 않았다. 그의 생각은 이미 어디에서 어떻게 책들을 구할까 하는 데 가 있었다. 검열실의 책들 중 몇 권이라도 빼내면 좋겠지만 그건 모두에게 위험한 일이었다. 장부와 물품을 대조하면 바로 문제가 불거질 테니까. 그는 결심한 듯 말했다.

"자료실의 정부간행물들은 압수 저작물보다 관리가 허술해. 굳이 목숨 걸지 않아도 감방에서 배때기 깔고 읽을 수 있도록 꼬박꼬박 배달까지 해주니까 말이야."

동주가 말했다.

"그 책들을 빼내면 방법을 찾을 수 있어요. 읽는 게 아니라 새 책을 만드는 거죠."

"어떻게?"

"조개탄 운반 노역조에 조선인 죄수가 있어요. 조개탄 몇 개를 곱게 갈아 불쏘시개용 등유 몇 방울을 섞으면 목탄 같은 검은 색을 낼 수 있어요. 그걸로 빼낸 책을 칠하면 낡은 재생지는 색을 잘 먹을 거예요. 기름이 정착제 역할을 해서 번지지도 않을 거예요."

"책장(冊張)을 까맣게 칠한다고? 글자란 글자는 모조리 지워버린 책으로 뭘 한다는 거지?"

"검은 종이에는 글자를 쓸 수 없지만 흰 잉크가 있으면 얘기가 달라지죠."

"흰 잉크가 어디에 있어?"

"난로에서 완전 연소된 조개탄 재를 기름과 섞으면 선명하지는 않겠지만 검은 바탕 위에 쓰면 읽을 정도의 흰색을 낼 수 있을 거예요. 날 간수실의 난방 노역조에 배치해주면 먹과 흰 잉크를 만들 수 있어요."

"네 말대로 책을 만들고 잉크를 구했다고 해도 책은 어떻게 구할 생각이지?"

스기야마는 두려웠다. 지금이라도 자신을 빨아들이는 이자의 교활한 음모에서 빠져나가고 싶었다. 그럴 수 없다는 것을 잘 알면서도. 청년이 또박또박 말했다.

"검열실의 압수물 상자에는 수백 권의 책이 있어요. 그 책들을 조선어로 번역해 필사하는 거예요."

스기야마의 얼굴이 붉게 달아올랐다.

"압수 저작물 책을 훔쳐내겠다고? 죽으려고 약을 쓰는 거야?"

"훔쳐내진 않을 거예요. 압수물 대장과 상자를 대조하면 금방 드러날 테니까요. 대신 일주일씩만 빌리는 것으로 하겠어요. 베껴 쓴 후에 반드시 반납하는 조건으로요."

"내가 왜 아무런 대가도 없이 그 책들을 빌려줘야 하는 거지?"

스기야마는 분이 덜 풀린 목소리로 물었다. 청년은 대가는 분명히 있을 거라고 대답했다. 스기야마는 다시 헛웃음을 지었다. 철창 속에서 하루 한 끼를 겨우 얻어먹는 죄수 주제에 대가라니? 이 교활한 녀석은 무슨 꿍꿍이를 가진 것일까? 동주가 말을 이었다.

"당신은 내가 다시 시를 써야 한다고 말했죠? 좋아요. 난 다시 시를 쓰고 당신에게 일본어로 번역해주겠어요. 어때요? 대가가 모자라나요?"

그것은 청년이 그에게 줄 수 있는 최고의 대가, 세상 누구도 제시할 수 없는 값진 대가였다. 스기야마는 고개를 끄덕였다. 청년이 다시 시를 쓸 수 있다면 그는 무엇이든 할 수 있을 것 같았다. 그럼에도 그는 자신이 왜 청년을 도우려 하는지 이해할 수 없었다. 그러다 마침내 그는 답을 발견한 것 같았다.

그는 청년을 도우려는 것이 아니라 자기 자신을 도울 뿐이었다. 어쩌면 반역자가 될지 모르지만 해볼 가치가 있는 일이었다. 윤동주는 조선인들 사이에서 최치수에 버금가는 인물이 되어 있었다. 스기야마의 목적은 그를 이 형무소의 담장 안에 가두어두는 것이었다. 그의 계획에 동의하면 그는 어쨌든 이 담장 안에 남게 될 것이었다.

침묵이 두 사람 사이로 흘러갔다. 한때 죄수들의 비명과 피로 젖었던 고문실은 문장의 성소가 될 것이다. 스기야마는 생각했다. 자신도 그 도서관으로 들어가고 싶다고. 그는 또 생각했다. 알량한 지적 허영심 때문에 조국을 배신했다고. 그것은 반역이었다. 그렇다면 그는 자신을 벌해야 했을까?

*

나는 믿을 수 없었다. 윤동주는 최치수의 뒤통수를 쳤고 스기야마는 거기에 가담했다. 최치수는 스기야마를 죽이고 윤동주를 보호하고 있었다.

세 사람의 관계는 미궁처럼 얽혀 있었다. 어디서부터 엉킨 실타래를 풀어야 할까? 나는 물었다.

"최치수가 당신의 배신을 알고 있었나요?"

말없이 고개를 끄덕인 동주는 한참 후에야 말을 이었다.

"여름이 지나갈 무렵 독방에서 돌아온 그가 다가왔어. 그의 눈은 배신감과 분노로 이글거렸지. 자신의 터널과는 전혀 다른 방향으로 파 들어간 새 터널을 발견했던 거야. 파낸 흙으로 막아둔 갈림길의 마무리가 정교하지 못했던 거지. 그는 죄수복 옷깃으로 나의 목을 감아 조르고 죽일 듯 노려보았어. '쥐새끼처럼 혼자서 야금야금 굴을 팠더군.' 나는 그것이 쥐새끼 굴이 아니라 그가 담장 밖으로 파는 터널처럼 자유로 가는 길이라고 대답했어. 어느 길이 우리를 자유로 데려다줄지, 아니면 죽음으로 데려갈지는 우리들 중 누구도 알 수 없었지. 그가 거칠게 조르던 옷깃을 뿌리쳤어. 그가 나를 죽이지 않을 거란 생각이 들더군. 왜인지 모르지만 내 계획을 망가뜨리지 않을 거라는 생각도. 그가 말했어. '그래, 너나 나나 이 더러운 곳에서 빠져나갈 구멍을 파고 있지. 방향은 다르지만, 길은 여러 개일수록 좋겠지.' 나는 두 개의 터널이 각자의 방식대로 우리를 자유롭게 해주기를 기도했어. 말은 안 했지만 우린 그 바람으로 비밀을 봉인시켰어."

"최치수는 지하 도서관의 비밀을 지켰어요. 당신의 터널에 대해 자백한다고 죄가 가벼워지지 않을 걸 알았던 거죠."

"모든 죄수들에게 스기야마는 죽여야 할 악인이었어. 나도 처음엔 최치수가 그를 죽였다고 생각했지."

"최치수가 살인자가 아니란 얘긴가요?"

"스기야마가 죽던 시간에 지하 도서관에서 최치수를 본 조선인들이 있더군. 최치수는 스기야마 도잔을 죽인 살인자가 아니야."

"그런데 왜 그들은 입을 닫고 있죠?"

"살인죄를 벗어난다고 해도 대규모 탈옥은 사형을 피할 수 없으니까. 대신 누군지 몰라도 스기야마를 죽인 자는 빠져나갈 수 있겠지."

나는 초조해졌다. 만약 최치수가 살인자가 아니라면 나는 무고한 사람을 살인자로 몰아세운 셈이다. 최치수는 내가 뒤집어씌운 죄 때문에 죽을 것이다. 그가 스기야마를 죽이지 않았다는 것을 어떻게 증명할까? 증명한다 해도 그를 살려낼 방법이 있을까?

"그럼 누가 스기야마를 죽였죠?"

동주의 창백한 입가에 어두운 미소가 번졌다. 그것은 순결한 시인의 가면을 쓴 살인자의 미소 같았다. 의심과 두려움이 나의 머릿속에서 덩굴처럼 자라났다. 그가 거짓말을 하는지도 모른다. 최치수를 속인 그가 내게 거짓말을 못할 이유가 무엇인가? 나는 소리쳤다.

"당신의 범죄를 숨기기 위해 최치수를 이용했군요. 당신이 최치수 모르게 판 터널은 검열동으로 연결되고, 검열동은 바로 본관동과 연결되죠. 살인 현장은 본관동 실내의 중앙 복도였고요. 최치수의 터널 출구는 반대편인 묘지 쪽으로 나 있었어요. 당신은 그에게 살인죄를 뒤집어씌운 거예요."

그는 차갑게 식은 표정으로 되물었다.

"내가 스기야마를 죽여야 할 이유가 뭐지?"

"스기야마는 당신이 자료실 지하로 터널을 파고 책들을 훔쳐낸 것을 알아차렸어요. 지하 도서관의 비밀이 탄로 날 것이 두려웠던 당신은 그의 입을 막아야 했지요. 살인자!"

나의 주먹이 당장 그의 턱에 날아가 꽂히기를 원했다. 교활한 그자 때문에 죄 없는 최치수를 살인자로 만들고 말았다. 그는 나의 분노를 이해한다는 듯한 표정이었다. 하지만 나는 그의 이해를 바라지 않았다.

최치수가 스기야마를 죽이지 않았다는 윤동주의 진술은 묘한 이율배반을 품고 있었다. 윤동주가 살인자라면 그것은 완전범죄였다. 최치수가 모든 죄를 완벽하게 뒤집어썼기 때문이다. 그런데도 그는 최치수가 살인자가 아니라고 말했다. 자신이 살인자로 의심받을 걸 알면서.

그의 자백은 엉뚱한 사람을 살인자로 몬 나에 대한 질책이었고 진짜 범인을 밝혀내라는 추궁이었다. 그렇다면 그가 진짜 살인자일까?

정황은 충분히 그럴듯했다. 용의주도한 지하 공간의 설계자, 동료를 배신하고 추진한 비밀스러운 음모, 수많은 독서와 집필을 통해 쌓인 통찰력을 지닌 그는 아무도 모르게 간수를 살해하고 현장을 빠져나갈 수 있는 인물이었다. 그런데 왜 그는 애써 최치수의 목에 씌운 올가미를 도로 벗겨냈을까? 의문은 다시 원점으로 돌아갔다.

흙탕물처럼 뿌연 머릿속에 검은 책들의 제목이 떠올랐다. 스기야마는 정부간행물을 소각로로 가져갔지만 그것을 태우는 대신 다시 숨겨 나왔다. 그리고 그 책들은 지하실로 옮겨져 새 책으로 태어났다.《제국의 탄생》은《레미제라블》이 되었고,〈전시 행동 수칙〉은《프랑시스 잠 시집》이 되었다.

나는 소각물 장부를 챙겨 자료실로 향했다. 마룻장을 들어내자 책 먼지와 곰팡이 냄새가 쏟아져 나왔다. 구르듯 계단을 내려가 등잔에 불을 밝히자 책들이 모습을 드러냈다. 구석에 쌓인 벽돌과 널빤지를 치우자 허리 높이의 터널 입구가 나타났다. 나는 등잔을 들이밀고 벽을 살폈다.

단단한 흙벽에 빗살무늬처럼 예리한 삽날 자국이 지하실에서 터널 방향으로 새겨져 있었다. 그 자국은 스기야마가 도서관에 책을 공급했을 뿐 아니라 그곳으로 오는 터널을 직접 팠다는 증거였다. 그제야 검열실 옷장의 간수복 바지에 흙이 묻어 있던 이유를 알 것 같았다.

스기야마 도잔은 빈틈없는 간수였지만 제국의 반역자에 지나지 않았고 모두를 철저히 배신한 이중인격자였다.

그는 왜 그렇게 상반된 삶을 살았을까?

그를 죽인 진짜 살인자는 누구일까?

다음 날 간수장실로 향하는 나의 발목은 납덩이를 매단 것처럼 무거웠다. 죄 없는 누군가가 나 때문에 살인자가 되었다는 사실에 나는 부끄럽고 두려웠으며 가책을 견딜 수 없었다. 부젓가락으로 난로안의 조개탄을 젓는 간수장의 뺨은 벌겋게 달아올라 있었다.

"간수 피살 사건에 관한 새로운 사실이 드러났습니다."

내 보고에 간수장의 눈꼬리가 가늘게 떨렸다. 그는 반쯤은 긴장한 듯, 반쯤은 아무렇지도 않다는 듯 소리쳤다.

"뭐야! 스기야마의 유령이라도 보았다는 건가?"

나는 침을 꿀꺽 삼켰다. 입 안에 거미줄이 쳐진 듯 입술이 떨어지지 않았다.

"아무래도 범인을 잘못 짚은 것 같습니다."

부젓가락을 던지며 휙 돌아선 간수장의 눈꼬리가 씰룩거렸다.

"무슨 소리야? 살인 사건을 조사한 놈도, 최치수가 범인이라고 보고한 놈도 너였어. 그 공으로 표창과 1계급 특진까지 했으면서 지금 와서 잘못되었다고?"

"수사에 오류가 있었습니다. 정황증거가 최치수의 범행을 강력하게 시사했고, 최치수의 자백이 있어 그를 범인으로 생각했으나 몇 가지 의문점이 있습니다."

"이 형무소에는 모든 것이 의문점투성이야. 왜 조선 놈들이 지구에서 사라지지 않는지, 왜 대일본 제국 군인들이 저런 쓰레기들의 수발을 들어야 하는지, 모두 의문스럽지만 모든 의문의 답을 찾을 순 없어."

간수장은 날아오르는 불똥을 피하며 쏘아붙였다. 나는 대꾸했다.

"최치수가 스기야마를 죽였다면 그가 들어온 본관 입구에 신발 자국이 있어야 합니다. 사건이 일어난 밤에는 눈이 내렸으니까요. 하지만 살인 현장에도, 터널에서 본관에 이르는 마당에도 발자국은 없었습니다."

나는 거짓말을 하고 있었다. 본관 입구에 최치수의 발자국이 있느냐 없느냐 하는 것은 최치수가 살인자냐 아니냐와는 별개의 문제였다. 설사 그가 범인이라 해도 그의 발자국이 있어야 할 이유는 없었다. 왜냐면 그는 눈이 쌓인 지상이 아니라 터널을 통해 검열동을 거쳐 좁고 긴 복도로 연결된 본관동으로 잠입했을 것이기 때문이다. 나는 봉인된 또 하나의 비밀, 즉 지하도서관 이야기를 숨기고 싶을 뿐이었다. 하나의 진실을 말하기 위해 또 다른 하나의 진실을 감춘 것이다. 간수장은 버석거리는 손바닥을 비비며 중얼거렸다.

"간수들과 죄수들의 발자국에 지워졌을 수도 있겠지."

"사건이 일어난 날 밤 모든 죄수들은 감방 안에 있었습니다. 의문점은 또 있습니다."

"무슨 의문이 그렇게 많아?"

간수장의 목소리에 날이 섰다. 그동안 머릿속을 떠나지 않던 의문에 대해 간수장은 무엇을 알고 있을까? 아니면 무엇을 모르고 있을까? 나는 천천히 두 개의 의문문을 던졌다. 물음표가 날카로운 낚싯바늘을 닮은 것은 우연일까?

"최치수의 터널을 발견한 스기야마는 왜 상부에 보고하지 않고 독단적으로 터널을 메우도록 했을까요? 그리고 사형수인 최치수는 왜 그렇게 오래 사형 집행을 당하지 않았을까요?"

난로 안에서 젖은 탄이 퍽퍽 튀는 소리가 들렸다. 간수장이 귀찮다는 듯 손을 내저었다.

"그만해! 그게 너 같은 공부 벌레들의 문제야. 무슨 일이든 맺고 끊을 때를 모르고 머리를 굴려대거든. 의문은 어디에나 있고 누구에게든 있어. 별것 아닌 문제로 골 쓰지 말고 처음 추론대로 스기야마의 객기라고 생각해.

미심쩍을 땐 맨 처음 떠오른 생각이 맞는 거야."

"그렇게 철두철미한 스기야마가 자의적으로 탈출 기도를 눈감아준 일, 한 번만 탈출을 기도해도 즉결 총살하는 형무소에서 여섯 차례나 탈출을 기도한 최치수를 살려둔 일. 둘 다 후쿠오카형무소에선 있을 수 없는 일입니다."

간수장은 난감한 표정으로 말했다.

"잔머리는 누구든 굴릴 수 있지만 명령을 따르는 건 군인만이 할 수 있지. 잘 알겠지만 넌 군인이야!"

나는 어깨에 잔뜩 힘을 주고 더듬거렸다.

"명령에 반항하는 것이 아니라 조사관으로서……."

면도날 같은 간수장의 목소리가 떠듬대는 나의 말을 베었다.

"넌 더 이상 조사관도 뭣도 아냐! 그 사건은 이미 종결되었으니까!"

나는 고드름처럼 얼어붙은 입을 억지로 열었다.

"하지만 최치수가 살인자가 아니라면……."

"최치수가 아니면 누가 스기야마를 죽였지? 놈이 가짜라면 진짜는 어디 있냐고?"

나는 눈을 깔며 우물쭈물했다. 간수장이 부드럽게 타일렀다.

"유이치 군, 조사는 끝났어! 긁어 부스럼 만들지 마. 어떤 놈이 죽였든 그건 문제가 아냐. 살려둘 가치가 없다는 점에선 모든 조선 놈들이 똑같으니까."

간수장의 명령은 나의 의지를 단칼에 잘랐지만 나의 의문은 종결되지 않았다. 비록 명령으로 시작한 일이었지만 명령에 따라 끝낼 수는 없었다. 의문스러운 스기야마의 행적과 수수께끼의 인물들, 비밀의 터널과 지하 도서관의 진실은 여전히 미궁 속에 있었다. 간수장은 이런 나의 의문에 쐐기를 박았다.

"우리는 시대의 엄중함을 깨달아야 해. 이름 모를 전선에서 매일 젊은이들이 죽어간다고. 거기에 한 명이 더 죽은 것뿐이야. 태평양에 물 한 쪽박 더 부은 거라고. 종결된 사건에 집착하는 건 그들을 욕되게 하는 거야. 알았나!"

그는 나에게 모든 것을 잊으라고 소리쳤다. 하지만 내가 어떻게 진실을 잊을 수 있을까? 뒤통수를 쏘아보는 두 개의 달아오른 눈동자를 느끼며 나는 딱딱한 걸음으로 간수장실을 걸어 나왔다. 간수장의 목소리가 가죽 채찍처럼 등 뒤로 날아들었다.

"오늘부터 스기야마가 하던 음악회 관련 업무 일체를 자네가 맡아! 악보 검열, 합창단 호송 등등! 모두 검열관 업무의 일환이니까!"

괘종시계의 종소리가 열 번을 울렸다. 종소리는 나무 밑동에 날아드는 도끼처럼 무겁게 나의 발목으로 날아들었다. 언젠가 나는 꺾인 발목을 지탱하지 못하고 아주 느린 속도로 넘어질 것이다. 그때 나의 발목은 슬픈 비명을 지를 것이다.

괴로웠던 사나이,
행복한 예수 그리스도

감방은 작고 잿빛의 냉기로 가득 차 있었다. 가로세로가 5미터 남짓 되는 작은 방 안에 열두 명의 사내들이 오글거렸다. 숨을 내쉴 때마다 뿜어 나온 입김이 벽에 물방울이 되어 맺혔다.

사내들은 살얼음이 낀 방 안에 석고상처럼 얼어붙은 채 노역이 시작되기를 간절히 기다렸다. 몸을 움직이면 추위를 견디기가 한결 수월하기 때문이었다. 그들은 굶주리고 있었고, 얼어가고 있었으며, 죽어가고 있었다.

잠들기 전, 그들은 옆 사람의 얼굴을 꼼꼼히 들여다보았다. 밤사이 무슨 일이 일어날지 알 수 없었다. 어둠 속에서 보이지 않는 손아귀가 사람들을 낚아채 갔다.

아침이면 꿈보다 끔찍하고 치명적인 현실의 악몽이 다시 시작되었다. 추위는 피를 얼릴 것 같았고 유일한 온기는 입김뿐이었다. 그들은 성에 낀 바닥에서 서로의 입김을 보고 살아 있음을 확인했다.

죄수들은 간수들에게 죽음을 알리지 않았다. 그들은 죽은 자 몫의 된장국과 주먹밥을 나누어 먹었다. 딱딱하게 언 주먹밥을 깨물며 죄수들은 말했다.

"내가 죽으면 봄이 올 때까지 시체를 치우지 마. 겨울 동안에는 시체가 얼어 썩지 않을 테니까. 그리고 내 몫으로 나오는 주먹밥을 타 먹으라고."

그렇게 말하며 차가운 주먹밥을 꾹꾹 씹어 삼키면 모두가 고개를 끄덕였다. 얼어붙은 밥덩이라도 주린 배를 채울 수만 있다면 그들은 기꺼이 시체와 함께 잠들 수 있었다. 모두가 자신이 죽어가고 있음을 알았다. 그들은 그 사실이 두려웠다. 그것이 악몽이었다면 좋았을 것이다. 꿈속이라면 적어도 고통을 느낄 수는 없을 테니까. 하지만 그건 꿈이 아니라 끔찍한 현실이었다.

살아남은 자들은 언 땅을 파는 것으로 죽은 자의 마지막 주먹밥을 챙겨 먹은 값을 치렀다. 얼어붙은 손으로 삽질을 하며 그들은 생각했다. 내일이면 자신들이 파고 있는 무덤 옆에 자신도 나란히 묻힐지도 모른다고.

'겨울을 버티면 1년을 넘길 수 있다'는 죄수들 사이의 말은 사실이었다. 검열 때마다 의무 조치 대상자가 늘어났다. 의무 조치 대상자들은 매주 의무동으로 건너가 진료를 받았다.

청진, 혈압 측정, 채혈은 그들에게 오랜만에 누군가의 보살핌을 받고, 위안과 치유를 받는 기분 좋은 느낌을 주었다. 의사들은 진찰 결과에 따라 주사제를 처방했다. 주사실로 들어서면 하얀 마스크를 쓴 간호사가 그들을 기다리고 있었다. 간호사들의 부드러운 손길에 걸어 올린 팔뚝을 내맡긴 사내들은 잔뜩 흥분했다. 그들은 투명한 주사액이 지친 육신에 힘을 주고 약해진 맥박을 강하게 해줄 것이라고 믿었다.

의무 조치가 끝나면 그들은 감방에 남은 동료들에게 의무동에 대해 시시콜콜 이야기했다. 먼 도시를 구경하고 마을로 돌아온 소년처럼 두 눈을 반짝이며 자신들이 본 것에다 보지 못한 것까지 덧붙였다.

그들이 말하는 의무동은 현실이 아니라 간절한 소망으로 그려낸 환상의 공간이었다. 여름에도 덥지 않고 겨울에도 춥지 않은 하얀빛이 가득한 곳, 흰 옷을 입은 천사들이 팔목을 어루만져주는 낙원. 모두가 의무 조치 대상자가 되기를 원했고 의무동으로 가는 것은 특권이 되었다. 약한 자, 병든 자가 영웅이 되어버린 아이러니였다.

하지만 오래지 않아 그들은 깨달았다. 꿈은 깨어날 수밖에 없었고, 환상은 무너질 수밖에 없다는 것을. 의무 조치 대상자들의 건강에는 눈에 띄는 변화가 없었다. 행동이 차분해지고 말수가 줄었다는 정도의 변화가 보이기는 했지만 의무 조치 때문인지는 확실치 않았다.

의무 조치 대상자들은 매번 의무동으로 가는 일을 슬슬 귀찮아하기 시작했다. 갈 때마다 피를 뽑고 주사를 맞는 것도 내키지 않았다. 하나둘 이탈하려는 자가 나오기 시작했지만 결정은 바뀌지 않았고, 선택된 자들은 빠져나갈 수 없었다.

동주가 의무 조치 대상자로 분류된 것은 한겨울의 어느 월요일이었다. 오전 노역장에 그가 보이지 않았을 때 직감적으로 뭔가 좋지 않은 일이라는 느낌이 들었다. 나는 그에게 아무 일이 일어나지 않기를 기도하며 눈발이 날리는 뜰을 가로질렀다. 본관동 중앙 복도에 들어서자 위압적인 고함 소리가 들렸다.

"빨리 걸어!"

호송병 하나가 30여 명의 죄수들을 이끌고 있었다. 잿빛 얼굴들 속에 동주가 섞여 있었다. 그의 이마는 박박 깎은 머리 때문에 더 반듯했고, 서글서글한 미소는 칙칙한 눈빛들 사이에서 더욱 눈에 띄었다. 나를 발견한 호송병이 말했다.

"의무 조치 대상자들을 호송하는 중이다. 무슨 일인가?"

나무토막처럼 딱딱한 호송병은 열일곱 살 소년이었지만 일찍 징집당한 덕에 나보다 고참이었다. 그것은 그에게 다행일까 불행일까?

빌어먹을 전쟁이 아니었다면 그는 교실에서 도시락을 먹고 있거나 문법책을 펼치고 졸린 눈을 치켜뜨고 있거나, 아니면 삼각함수나 수열, 지구의 탄생과 달까지의 거리를 구하느라 책상과 씨름하고 있을 것이다. 그러나 전쟁은 응석받이 아이들을 군인으로 만들어버렸고 아이들은 필요 이상으로 과묵해졌다. 소년들은 지성을 갖추기도 전에 지성이 무너지는 것을 보았고, 그것을 깨닫기도 전에 인간의 존엄을 몽둥이로 망가뜨리는 법을 배웠다. 얼굴에 젖살이 빠지기도 전에 그들의 영혼은 주름투성이 노인이 되어버렸다.

내가 동주에게 다가가자 호송병은 찜찜한 표정으로 고개를 갸웃거렸다. 호송 중인 죄수에게 접근하는 규정 위반을 범한 나를 제지해야 할지 말아야 할지 망설이는 것 같았다. 호송병이 머뭇거리는 사이 나는 동주의 팔뚝을 잡아끌었다. 동주는 족쇄에 쓸린 발목을 비틀며 대오에서 빠져나왔다. 그는 나의 걱정을 덜어 주려는 듯 미소를 지으며 어깨를 으쓱했다.

"아픈 곳은 없어. 가벼운 감기 증상이 있지만 별거 아냐. 이런 추위에 감기 한두 번 안 걸리는 게 이상하지."

그의 말대로 큰 문제는 없어 보였다. 창백한 안색과 마른 몸은 허술한 식단 때문일 것이다. 그가 말을 이었다.

"이유는 모르지만 잘됐어. 영양 주사라도 맞으면 몸이 가뿐해지고 추위를 견디기도 수월할 테니."

저만치 의무동으로 통하는 철창문이 보였다. 바짝 긴장한 호송병이 눈짓으로 동주를 채근했다. 동주는 절룩이며 대오로 돌아갔다. 출입 관리 간수가 철창문을 열었다. 호송병이 이동 목적과 인원 보고를 하자, 인원수를 확인한 간수가 고개를 끄덕였다.

행렬은 창살 너머로 천천히 멀어져 갔다. 야윈 어깨와 살집 없는 등, 앙상한 엉덩이와 가는 다리 때문에 그의 붉은 죄수복은 헐렁한 외투처럼 보였다. 창백한 얼굴들 속에서 그는 투명 인간이 되어버린 것 같았다.

  나는 지난밤 심문실에서 그가 휘파람처럼 흘려보낸 한 편의 시를 떠올렸다. 나는 간수복 윗주머니에서 언제 터질지 모르는 시한폭탄 같은 그의 시를 꺼냈다. 반듯하게 접힌 종이는 모든 것을 견디는 한 인간의 영혼을 담고 있었다.

십자가

쫓아오던 햇빛인데
지금 교회당 꼭대기
십자가에 걸리었습니다.

첨탑이 저렇게도 높은데
어떻게 올라갈 수 있을까요.

종소리도 들려오지 않는데
휘파람이나 불며
서성거리다가

괴로웠던 사나이
행복한 예수 그리스도에게
처럼
십자가가 허락된다면

모가지를 드리우고
꽃처럼 피어나는 피를
어두워 가는 하늘 밑에
조용히 흘리겠습니다.

시는 아직 식지 않은 그의 입김을 간직한 듯 따뜻했다. 나는 조용히 마지막 연을 되뇌었다. 스물다섯이 채 안 된 그가 왜 죽음을 떠올렸을까? 죽음만이 혹독한 현실에 저항하는 유일한 무기였을까? 지난밤 나는 그의 시를 받아 적은 조서철 낱장을 뜯어내며 물었다.

"이 시의 네 번째 연에는 논리에 맞지 않는 구절이 있어요."

"어떤 구절이지?"

"'괴로웠던 사나이, 행복한 예수 그리스도'란 모순된 표현이 한 문장 안에 있어요."

그는 겟세마네 동산의 예수 그리스도처럼 옅은 미소를 지어 보였다.

"진실은 논리를 필요로 하지 않아. 모든 진실은 모순을 포함하기 마련이지."

"논리에 어긋나는 거짓으로 어떻게 진실을 말할 수 있죠?"

"그것이 우리가 사는 세상이야. 거짓과 더러움과 악으로 가득한 모순이 우리 삶을 떠받치고 있어. 모순은 거짓이 아니라 진실을 강화하는 방식이야. 십자가에 못 박힌 예수 그리스도의 고통 때문에 인간은 죄에서 벗어났지. 그래서 예수 그리스도는 괴로우면서도 행복할 수 있었던 거야."

그럴지도 몰랐다. 가까운 사람일수록 서로를 막 대하고, 사랑하기 때문에 증오하는지도. 혹독한 시간이 사람을 성장시키고, 멀리 있을수록 그리워지는지도. 그래서 현실이 막막할지라도 그 때문에 삶의 가치가 더 커지는 건지도. 그는 예수 그리스도와 같은 희생을 원하는 것일까? 어쩌면 그럴 것이다.

하지만 그것은 내가 원하는 바는 아니었다. 나는 돌팔매질을 하듯 소리쳤다.
"당신은 예수 그리스도가 아니에요. 그건 개죽음에 지나지 않아요!"
내가 던진 말의 조약돌이 그라는 우물 속으로 가라앉았다.

다음 날 같은 시간에 나는 강당 복도에서 그들을 기다렸다. 복도 저편에서 붉은 행렬이 어기적대며 걸어왔다. 사내들의 잿빛 얼굴에는 무력감이 드리워져 있었다. 자신들의 건강을 위한 의료 조치조차 귀찮은 듯했다.
나는 호송병 앞으로 나섰다. 절걱이던 쇠사슬 소리가 멈추었다. 족쇄에 쓸린 발목을 절뚝거리며 다가온 그들의 몸에선 비릿한 냄새가 났다. 호송병은 당황한 눈으로 나를 바라보며 목소리에 각을 세웠다.
"무슨 일인가?"
"업무 협조 요청 사항입니다."
공식적이고 권위적인 '업무 협조 요청'이란 표현에 그는 바짝 긴장했다. 나는 부드럽게 표정을 고쳤지만 딱딱한 어투는 누그러뜨리지 않았다.
"합창단 연습이 막바지 단계입니다. 실력이 나아지고 있다지만 무대공포증이 걱정입니다. 갑자기 무대 위에 오르면 긴장해서 합창이 엉망이 되고 말죠."
"그게 내 탓인가?"
"아닙니다. 하지만 단원들이 무대에 오르기 전에 관객들 앞에서 노래를 부르는 연습을 미리 해볼 수 있다면 도움이 될 것입니다."
"그래서 어떻게 하라는 건가?"
"의무 조치 대상자들은 매일 이곳 강당 앞 복도를 지나갑니다. 그들이 5분만이라도 걸음을 멈추고 연습 중인 합창단의 노래를 들어준다면 더 좋은 공연을 준비할 수 있습니다."
호송병의 눈은 호기심으로 반짝였지만 곧 냉담하게 식었다.
"난 시간에 맞춰 이자들을 시약실까지 호송해야 해!"

그는 호기심 많은 소년이었지만 군인이었다. 나의 말을 이해했지만 받아들이려 하지는 않았다. 나는 그의 귓속을 파고들 것처럼 목소리를 가다듬었다.

"이 공연이 얼마나 중요한지 아실 것입니다. 내무대신 각하를 비롯한 경찰청 간부, 다수의 의원들과 기업가들, 해외 공관의 대사와 영사 가족들까지 참석하는 행사입니다. 혹 실수라도 발생한다면……."

그는 겁먹은 표정으로 고개를 절레절레 흔들었다. 나는 쐐기를 박았다.

"공연이 성공적으로 끝나면 무대공포증을 잠재우도록 협조해주신 호송관님께도 공이 돌아갈 것입니다. 실전 연습을 할 수 있게 된 거니까요."

그는 잠시 얼굴근육을 풀더니 딱딱한 표정으로 되돌아갔다.

"할 수 없군. 무조건 5분 안에 끝내!"

강당 안에는 태양빛이 하얀 커튼처럼 비쳐들었다. 그녀는 건반 앞에 앉아 있었고 단원들은 성부별로 도열해 있었다. 그녀가 고개를 까딱였다. 무거운 침묵 속에서 작은 떨림이 다가왔다.

'히브리 노예들의 합창'.

사내들은 쇠사슬을 끌며 하나둘 창가로 다가섰다. 무겁지만 슬프지 않고, 슬프지만 힘찬 노래가 반들거리는 금빛 융단처럼 펄럭였다. 아주 짧고도 긴 5분의 시간이 흘러갔다. 사내들은 아이 같은 보조개를 지으며 사라지는 피아노의 떨림을 쫓았다. 그때 호송병이 구령을 외쳤다.

"우향우! 앞으로 갓!"

걸음을 옮기는 잿빛 얼굴들 속에서 동주의 얼굴이 떠올랐다. 그의 얼굴을 보니 내가 웃고 있다는 것을 알것 같았다. 그는 나의 거울이었으니까. 쇠사슬 끌리는 소리가 멀어진 한참 후에야 나는 강당을 가로질러 피아노 앞으로 다가갔다.

"훌륭한 연주였어요. 호송병까지 노래에 빠져들더군요."

그녀가 보면대의 악보를 챙기며 대답했다.

"다행이에요. 조금씩 좋아지고 있어요."

"옥의 티라면 이탈리아어 가사를 한마디도 알아듣지 못하는 것이랄까. 감동을 느끼는 건 분명한데 가사를 알 수 없으니 아쉬워요. 단원들이 들어본 적 없는 이탈리아어를 외우려고 몇 날 며칠을 매달린 건 알지만……. 일본어로 번역해서 부르는 건 어떨까요?"

"진심은 언어를 초월해요. 이탈리아어든 일본어든 진실한 열망은 서로 통하죠."

그녀의 손이 피아노 건반을 스치자 반주가 흘러나왔다. 그녀는 반주에 맞춰 가사를 읊어나갔다.

히브리 노예들의 합창

날아가라 상념이여 금빛 날개를 달고
작은 언덕과 동산으로 날아가 앉아라
조국 땅에 불던 달콤한 바람처럼
부드럽고 온화한 향기가 나는 그곳에
옛 고향 요단강의 푸른 강둑에 인사를 하면
무너진 시온의 성은 우리를 반기리

아, 너무나도 사랑하는 빼앗긴 나의 조국이여
아, 너무나도 소중하고 너무나도 사무치는 추억이여

예언자의 금빛 하프여

어찌 강둑의 버드나무에 걸려 침묵하는가
추억에 젖은 우리 가슴에 다시 불을 붙여다오
그리고 흘러간 시절을 노래해다오
예루살렘의 멸망을 되새기며
비탄에 잠긴 애통한 노래를 연주해다오
우리가 이 고통을 이겨낼 수 있도록
굳건한 주님의 노래를 우리에게 불러다오

나는 뒤통수를 후려 맞은 것 같았다. 노예들의 강인한 생명력에 고무된 것이 아니라 노랫말의 불온함 때문이었다. 무엇이 불온한지 알 수 없어 더 불안했다. 나는 태연함을 가장하고 말했다.

"굵고 힘 있는 목소리라 용사들의 무용담이라고 생각했는데 뜻밖의 의미였군요."

그녀는 대답 대신 살짝 웃었다. 그 웃음은 무언가를 감추려는 듯 보였다. 그녀는 음모를 꾸미고 있는 것일까? 그렇다 해도 나무랄 일은 아니었다. 이 형무소에서 음모를 꾸미지 않는 자는 없으니까.

'히브리 노예들의 합창'의 가사가 어떤 상징을 담고 있는 것은 분명했지만 그 불온함의 정체를 찾기는 쉽지 않았다. 내가 아는 것은 그 노래가 베르디의 작품이라는 것뿐이었다.

내가 기댈 수 있는 유일한 것은 책이었다. 나는 곤궁할 때 책 속에서 길을 찾았고, 문제에 부딪칠 때 책에서 해결책을 찾았다. 하지만 출구 없는 미궁 속 같은 이 형무소에서 한 권의 책이 진실을 말해줄 수 있을까? 그렇지 않다 해도 다른 방법은 없었다.

검열실로 돌아간 나는 주의 깊게 압수물 장부를 훑어 내려갔다. '음악' '오페라' '베르디' 같은 어휘를 주시했다. 네 번째 장부에 내가 찾는 활자가 있었다.

압수물 등록 번호 645번 《고전음악의 거장들》.

압수물 상자 맨 아래쪽에 있는 그 책은 바흐와 헨델부터 베토벤, 슈베르트, 쇼팽, 슈만을 비롯한 작곡가들의 삶과 작품에 대한 해설서였다. 목차의 여섯 번째 장에 '베르디'라는 이름이 보였다.

〈바그너와 베르디, 유럽 오페라의 쌍두마차〉.

나는 홀린 듯 책을 펼쳤다. 여섯 페이지에 걸쳐 베르디의 삶과 음악, 대표작에 대한 설명이 이어졌다. '리골레토' '라 트라비아타' '일 트로바토레'에 이어 '나부코'가 등장했다.

'나부코'는 〈열왕기 하편〉과 〈예레미야서〉〈다니엘서〉 등 구약성서에 등장하는 바빌로니아의 네부카드네자르 왕이다. 강력한 왕권으로 시리아와 이집트를 격파해 함무라비를 능가하는 절대군주로 추앙받던 그는 솔로몬 왕 사후 남북으로 분열된 이스라엘왕국을 멸망시키고 포로로 잡은 히브리인들을 바빌론으로 끌고 갔다. 히브리인들은 바빌론강의 제방 공사에 동원되어 혹독한 강제 노역에 시달리며 노예 생활을 하게 되었다. 강둑에서 고향 예루살렘, 즉 시온산을 그리워하며 노래를 부른 히브리인들의 이야기는 《구약성서》 시편 137편에 나와 있다.

'히브리 노예들의 합창'은 오페라 '나부코'의 3막 2장에 등장하는 합창곡이다.

스칼라극장주 메렐리는 부인과 아들의 연이은 죽음으로 음악을 포기하고 두문불출하는 베르디에게 '나부코'의 대본을 전해주었다. 베르디는 바빌론의 노예가 되어 온갖 핍박을 당하면서도 조국인 이스라엘로 돌아갈 희망을 버리지 않고 꿋꿋이 살아가는 히브리인들의 이야기에 크게 감명받고 작곡을 시작했다.

1842년 3월 9일, 스칼라극장에서 초연된 '나부코'는 베르디에게 엄청난 성공을 가져다주었다. 밀라노 시민들은 눈물을 흘리며 감동했고 오스트리아 제국의 압제하에서 신음하던 이탈리아인들은 유대인들과 자신들을 동일시하며 열광했다. '히브리 노예들의 합창'은 절망에 빠진 이탈리아 국민들에게 자유를 향한 새로운 열정을 불러일으켰다.

이탈리아인들은 베르디를 국민 작곡가로 추앙했고 '히브리 노예들의 합창'은 통일 운동에 나선 이탈리아의 제2국가로 큰 사랑을 받았다. '나부코'가 밀라노에서 초연된 지 30년 후, 이탈리아는 가리발디 장군에 의해 통일국가가 되었고 '히브리 노예들의 합창'은 베르디의 장례식에 장송곡으로 불렸다.

나는 책을 접어 상자 속에 넣고 '히브리 노예들의 합창'의 가사를 되뇌었다.

'날아가라 상념이여, 금빛 날개를 달고 작은 언덕과 동산으로 날아가 앉아라. 조국 땅에 불던 달콤한 바람처럼 부드럽고 온화한 향기가 나는 그곳에.'

불현듯 또 한 곡의 노래가 떠올랐다.

'내 고향으로 날 보내주. 오곡백과가 만발하게 피었고, 종달새 높이 떠 지저귀는 곳. 이 늙은 흑인의 고향이로다.'

음률은 천천히 하나의 그림으로 겹쳐졌다. 나라를 잃고 바빌론으로 잡혀 온 유대인들과 오스트리아 제국의 압제에 시달리던 이탈리아인들, 아프리카를 떠나 미국으로 잡혀 온 흑인 노예들.

그들은 모두 자신이 태어난 나라를 잃고 머나먼 타국으로 잡혀 와 고향을 그리는 사람들이었다. 나라를 빼앗기고 형무소에서 노역에 시달리는 조선인 죄수들이 그 위에 겹쳤다.

버릇처럼 '내 고향으로 날 보내주'를 휘파람으로 불던 윤동주, '히브리 노예들의 합창'을 연주하는 미도리, 미도리의 피아노를 조율한 폭력 간수 스기야마, 모두가 경멸하는 스기야마를 옹호하던 미도리, 윤동주의 시에 사로잡힌 스기야마……

그들은 음악이라는 사슬로 연결되어 있었다. 어떤 방식인지, 어느 정도인지는 모르지만 동주는 '히브리 노예들의 합창'에 개입되었을 것이다. 단서는 《고전음악의 거장들》속의 한 구절이었다.

시편 137편.

나는 형무소 안에서 그 책을 가진 유일한 사람을 알고 있었다.

동주는 바삭한 나뭇잎처럼 심문 의자에 내려앉았다. 수갑을 벗기자 쇠붙이에 스친 손목이 붉게 부풀어 있었다. 그는 소지 명령에 따라 들고 온 성경책을 내려놓고 갈퀴처럼 야윈 두 손을 그 위에 얹었다. 그의 눈빛이 불안하게 흔들렸다. 성경책과 관련된 심문 호출에 대한 의구심 때문이리라. 그는 종교 서적 금지령이 내렸는지 소각 처분이 내려졌는지 궁금해하는 것 같았다. 나는 우선 그를 안심시켜야 했다.

"성경책에는 아무 일도 없을 거예요. 검열도 소각도 하지 않을 테니까요."

그는 여전히 의구심과 불안이 반반씩 섞인 눈으로 나를 바라보았다. 나는 온화한 표정을 지으려 애썼다.

"확인해야 할 구절이 있는데 형무소에 성경을 가진 사람은 당신뿐이에요. 잠시 빌려줄 수 있겠죠?"

그는 성경책을 내 쪽으로 조용히 밀었다. 나는 천천히 책장을 넘겼다. 책장이 바스락대며 넘어가는 소리와 침을 삼키는 소리. 시편, 137이라는 숫자. 꼬물거리는 글자들이 눈으로 들어왔다.

우리가 바벨론의 여러 강변 거기 앉아서 시온을 기억하며 울었도다.

그중의 버드나무에 우리가 우리의 하프를 걸었나니.

이는 우리를 사로잡은 자가 거기서 우리에게 노래를 청하며 우리를 황폐케 한 자가 기쁨을 청하고 자기들을 위하여 시온 노래 중 하나를 노래하라 함이로다.

우리가 이방에 있어서 어찌 여호와의 노래를 부를꼬.

다섯 줄의 구절 밑에 연필로 밑줄이 그어져 있었다. 나는 성경에서 눈을 떼고 그를 바라보았다. 그는 내가 자신이 감춘 비밀의 문턱에 당도한 것을 알아차린 것 같았다.

"《고전음악의 거장들》을 읽었군."

나는 고개를 끄덕였다. 그는 나와 같은 각도와 빠르기로 고개를 끄덕인 후 시구의 의미를 한 줄 한 줄 설명했다.

"바빌론 강가로 잡혀 간 히브리 노예들은 옛 노래를 부르며 시온을 그리워하며 눈물을 흘렸어. 시름에 젖어 있는 그들에게 바빌로니아 감독관이 히브리 노래를 불러보라고 조소했지. 히브리인들은 이러지도 저러지도 못하는 덫에 갇힌 셈이었어. 명령을 어기면 죽음을 면할 수 없고 명령을 지키려면 조국을 욕보일 수밖에 없었으니까. 베르디는 그 구절에서 영감을 얻어 '히브리 노예들의 합창'을 작곡했어. 고난받는 히브리인들에게 황금빛 날개를 달고 시온으로 돌아갈 수 있다는 희망을 던져준 거지."

그의 말은 희미하던 진실을 또렷하게 드러냈다. 그것은 '히브리 노예들의 합창'이 바빌론 강둑의 히브리 노예들, 오스트리아 제국의 압제에 놓인 이탈리아인들의 저항가였던 것과 마찬가지로 일본의 형무소에 갇힌 조선인들의 저항가이기도 하다는 사실이었다. 나는 물었다.

"'히브리 노예들의 합창'을 합창곡 레퍼토리로 선곡한 사람은 미도리가 아니었어요. 그렇죠?"

그는 나의 눈빛을 그대로 바라보며 담담하게 대답했다.

"누가 어떤 노래를 선곡했느냐는 중요하지 않아. 중요한 것은 노래 부르는 사람들의 진심이 듣는 사람들에게 얼마나 잘 전해지느냐는 것이지."

"그렇게 생각한다면 당신 생각대로겠죠. 단원들은 노랫말대로 잃어버린 나라를 되찾고 떠나온 고향으로 돌아가려는 일념으로 노래 부를 테니까요.

하지만 청중은 정부 고위 인사들과 군부 실력자들과 외국 공관원들이에요. 조선인 죄수들이 잃어버린 나라를 그리는 노래를 부르면 어떤 일이 벌어질지 생각이나 해봤어요?"

그는 고개를 가로저었다.

"난 그런 건 생각하지 않아. 내가 생각한 건 최고의 무대뿐이야."

그렇다. 그는 이 형무소의 어떤 죄수보다 순진한 것 같지만 어떤 간수보다 교활한 자였다. 그는 모두를 기만하는 자신만의 복수를 설계해 진행하고 있었다. 그의 복수는 땅굴을 파는 것도, 간수를 살해하는 것도, 형무소를 탈주하는 것도 아니었다. 볼품없는 한 대의 피아노와 죄수들의 노래로 대일본제국에 부딪치려 하고 있었다.

"순진하군요. 그들이 이 곡의 의미를 모를 것 같아요? '히브리 노예들의 합창'은 바빌로니아 왕국에 저항한 히브리인들, 오스트리아 제국에 저항한 이탈리아인들처럼 일본에 저항하는 조선인들의 저항가란 말이에요."

"조선인이든 유대인이든 일본인이든 이탈리아인이든 노래에 담긴 진심은 듣는 사람에게 분명히 전달될 수 있어."

"이건 음악과 예술을 이용해 조선 독립을 마음 놓고 부르짖는 사기극이에요. 당신은 일본 최고의 고위층을 불러놓고 노골적이면서도 은밀한 저항극을 벌이려는 거예요. 사실이 발각되면 단원들은 물론 음악회와 관련된 사람들이 모두 곤경에 처할 거예요. 당신이 원한 것이 그것인가요? 소장과 간수장을 엿 먹이고 그녀와 나를 곤경에 빠뜨리고 싶은 거예요?"

그는 자신이 누군가를 해치거나 곤경에 빠뜨리기를 원하는 것이 아니라고 항변했다. 그리고 이 전쟁의 한복판에서 누군가의 진심을 담은 노래가 다른 누군가에게 전해지기를 바랄 뿐이라는 말을 덧붙이고는 최후진술을 마친 피고인처럼 나를 바라보았다.

그의 꿈은 순진한가? 교활한가? 아니, 그건 아무래도 좋다. 그의 꿈은 이루어질 수 있을까? 세상이 이렇게 험하고 시대가 이렇게 참혹한데 모두에게 위안이 되는 음악, 모두에게 축복이 되는 노래가 가능할까?

그 순간 나는 제국이 내게 맡긴 신분과 직무를 떠올렸다. 나는 후쿠오카 형무소의 검열관이고, 이 형무소의 모든 창작물은 내 검열의 잣대를 벗어날 수 없었다. 서신과 책뿐만 아니라 노래와 공연 내용까지도.

나는 선택하고 판결하는 사람이었다. 소각할 것인지 발송할 것인지, 없앨 것인지 남겨둘 것인지, 죽일 것인지 살릴 것인지. 그가 기획하고 준비해온 합창 공연 또한 마찬가지였다.

"그 불온한 노래는 후쿠오카형무소를 찾는 귀빈들 앞에선 공연할 수 없을 거예요."

그는 진지한 눈빛으로 공연을 중지시킬 것인지를 물었다. 그것은 소장에게 이 모든 음모를 보고할 것이냐는 물음이었다. 검열관으로서 불온한 공연은 당연히 중지시켜야 했다. 하지만 나는 그의 질문에 대답하지 못했다. 거미줄을 얼굴에 뒤집어쓴 것처럼 보이지 않는 무언가가 나를 옥죄어왔다. 대답을 찾지 못한 나는 짧은 빡빡머리를 쥐어뜯었다.

미도리는 밤을 잊고 반주를 연습했다. 단원으로 뽑힌 죄수들은 연습에 자신의 모든 것을 건 것처럼 보였다. 처음엔 자신들이 그렇게 아름다운 소리를 낼 수 있다는 사실조차 몰랐던 그들에게 음악은 이제 종교가 되었다. 단원으로 뽑히지 않은 자들까지도 노역장에서, 감방 안에서, 뜰에서 희미하게 들려오는 노래에 귀를 기울였다.

연습을 하는 동안만은 모두가 행복했고 모두가 자유를 누리고 있는 듯이 보였다. 음악은 이 수용소의 유일한 위안이었다. 그의 눈은 '그런데도 공연을 중단시킬 거냐?'고 묻는 것 같았다. 선택할 수 있다는 사실이 나는 괴로웠다.

"38호 감방 영감님이 말하더군. 어차피 한쪽에다 걸어야 한다면 희망에다 걸라고. 장사는 잘될 거라는 쪽에 거는 게 이문이 많이 남는다고."

　나는 그의 무모함을 나무라고 싶은 한편 그의 순수함을 따르고 싶었다. 기적이 일어날지, 이문이 남을지는 알 수 없었다. 공연이 끝나면 모든 관련자들이 곤욕을 치러야 할지도 모른다. 하지만 운이 좋으면 청중들은 박수를 치며 감동하고 공연은 성공리에 끝날지도 모른다. 그렇다고 그와 그녀를 위험에 빠뜨리면서까지 위험한 도박에 연루되고 싶지는 않았다. 그러면서도 한편으론 확인하고 싶었다. 죄수들의 합창이 일본인 관객들을 감동시키는 모습을. 전쟁이 우리를 무릎 꿇게 만들고, 세상이 우리를 짐승처럼 만들어도 우리의 영혼을 훼손할 수 없음을.

　그 순간 내가 검열관이라는 사실이 두려워졌다. 그것은 스기야마가 죽기 전의 신분이었다. 뿐만 아니라 나는 스기야마처럼 의무 조치 대상자 호송 간수였고, 합창단 호송 간수였고, 지하 도서관의 존재를 알고 있었다. 나는 그가 했던, 혹은 하려 했던 모든 일에 그대로 연루되어 있었다.

　그렇다면 나도 누군가에 의해 죽게 될까?

끝없이 침전하는
프로메테우스

　심문실의 희미한 불빛에 동주의 두 눈은 푹 꺼져 보였다. 얼굴에는 꾀죄죄한 땟국이 흘렀고 앙상한 어깨뼈 위의 죄수복은 턱없이 헐렁해 보였다. 새벽부터 수레를 끄느라 그는 기진맥진해 있었다.
　"피곤해 보이는군요."
　"날 늙은이 취급하지 마. 난 이제 겨우 스물여섯이고 아직은 몸도 쓸 만해. 내일은 의무 조치가 있는 날이니까 주사 한 대 맞으면 나아질 거야."
　그의 눈빛이 기대로 반짝였다. 심문실의 그는 노역장에서 땟국을 뒤집어쓴 채 손수레를 끌거나 텅 빈 미루나무 언덕에 멍하니 서 있거나 햇살이 비치는 담 아래에 쪼그리고 앉은 그와 완전히 다른 사람이었다. 시에 대해 이야기할 때 그는 무덤에서 걸어 나오는 나사로 같았다. 목소리는 활기찼고 눈은 빛을 뿜었다. 그는 또박또박한 소리로 한 편의 시를 읊었다.

간

바닷가 햇빛 바른 바위 위에
습한 간을 펴서 말리우자,

코카서스 산중에서 도망해온 토끼처럼
둘러리를 빙빙 돌며 간을 지키자.

내가 오래 기르던 여윈 독수리야!
와서 뜯어 먹어라, 시름없이

너는 살지고
나는 여위어야지, 그러나,

거북이야!
다시는 용궁의 유혹에 안 떨어진다.

프로메테우스 불쌍한 프로메테우스
불 도적한 죄로 목에 맷돌을 달고
끝없이 침전하는 프로메테우스.

그 시는 이전의 그의 시풍과 당황스러울 정도로 달랐다. 온유한 사색과 내밀한 사유 대신 격한 분노가 꿈틀댔다. 그는 격해진 감정을 추스르고 차분하게 말했다.

"1940년 연희전문 졸업을 앞두고 시집을 내려고 했지. 열아홉 편의 시를 모으고 제목까지 정했지만 조선어로 쓰인 시들은 일본 당국의 검열을 통과할 수 없었어.《하늘과 별과 바람과 시》. 태어나지도 못한 시집이지만 제목은 살아 있지."

그는 희미한 미소와 첫 시집 출판이 좌절된 울분을 함께 뱉어냈다.

"《하늘과 별과 바람과 시》라고 했나요?《하늘과 바람과 별과 시》가 아니라요? 그리고 연희전문학교 졸업이 41년이 아니라 40년이라고요?"

"그게 문제가 되나?"

그는 내가 유별나게 군다는 듯한 표정이었다. 물론 그가 다른 사람이었다면 문제가 되지 않았을 것이다.《하늘과 바람과 별과 시》든《하늘과 별과 바람과 시》든, 연희전문학교 졸업이 41년이든 40년이든. 하지만 그 제목은 그의 생애 첫 시집이었고, 그 연도는 그가 연희전문학교를 졸업하던 해였다. 꼼꼼한 그가 절대 헛갈릴 수 없는 중요한 사실들이었다.

"기억이란 건 어차피 믿을 것이 못 돼."

그는 아무렇지도 않게 웃었다. 하지만 나는 웃을 수 없었다. 요즘 그의 기억력 저하는 심각한 수준이었다. 카이사르와 아우구스투스를 혼동하기도 하고 스탕달과 위고를 헛갈리기도 했다. 영양부족 때문일까? 과중한 강제노역 때문일까?

일시적 증상으로 끝나기를 바랄 수밖에 없었지만 그러기엔 불안했다. 무언가 잘못되어가고 있었지만 무엇이 잘못되는지는 알 수 없었다. 초췌하던 몰골은 더욱 초췌해졌고 작은 상처도 잘 회복되지 않았다. 그가 쿨럭이며 한 손으로 기침을 막을 때 죄수복 소매가 붉게 젖어 있는 것이 보였다. 소매를 걷어 올리자 길게 베인 상처에 핏자국이 얼룩져 있었다. 그는 대수롭지 않게 말했다.

"별거 아냐. 노역이 끝날 무렵 손수레가 기울어지는 바람에 긁혔어. 제대로 못 먹어서 그런지 피가 잘 멎지 않는군."

"벌써 두 시간이 지나도록 뭘 하고 있었던 거예요?"

나는 각반 끈을 풀어 그의 팔뚝을 싸매며 소리쳤지만 의미 없는 소음으로 흩어졌다. 형무소에서 아프다는 것, 다쳤다는 것은 남들에게 떠벌릴 일이 아니었다. 모든 죄수는 허약했고 병을 달고 살았다. 그는 흐릿한 연못 같은 눈으로 나를 바라보았다.

"추위 탓일 거야. 곧 봄이 오고 날씨가 풀리면 나아지겠지. 진찰을 받고 주사를 맞을 수 있는 의무 조치 대상자라 다행이야."

"그래요. 이 지긋지긋한 겨울이 빨리 지나갔으면 좋겠어요."

"혹독한 추위와 억센 눈보라를 견뎌야 봄이 오는 거야. 비가 오지 않으면 무지개를 볼 수 없는 것처럼 아름다움은 고통을 앞세우고 오지. 고통이 없는 아름다움은 아무것도 아냐."

그런 말을 할 때 그의 눈빛은 또렷해졌다. 하지만 그것으로 허약함을 감추지는 못했다.

"시약실에 가면 증상을 자세히 이야기해요. 그래야 약을 처방하든 주사를 놓든 할 테니까요."

그는 나의 말에 추임새를 넣듯 쿨럭거렸다.

"다리에 힘이 빠져 자주 넘어지거나 눈이 침침해지고 기억력이 떨어지는 건 나뿐만이 아니야. 강한 영양제가 체질적으로 맞지 않아 나타나는 일시적 과민 반응이라는데 계속 치료하면 낫는다는군."

그의 설명은 나를 안심시키지 못했다. 병을 감추기 위한 거짓말일지도 몰랐다. 그는 마른버짐이 피고 먼지가 낀 것처럼 칙칙한 얼굴로 말을 이었다.

"걱정하지 마! 난 살아남을 거야. 내 발로 이곳을 걸어 나갈 거라고."

그는 어두운 내 얼굴을 위로하듯 싱긋 웃었다. 정작 위로받아야 할 사람은 내가 아니라 그였는데. 그때 우리를 도와줄 의무동의 조력자가 떠올랐다.

나는 동주를 일으켜 세웠다.

　의무동 복도로 통하는 철문 앞에서 우리는 멈추었다. 응급 환자를 호송 중이라는 나의 말에 간수는 철문을 열었다. 어두운 복도는 절겅대는 족쇄 소리와 우리의 거친 숨소리를 빨아들였다.

　강당 앞에 다다르자 피아노 소리가 들렸다. 족쇄 소리에 그녀는 연주를 멈추고 우리를 돌아보았다. 나의 이마는 땀으로 번들거렸고 숨은 턱에 닿아 있었다. 그녀는 놀란 얼굴로 동주와 나를 번갈아 보았다.

　"연습 중에 미안해요. 급한 환자예요. 피가 멎지 않아요."

　그녀는 피아노 옆의 구급상자를 열고 익숙하게 알코올로 상처를 닦아냈다.

　"봉합을 할 정도로 깊지 않은 찰과상임에도 피가 멈추지 않은 게 이상하군요. 지혈을 하고 안정하면 나아질 거예요."

　그녀는 환부에 거즈를 대고 붕대를 감았다. 피는 더 이상 거즈 위로 배어나지 않았다. 동주는 어느새 피아노로 다가가 건반 위에 손가락 하나를 가만히 올려놓았다. 아련한 음이 가는 실처럼 이어졌다. 그는 눈을 감은 채 한참 동안 울림을 온몸으로 느꼈다. 나는 그녀를 끌고 강당을 나왔다.

　"다행히 이번엔 지혈이 되었지만 앞으로가 걱정이에요. 노역장에서 부상은 피할 수 없을 텐데……. 게다가 피가 멎지 않는 것 말고 다른 증상이 있을 수도 있어요."

　"다른 증상이 있나요?"

　"확실히 그는 예전 같지 않아요. 심문 중에도 졸음을 견디지 못하고, 노역 중에도 정신이 나간 사람 같아요. 기침과 감기 증세를 달고 있는 데다 기억력도 떨어지고 있어요."

　"혹한인 데다 감방에 난방이 되지 않아 감기 환자들이 늘긴 했어요. 게다가 얼마 전부터는 상처에 피가 멎지 않는 환자들이 발생해 의아했어요. 대부분 3수용동 죄수들이었죠."

그녀의 말끝에는 미심쩍은 꼬리표가 숨어 있었다. 나는 말했다.

"3수용동이라면 조선인 죄수들이에요. 심한 노역에 동원되고 식사 배급도 턱없이 적은 데다 감방은 냉골이니까요. 자연히 몸의 저항력이 떨어지고 질병에도 약해질 수밖에 없겠죠."

"그것 말고도 그들에겐 특별한 점이 있어요."

"그게 뭐죠?"

"의무 조치 대상자 대부분을 3수용동에서 선발했다는 거예요."

나는 그 자리에 얼어붙었다.

"의무 조치는 건강에 이상이 있는 자들의 회복을 위한 조치 아닌가요? 그래서 상대적으로 허약한 조선인 위주로 선발했던 거고요. 그런데 왜 의무 조치 대상자들의 건강이 점점 악화되는 거죠?"

그녀는 고개를 가로저었다.

"주사약의 문제일 수도 있을 거예요. 허약한 사람에게 강력한 영양제를 주사하면 예상 밖의 부작용이 일어날 수도 있으니까요."

"그곳에서 무슨 일이 일어나고 있는지 알아야 해요."

"그들은 제국 최고의 규슈제대 출신의 의사들이에요. 부작용이 확인되면 그들이 먼저 조치를 취할 거예요."

"조치를 취하려고 했다면 진작 취했어야 해요."

나는 나 자신에게 화를 내고 있었다. 그를 지키지 못하면 나의 평생은 자책으로 얼룩질 것이었다. 그녀가 말했다.

"사흘 후에 주간 진료 계획과 연구 과제 점검 회의가 있어요. 부작용 사례를 보고하고 조치를 건의할 테니, 의무 조치 후 대상자들에게 나타난 부작용 사례를 조사해줘요."

반짝이는 그녀의 눈빛이 약간의 안도를 주었다. 다른 한편에선 이유 모를 불안이 몰려왔다. 우리는 더 큰 위험 속으로 발을 들이고 있는지도 몰랐다.

나흘 후, 나는 모리오카 원장의 연구실을 찾았다. 방 한쪽 벽의 서가에는 의학 원서들이 꽂혀 있었고 코를 자극하는 약물의 냄새가 싸한 청량감을 주었다. 원장은 반가운 표정으로 악수를 청했다. 나는 나무토막처럼 뻣뻣하게 손을 내밀었다. 그의 손에서 따뜻한 체온이 느껴졌다.

"유이치 군! 의무 조치 대상자 호송 간수로 자원했다니 치하할 일이네."

칭찬으로 시작한 원장의 목소리는 부드럽게 이어졌다.

"미도리 간호사의 연구 회의 보고서 자료를 자네가 제공했다니 말인데 의무 조치에 대해 약간의 오해가 있더군."

나를 추어올리는 것인지 탓하는 것인지 알 수 없었다. 나는 딱딱한 목소리로 대답했다.

"환자들의 부작용 호소가 있어 조사한 내용을 의료진에게 제공했을 뿐입니다."

미도리에 의해 보고된 나의 자료는 죄수 번호와 부작용 증상 분류였다. 두통과 피로감, 신체 무력감, 소화불량 등은 거의 모든 환자에게서 나타났다. 구토와 설사도 드물지 않았다. 기억력 감퇴와 현기증, 상처에서 피가 멎지 않는 증상, 작은 충격에 멍이 드는 피하출혈도 빈번했다. 거의 모든 환자들이 한 가지 이상의 증상을 보였다. 원장은 표정을 최대한 부드럽게 풀고 말했다.

"나무라려는 건 아닐세. 연구진은 보고서를 면밀히 검토하고 합당한 조치를 취하기로 결론을 내렸네. 한 가지 치명적인 결함만 빼면 훌륭한 보고서더군."

"결함이라고 하셨습니까?"

"자네 보고서 내용이 지나치게 대상자들의 진술에 의존했다는 사실 말이야. 보고서에 나와 있는 대부분의 부작용이 죄수들의 입에서 나온 얘기더군. 하지만 의료 부작용은 환자의 주장보다는 정밀한 의학 조사를 통해 판별해야 해."

물 흐르듯 유려한 목소리는 내게 자괴감을 안겨주었다. 지적인 인상과 경륜이 쌓인 의술, 신사적이면서도 품위 있는 태도, 형무소 음악회를 추진한 예술 취향, 자신의 의견을 단호하게 전달하면서도 예의를 잃지 않는 정중함, 전쟁 중에도 죄수들을 돌보는 인류애……. 언젠가 그의 나이가 되면 나도 그런 목소리를 갖고 싶었다. 하지만 내가 그 나이가 될 때까지 살아남을 수 있을까? 설사 그럴 수 있다 해도 나는 결코 그처럼 될 수 없을 것이다.

"주장이 아니라 주사를 맞은 사람들이 고통을 호소하고 있습니다. 환자들이 몸으로 느끼는 증상이 가장 정확한 자료라고 생각합니다."

떠듬거리는 내 목소리는 공허한 항변처럼 들렸다. 온화한 미소를 머금고 생각에 잠겼던 그는 결심한 듯 말했다.

"내일 자네에게 시약실과 검진실 현장을 견학하도록 허락하지. 보안 구역이지만 의무 조치가 얼마나 과학적이고 청결하게 이루어지는지 직접 보면 오해가 풀릴 거야."

멀리서 강당 쪽에서 연습 중인 단원들의 합창 소리가 들려왔다. 노랫소리는 점점 힘을 더해가고 있었다.

다음 날 오후 2시, 나는 서른 명의 죄수들을 호송했다. 의무동 복도에서 멈추고 합창을 듣는 동주의 뺨에는 생기가 돌았다. 노래가 끝나자 죄수들은 깊은 강물이 흐르듯 천천히 복도를 나아갔다. 동주가 힘겨운 노역에서 빠진 것은 다행이었지만 나는 알 수 없었다. 그의 몸을 망가뜨리는 것이 노역인지 주사인지.

진단실에 도착하자 은테 안경을 쓴 의사가 따라오라는 눈짓을 했다. 그는 '시약실'이라는 팻말이 붙은 갈색 나무문을 열고 들어섰다. 하얀 방 중앙 통로 양쪽에 흰 커튼 틈으로 여섯 개의 간이침대가 보였다. 의사가 나무 책상에 앉자 두 명의 간호사가 바지런하게 움직였다.

"시약실 환경은 청결함과 편의성에 있어 최고 수준이라네."

의사의 고갯짓에 간호사는 카랑카랑한 목소리로 환자 명부의 이름을 외쳤다. 이름을 불린 사내들은 익숙하게 번호순으로 침대를 채웠다. 주사기 상자를 든 간호사들은 기계처럼 정확한 동작으로 그들의 혈관을 찾아 주삿바늘을 찔렀다.

주사를 맞은 사내들은 회복 절차를 거쳤다. 시약이 몸에 고루 퍼지려면 20분 정도의 시간이 필요했다. 주사 후 바로 몸을 움직이면 현기증이나 근육 경련 같은 부작용을 일으킬 수 있었다. 의사는 환자들 사이를 천천히 걸으며 내게 말했다.

"저 시약은 저들의 몸에 활력을 주고 생명력을 더해줄 거야. 전선에서 싸우는 장병들에겐 엄청난 힘이 되고 제국의 승리에 결정적인 밑거름이 되는 거지."

의사는 나를 진단실 한쪽 벽의 문안으로 안내했다. 벽에 석회가 칠해진 방 안은 시약실과 크게 다르지 않았다. 책상 위의 환자 명부와 진료 장부로 보아 건강 상태와 신체 기능에 대한 다양한 검사가 이루어지는 듯했다. 장부를 뒤적이던 의사가 문밖을 향해 소리쳤다.

"531번! 입실!"

구석의 의자에 부동자세로 앉아 있던 젊은 환자가 의사가 한 말을 조선어로 외쳤다. 눈동자가 퀭한 사내가 안으로 들어섰다. 의사는 장부에 눈을 꽂은 채 말했다.

"특별히 불편한 곳이 있나?"

환자는 어수룩한 눈을 끔뻑였다. 통역환자가 조선어로 의사의 말을 전했다.

"특별히 불편한 곳은 없습니다. 온몸이 불편하니까요. 늘 머리가 묵직하고 피곤한데 밤에는 잠이 오지 않습니다. 먹은 것도 없는데 제대로 삭히지도 못해 아래로 좔좔 샙니다."

의사는 무덤덤하게 진료 기록부에 증상을 적었다. 펜을 놓은 그는 서랍에서 스톱워치와 난수표처럼 숫자가 빽빽하게 적힌 종이를 꺼냈다. 의사는 그것이 두뇌활동의 손상을 즉각 발견할 수 있는 암산 테스트 문제라고 내게 말했다. 순간적인 기억력과 집중력, 그리고 정확한 연산력 등 총체적인 두뇌활동을 요구하는 암산은 가장 효율적인 신경학 테스트라는 설명이었다. 의사는 종이를 돌려놓고 스톱워치 단추를 눌렀다.

"시작!"

환자는 이미 여러 번 겪은 일인 듯 익숙하게 문제를 풀기 시작했다. 대부분 두 자릿수끼리의 덧셈과 뺄셈 등 간단한 수식이었다. 1분이 지나자 의사는 그만하라는 신호를 보냈다. 환자는 피곤한 표정으로 펜을 놓았다. 답안지를 점검한 의사는 푼 문제 수, 정답과 오답 수를 기재하고 고향과 부모 이름, 생일 등 신변에 관한 질문을 이어갔다.

"지금은 몇 년 몇 월인가?"

"1945년 1월입니다."

"이곳은 어디인가?"

"후쿠오카형무소입니다."

의사는 고개를 갸웃하며 진료 기록부를 기록했다. 질문은 계속되었다.

"고향은 어디인가?"

"조선반도 의주입니다."

"당신은 언제 출소하는가?"

환자는 잠시 머뭇거렸다.

"1946년이었던가?"

의사는 진료 기록부에 "출소일을 뚜렷이 기억하지 못함"이라고 썼다. 단조로운 질문은 계속 이어졌다. 환자는 몇몇 문제에서 머뭇거렸고 한두 문제에는 끝내 답하지 못했다. 환자가 나가자 의사는 진료 기록부 앞 페이지의 이전 테스트의 대답과 비교했다.

"1분 동안 열두 문제를 풀었어. 정답은 아홉 문제. 일주일 전보다 한 문제를 덜 풀었고 오답은 하나 늘었군. 기억력 진단에서도 대답 못한 문항과 머뭇거린 횟수가 각각 두 차례 늘었어. 좋지 않아. 자네 말대로 시약 부작용인 것 같아."

"그러면 당장 주사를 멈추어야 하지 않습니까?"

의사는 답답한 듯 고개를 가로저었다.

"이봐, 간수병! 이게 어떤 연구인지나 알고 멈추라 마라야? 이 연구의 성공을 간절히 기원하고 있는 사람들이 얼마나 많은지 알아? 엄청난 거물들이 이 연구를 주시하고 있어!"

따지고 보면 그 일은 하찮은 간수병인 내가 멈추라 마라 할 일이 아니었다. 그들은 사람을 살리는 의사들이었다. 한두 명의 사람이 아니라 수십만, 수백만의 사람을. 연구 결과에 따라 수많은 군인과 공습 피해자들을 살릴 수 있었다. 모든 연구에는 부작용이 따르는 법이고, 그들은 최선을 다해 하나씩 부작용을 제거할 것이다. 부작용도 실패도 없는 신기술이라면 굳이 연구할 이유가 어디 있겠는가?

다음 환자가 방 안으로 들어섰다. 하얀 벽으로 스며들 것처럼 창백한 동주의 얼굴을 나는 겨우 알아보았다. 진료 기록부를 펼친 의사는 기계적으로 물었다.

"죄수 번호!"

"기억나지 않습니다."

"이름?"

"윤동주입니다."

당황한 의사가 그를 올려보았다.

"창씨명!"

"기억나지 않습니다."

의사는 진료 기록부에 "창씨명 기억하지 못함"이라고 쓰고 암산 문제를 내밀었다. 1분 후 의사는 스톱워치의 버튼을 누르고 질문을 이어나갔다.

"고향은?"

"만주 용정의 명동촌입니다."

그는 희미한 미소를 지으며 덧붙였다.

"사방이 산으로 둘러싸인 아늑한 마을입니다. 봄이 되면 진달래와 앵두꽃, 함박꽃, 할미꽃, 방울꽃이 다투어 피었고 강가에는 솜털 같은 버들강아지가 지천으로 피었습니다."*

"됐어! 속 편하게 고향 생각이나 할 때는 아니니까."

의사는 동주의 말을 자르고 질문을 이어갔다.

"당신은 언제 출소하는가?"

"1945년 11월 30일입니다."

"대일본 제국 천황 폐하는 누구신가?"

"기억나지 않습니다."

의사의 입꼬리에 가는 경련이 일었다.

"기억나는 단어는?"

그는 눈을 감았다. 그의 입에서 휘파람처럼 단어들이 흘러나왔다.

"하늘, 바람, 별, 시."

의사는 그 말을 받아 적고 말했다.

"좋아. 구구단의 9단을 외워봐."

---

* 동주의 고종사촌 동생이자 시인 김정우 씨의 증언 기록 참조.

그는 나직이 숫자들을 외워나갔다.

"9, 18, 27, 36, 45, 54, 63, 72, 81, 90, 99……."

"그만. 됐어. 나가봐!"

천천히 돌아선 그의 마른 등은 버려진 땅처럼 볼품없었다. 꼿꼿하던 등은 어깨뼈가 튀어나와 구부정해졌고 반듯하던 걸음걸이는 어기적거렸다. 의사가 말했다.

"기억력도 연산력도 완벽해. 보통 사람들보다 월등히 많은 문제를 풀었고 오답은 없었어. 시약에 잘 적응하고 있으니 부작용은 걱정 없군."

나는 미심쩍은 말투로 대꾸했다.

"그의 기억력은 망가져가고 있습니다. 그는 창씨명도 죄수 번호도 기억하지 못했습니다."

"상담 진료에 있어서는 항상 긴장하고 위답을 가려내야 해."

"위답이라뇨?"

"정답도 오답도 아닌 제3의 답이지. 환자가 의도적으로 틀린 답이나 질문과 상관없는 답을 말하는 경우야. 그자가 창씨명을 대지 않은 건 기억하지 못한 것이 아니라 기억하지 않았던 거야. 죄수 번호 또한 마찬가지지."

"기억하는 사실을 일부러 숨기는 이유가 뭐죠?"

"자신의 죄를 인정하려고 들지 않는 거야. 죄수 번호를 기억에서 지움으로써 자신의 죄를 외면한 거지. 마찬가지로 창씨명을 잊었다고 말함으로써 개명 사실을 인정하지 않는 거야."

"그가 속임수를 쓰고 있다는 건가요?"

"그는 의무 조치 대상자들이 한두 가지 부작용을 겪는다는 사실을 간파했어. 보편적인 부작용인 기억력 감퇴를 역이용해 의도적으로 기억을 부정한 거야. 실제로 죄수 번호를 기억할 수 없었다면 가슴을 내려보았겠지. 645란 숫자가 새겨져 있었으니까. 하지만 그는 그렇게 하지 않았어. 게다가 자신의 출소일과 남은 날짜를 정확히 계산했고 구구단까지 완벽하게 외웠어. 정답을 말하는 걸 보았잖나!"

"그는 일반적인 구구단 암기법을 사용하지 않았어요. '구일은 구, 구이 십팔, 구삼 이십칠'처럼 적당한 운율 없이 9, 18, 27 순으로 숫자만을 말했습니다."

"어쨌든 완벽한 정답이었어."

"그는 구구단을 외운 것이 아니라 그저 단순 계산을 한 거예요. '9×2=18, 9×3=27'이라는 곱셈 방식의 기억이 아니라 '9+9=18, 18+9=27' 같은 덧셈 방식의 계산이지요."

"그걸 어떻게 알지?"

"그는 9단의 마지막 숫자인 81을 지나 90, 99까지 계속 숫자를 나열했어요. 제지하지 않았으면 계속했을 겁니다. 108, 117, 126……"

"상관없어. 그렇게 완벽한 덧셈 연산을 했다면 두뇌 활동은 양호하다고 봐야 하니까. 그 부분은 다음 조치에서 점검할 테니 죄수들을 호송하게."

무슨 말이든 하고 싶었지만 내 입술은 말을 듣지 않았다. 나는 절도 있는 제식동작으로 뒤로 돌아 방을 나왔다. 사내들은 복도 한구석에 두 줄로 늘어서 있었다. 죄수 번호를 하나하나 부를 때마다 쉬어빠진 목소리들이 새어 나왔다. 한 명 한 명의 얼굴과 족쇄를 확인한 나는 울분과 함께 구령을 뱉어냈다.

"앞으로 가!"

절경대는 쇠사슬 소리가 났다. 나는 동주가 제대로 걷는지 살펴보고 싶었지만 돌아보지 않았다. 나의 눈에 어린 슬픔을 그가 보기를 원치 않았기 때문이다.

나의 별에도
　　봄이 오면……

공습은 점점 자주, 오래 이어졌다. 일본은 거대한 병영이었고, 후쿠오카는 미 공군의 앞마당이었다. 음산한 경계경보를 따라온 B29 편대는 한순간에 도시를 잿더미로 만들었다. 뒤늦은 사이렌 소리는 잿더미가 된 도시와 죽은 자들을 위한 진혼곡처럼 들렸다. 양동이를 든 여자와 불 끄는 빗자루를 치켜든 아이들이 잿더미가 된 거리를 달렸다. 요란한 사이렌 소리, 벌 떼 같은 비행기 소리, 폭음과 비명은 한때 그 거리에 가득했던 다른 소리들을 떠올리게 했다. 찌그러진 깡통 하나가 굴러도 까르르 터지던 아이들의 웃음소리, 빵빵대던 자동차 경적 소리, 레코드 상점에서 흘러나오던 재즈 음악, 여자들의 웃음소리.

하지만 전쟁은 거리의 풍경을 잿빛으로 바꾸어놓았다. 쥐들과 어깨뼈가 드러난 고양이들 사이로 무거운 군홧발 소리가 떠돌았고 상점들은 문을 닫았다. 죽음은 일상처럼 무감각했고, 사람들은 공포라는 등짐을 지고 살았다. 살아남는 것 자체가 목적인 시대였다.

전쟁이 계속되는 것처럼 피복장의 노역도 계속되었다. 많은 군복과, 더 많은 군복과, 그보다 더 많은 군복이 필요했다. 피에 젖은 군복은 빨고 파편에 찢긴 군복은 수선해 재염색해야 했다.

동주는 피와 땀으로 얼룩진 군복이 실린 수레를 질질 끌었다. 야외 활동 사이렌이 울리면 그는 허리를 펴고 노역장 밖 잿빛 하늘을 올려다보며 휘파람을 불었다. 그에게로 다가서자 몸에서 식은땀 냄새가 시큼하게 풍겼다. 반가웠다. 땀을 흘린다는 건 그의 몸이 아직 건강하다는 증거니까.

그는 휘파람을 멈추고 먼 허공을 바라보았다. 하늘은 색 바랜 회색 천 조각처럼 낮게 늘어져 있었다. 그는 연을 날리던 행복한 순간을 떠올리고 있는 것일까? 그러나 전쟁은 점점 치열해졌고, 스기야마는 죽었고, 연은 더 이상 날아오르지 않았다. 그가 말했다.

"사흘째야. 매일 이 시간에 떠오르던 연이 사흘째 보이지 않아."

"누군가가 호기심으로 연싸움을 걸었던 거예요. 유리 조각을 먹인 줄로 약한 연줄을 끊어먹는 데 재미를 붙였지만 형무소에서 연날리기가 금지되자 포기한 거예요."

"그 아이는 단순히 연줄을 끊기 위해 싸움을 걸었던 게 아냐. 그 아이가 연을 놀리는 솜씨는 뭐랄까, 섬세하다고 할까? 세련되다고 할까?"

그는 아이와의 연싸움이 왈츠를 추는 것 같았다고 말했다. 아이는 무도회에 처음 온 아가씨가 수줍은 손을 내밀듯 살며시 연줄을 걸어왔다. 그는 아가씨의 허리를 감는 청년처럼 살며시 줄을 당겨 아이의 연을 이끌었다. 아이는 그의 연줄이 끊어지지 않고 오래오래 버티기를 원하는 것처럼 조심스럽고 세심했다. 그가 연줄을 감으면 자신의 줄을 풀고, 그가 연줄을 풀면 함께 풀며 솟아올랐다. 죄수들은 두 연이 격렬하게 싸운다고 생각했지만 그들은 하늘 위에서 아름다운 춤을 추고 있었다.

"그 아이가 왜 그랬던 걸까요?"

"외로웠던 것이 아닐까? 그 아이는 주인의 무릎에서 재롱을 부리는 강아지처럼 자기 연의 무게를 내 연줄에 실었어. 갑자기 솟아오르다가 곤두박질치다가 뱅그르르 돌며 재롱을 부렸지. 그 아이는 재주를 자랑하려는 것이 아니라 누군가에게 기대고 싶었던 거야."

나는 도저히 짐작할 길이 없었다. 높은 담 양쪽에서 연싸움을 하면서 감정을 교환했다는 그의 말도, 그가 연줄을 통해 느꼈다는 아이의 외로움도. 말없이 담장 너머로 향한 그의 시선은 푸른 연을 찾는 것처럼 보였다. 그는 왜 사라진 연에 그토록 집착하는 걸까? 어쩌면 그가 찾는 것은 연이 아니라 그 연을 날리는 아이인지도 몰랐다.

"그 아이는 단지 연날리기에 흥미를 잃었을 뿐일 거예요."

그는 나의 말에 위안받기보다 더 좌절하는 것 같았다. 그는 여전히 사흘 전의 폭격을 기억에서 떨쳐내지 못하고 있었다. 파괴와 죽음을 실은 비행기는 별이 없는 어둠 속으로 날아왔다. 멀리서 쿵쿵 소리가 나고 화약 냄새가 밀려왔다. 항구 쪽 하늘이 벌겋게 물들고 요란한 사이렌 소리가 들렸다. 그는 감방 한가운데에 우두커니 서서 형무소 담장을 넘어온 폭음을 들었다.

조선인 죄수들은 치명적인 폭음을 불꽃놀이처럼 즐겼다.

"더 퍼부어! 완전히 잿더미로 만들어버려!"

그들은 폭탄에 온몸이 찢어져도 좋으니 B29가 이 도시를 잿더미로 만들어주기를 기도했다. 동주는 어깨를 웅크린 채 떠듬거렸다.

"연을 띄울 수 있으면 좋겠는데……. 연이 떠오르면 그 아이는 반드시 연줄을 걸어올 텐데……. 그렇게 할 수 없다면 살아 있는 것만이라도 확인하고 싶어."

그의 목소리는 질식할 것처럼 헐떡거렸다. 나는 무슨 말이든 해야 했다.

"연날리기는 금지되었어요. 그 아이가 무사하다는 것을 확인할 다른 방법이 있을 거예요."

어떤 방법인지 그가 묻지 않기를 나는 바랐다. 대답할 말이 없었기 때문이다. 옥상 스피커에서 노역 시작을 알리는 사이렌이 울렸다. 그는 흠칫 놀라 자신의 수레로 돌아갔다.

다음 날 나는 합창 연습을 끝낸 그녀에게 조심스럽게 말을 꺼냈다. 이름도 얼굴도 모르지만 형무소 밖에서 연을 날리는 아이의 행방을 알아봐줄 수 있겠냐는 부탁이었다. 그녀는 대답을 피하며 건반 위로 손을 가져갔다. 그녀는 위협을 느꼈는지도 모른다. 이쯤에서 모든 일들로부터 발을 빼고 싶었는지도 모른다. 세상은 불이 꺼진 것처럼 어둑어둑했고 나의 머릿속은 흙탕물처럼 혼란했다.

이틀 후, 그녀를 다시 만났을 때 어두운 나의 세상에는 다시 불이 켜졌다. 우리는 나란히 얼어붙은 눈 위를 걸었다. 수분이 증발한 마른 눈은 밟힐 때마다 사각사각 소리를 냈다. 나는 조각처럼 선명한 그녀의 옆얼굴을 조심스럽게 훔쳐보았다. 그녀는 어떻게 이야기해야 할지 생각을 가다듬는 것처럼 보였다. 마침내 그녀가 입을 열었다.

"미안해요. 그 아이는 만나지 못했어요."

나의 가슴속에서 폭탄이 터지는 굉음이 들렸다. 동주의 말이 아니라도 그날 밤 폭격은 올해 들어 가장 맹렬했다. 항구와 시가지는 잿더미가 되고 수많은 민간인 사상자가 발생했다. 소녀가 그들 중 한 명이 아니라고 말할 수 있을까? 그녀가 말을 이었다.

"그 아이의 집은 하카타 항구에서 시가지 쪽으로 이어지는 도로변의 동네였어요. 낡은 판자촌 20여 채가 듬성듬성 모인 곳이었죠."

"그걸 어떻게 알았죠?"

"스기야마 간수의 부탁으로 그 아이의 집을 찾아간 적이 있었어요."

"후쿠오카 지역신문에는 공습의 주 목표가 하카타 항구와 후쿠오카 시내를 연결하는 간선도로였다고 했어요. 그 아이의 집은 어떻게 되었던가요?"

"폭탄들이 마을 대부분을 쓸어버렸어요. 며칠이 지났는데도 화약 냄새가 가시지 않을 정도였어요. 군부대나 항구 같은 주요 시설도 없고, 가난한 변두리 동네라 변변한 방공호도 없었어요."

온몸의 피가 식었다. 차라리 몰랐다면 좋았을 일을 알아버린 것일까? 그녀는 갈라진 목소리로 말을 이었다.

"후쿠오카시립병원 가설병동에서 소녀의 어머니를 찾았어요. 무너진 대들보에 깔려 다리가 부러졌더군요."

"아이는요?"

나는 거의 고함을 치듯이 물었다.

"그 아이는 공습 전 후쿠오카를 떠났어요. 공습을 피해 대도시의 소아, 아동을 외곽으로 피신시키는 정부 소개령을 따라 시골 할머니 집으로 보냈던 거죠. 후쿠오카에서 한 시간 거리의 농촌이니 공습은 없었을 거예요."

스토브를 피운 듯 온몸이 따뜻해졌다. 아이가 살아 있기만 하다면 그곳이 어디든 상관없었다. 그녀는 들고 있던 하얀 보자기를 건네며 풀어보라는 고갯짓을 했다. 낡은 병상 시트를 찢어서 만든 보자기였다. 안에는 노르스름하게 퇴색한 종이 연이 있었다. 둥그스름하게 휜 가로살이 부러진 연은 너덜너덜해 보였다. 긴 꼬리에는 젖은 자국이 보였다. 그녀가 말했다.

"잠결에 폭음을 들은 아이 엄마가 정신없이 계단을 내려오다가 딸이 유난히 아끼는 연을 챙겨 나온 거예요. 시골 할머니 집으로 떠날 때 연싸움에서 떨어뜨린 연들을 모두 챙겨 간 아이가 이 연만은 벽에 걸어두었다더군요. 딸이 다락방에 자랑스럽게 걸어둔 연을 챙겨 집을 나오는 찰나, 폭음과 함께 정신을 잃었지만 혼수상태에서도 연만은 가슴에 꼭 품고 있었던 거예요."

투박한 연은 내가 지겹도록 보아온, 형무소의 공식 문서에 쓰는 질 나쁜 재생지로 만들어져 있었다. 그 연을 만든 사람이 누구인지, 그 연을 날린 사람이 누구인지는 분명했다.

미도리는 그 연이 아이가 처음으로 연싸움에서 떨어뜨린 연이었다는 아이 어머니의 말을 내게 전했다. 연날리기는 외톨이였던 아이의 유일한 행복이었다는 말도. 나는 낮 동안 혼자 집에 남겨져 정성껏 연을 만들고 사금파리를 갈아 연줄에 먹이는 소녀를 상상해보았다.

그 아이는 다른 아이들이 바닷바람이 부는 해변의 언덕으로 몰려갈 때 형무소 근처의 공터로 향했을 것이다. 그곳에는 놀려대는 아이들도 없었고, 연줄에 질긴 실을 감는 짓궂은 아이들도 없었을 테니까. 어느 날 까마득한 형무소 담장 안에서 하얀 연 하나가 떠올랐을 것이다. 연줄을 걸자 담장 너머에서 그녀를 응원하는 것 같은 환호성이 들렸겠지. 소녀는 좀 더 오래 하얀 연과 함께 공중에서 맴을 돌고 오르내리기를 반복했을 것이다. 마침내 약한 무명실이 끊어지자 그녀는 맴을 돌며 떨어진 하얀 연을 주워다 다락방 벽에 소중하게 걸어두었을 것이다.

연에는 먼지와 재의 자국이 있었고 희미한 재와 화약의 냄새도 났다. 가로살이 부러지고 아래쪽이 찢긴 연의 뒷면에 검은 잉크의 흔적이 비쳤다. 내가 많이 보아온 낯익은 필체였다.

후쿠오카 최고의 연싸움꾼에게

축하한다. 오늘은 네가 이겼어.
네가 이 글을 읽고 있다면 우리 연은 너에게 떨어진 거겠지?
싸움에서 이겼으니 이 연은 네가 가져도 좋아. 하지만 우리는 또 새 연을 만들 거란다. 내일 너의 푸른 연과 맞서기 위해서지. 우린 어쩌면 내일은 너의 푸른 연을 가질 수 있을 거야. 내일은 우리가 이길 거니까. 어쩌면 그다음 날도, 또 그다음 날도.

우리 연을 잘 간직해. 그 연들이 네가 후쿠오카 최고의 연싸움꾼이라고 말해줄 테니까.

스기야마가 내질렀던 딱딱한 쇳소리의 어느 구석에 이런 다정다감함이 있었던가? 짧은 몇 줄의 글 속에는 소녀의 승부욕에 불을 지피는 내용과 함께 연을 잘 간수하라는 부탁이 담겨 있었다. 나는 가만히 상상했다. 그 거친 사내도 누군가를 사랑한 적이 있을지, 사랑하는 여인을 위해 피아노의 음을 조율하고, 그녀의 서툰 재즈 연주를 들은 적이 있을지, 함께 따뜻한 커피를 마시고, 복숭아처럼 보송한 아이를 꿈꾼 적이 있을지. 그는 한 여인의 좋은 남자가 될 수도 있었을 것이다. 한 아이의 훌륭한 아버지가 될 수도 있었을 것이다. 하지만 그는 지금 이 세상에 없다. 누가 그 사내를 죽음으로 몰고 갔을까? 나는 고개를 들고 그녀에게 물었다.

"스기야마가 어떻게 소녀를 끌어들였죠?"

"시인이 시를 버렸을 때 스기야마가 조율을 핑계 삼아 절 찾아왔어요."

그녀는 이야기를 이어나갔다.

*

스기야마는 의사의 왕진 가방처럼 생긴 검은 가방을 펼쳤다. 크고 작은 집게와 렌치, 피아노선들과 고무망치가 반짝였다.

"C!"

미도리는 반듯한 자세로 건반을 눌렀다. 가끔 그의 렌치에 팽팽하게 조여지는 현이 삐걱이는 소리를 냈다. 피아노는 조금씩 살아나고 있었다. 황금빛 노을이 검고 반들대는 표면에 스며들었다. 그녀는 스기야마의 억센 손을 보았다. 칼날에 베인 상처들, 부러졌다가 아물며 비틀어진 뼈마디……. 누군가의 콧잔등을 짓이겼던 그 손이 섬세한 짐승을 길들이고 있었다. 그 손은 자신이 죽음으로 떠민 희생자들을 기억할까? 그렇지 않을 것이다. 그 잔혹한 기억을 지닌 채 이렇게 아름다운 소리를 만들 순 없을 테니까.

그녀는 연주를 시작했다.

'내 고향으로 날 보내주. 오곡백과가 만발하게 피었고……'

스기야마는 눈을 감은 채 미간을 찡그리고 입언저리를 치켜 올리며 음 하나하나의 색깔과 힘과 울림과 떨림과 여운을 즐겼다. 비로소 소리가 아닌 음악에 빠져든 것이었다. 마지막 음의 여운이 완전히 사라진 후에야 그는 눈을 떴다.

"많이 좋아졌군."

노을이 그녀의 얼굴에 붉은 음영을 드리웠다.

"소리가요?"

"아니, 소리가 아니라 연주가 훌륭했어. 타건도 훨씬 자연스러워졌고."

그의 목에 굵은 핏줄이 불거졌다. 화를 내는 것 같기도 하고 흥분한 것 같기도 했지만 그는 사실 부끄러워하고 있었다. 그는 자신의 감정에 무지했다. 자기가 어떤 감정을 느끼는지 그 감정을 어떻게 표현할지 알지 못했다. 그가 아는 감정은 분노와 증오뿐이었다.

세상은 그에게 온화한 적이 없었고 그 또한 그러기를 원하지 않았다. 그랬기에 분노와 증오의 철갑으로 스스로를 감싸고 지켜왔다. 미움받기 전에 먼저 미워하고, 맞기 전에 먼저 팼다. 부끄러워도 화를 냈고, 누군가를 사랑해도 화를 냈다. 고함을 지르는 것으로 동정심을 표현했고, 무뚝뚝함으로 호의를 나타냈다. 침묵은 그의 가장 편안한 언어였다. 적어도 화를 내거나 미워하는 것보다는 나았으니까. 그는 반들대는 피아노 덮개에 손을 올리고 조심스럽게 말을 꺼냈다.

"부탁이 있어. 형무소 밖에서 사람을 좀 찾았으면 하는데……"

형무소 내부에서 생활을 해야 하는 스기야마와 달리 의무동 소속의 미도리는 외부 출입이 자유로웠다. 그녀는 눈을 동그랗게 뜨고 주위를 둘러보며 물었다.

"어떤 사람이죠?"

스기야마는 한참 후에야 떠듬거리며 대답했다.

"몰라. 남자인지, 여자인지, 나이가 몇 살인지, 어디에 사는지도. 확실치 않지만 형무소 근처 어딘가에 사는 건 분명해. 매주 화요일 형무소 밖 들판에서 연을 날리니까. 어린아이일지도 몰라. 열서너 살 정도에 외로움을 타는 성격이라더군."

그의 목소리에는 자신이 없었다. 그녀는 생략된 제3의 주어를 물었다.

"누가 그렇게 말했다는 거죠?"

"히라누마 도주, 아니 윤동주. 그를 알고 있겠지?"

그녀의 겁먹은 눈빛이 떨렸다. 그녀는 동주라는 인간뿐 아니라 그의 시와 그가 즐겨 부르는 휘파람의 곡조도 알았다. 뿐만 아니라 그의 제안에 따라 '히브리 노예들의 합창'을 형무소 음악회의 레퍼토리로 선정하기도 했다. 그녀는 망설이며 물었다.

"그가…… 무슨 잘못을 저질렀나요?"

스기야마는 고개를 가로저었다. 잘못을 저지른 건 그가 아니라 그를 독방으로 보내고 시를 불태운 자신이었다. 스기야마는 마디가 굵고 굳은살이 박인 자신의 손을 내려다보았다. 그 손이 한 짓이 그는 부끄러웠다.

"독방에서 돌아온 후 그는 단 한 줄의 시도 쓰지 못하고 있어. 그럴 만도 하지, 독방은 사람의 몸뿐만 아니라 영혼까지 망가뜨리니까. 게다가 녀석이 독방으로 간 사이에 연도 아이도 사라져버렸어."

"그 아이를 찾아서 어떻게 하려는 거죠?"

"연을 날리라고 전해줘. 형무소 밖에서 연을 날리면 연싸움을 할 수 있을 거라고."

그는 창밖으로 높은 벽돌담 너머를 바라보았다. 어깨 위에까지 다가온 황금빛 노을이 그들의 은밀한 대화를 엿듣고 있었다.

*

"며칠 후 소녀의 연이 날아올랐어요. 아마 이 연은 그때 소녀가 떨어뜨린 연일 거예요."

미도리는 망가진 연을 매만졌다. 이제는 날아오르지 못하지만 부러진 연살과 찢어진 꼬리엔 바람에 맞서 창공을 날아오르던 기억이 남아 있었다.

"전쟁이 끝나고 소녀가 돌아오면 연은 다시 떠오를 거예요."

그렇게 말하는 그녀의 얼굴에 서글픈 기대가 스쳤다. 나는 말했다.

"소녀를 연싸움에 끌어들인 스기야마의 선택은 탁월했어요. 좋은 구경거리를 제공하면서 효율적으로 죄수들을 통제할 수 있었으니까요."

"스기야마가 소녀를 끌어들인 건 구경거리를 위해서도 죄수들을 통제하기 위해서도 아니었어요."

그녀의 말은 항변 같기도 하고 다짐을 받으려는 것 같기도 했다.

"스기야마가 담장 밖으로 날려 보낸 건 연이 아니라 시였어요."

야윈 도둑고양이가 창밖으로 다가왔다. 쌓인 눈이 사그락대는 소리가 들렸다.

"그게 무슨 소리죠?"

그녀는 모든 것이 스기야마의 계획이었다고 말했다. 동주에게 시를 쓰게 하고, 연을 날리게 하고, 소녀를 연싸움에 끌어들인 것이 동주의 시를 형무소 밖으로 빼내려는 스기야마의 계획이라는 것이었다.

"스기야마는 동주에게 조선어로 시를 쓰는 것을 허락했어요. 대신 새로 쓴 시를 일본어로 번역해 읊어준다는 조건이었죠. 그는 더 이상 검열관이 아니라 동주가 쓴 시의 첫 번째 독자가 되었죠. 동주가 일본어로 시를 읊으면 그는 밤새 만든 연의 뒷면에다 그 시를 적었어요. 동주는 그 사실도 모른 채 연을 날렸고 질 수밖에 없는 연싸움을 벌였죠. 그만한 가치가 있는 일이었어요. 연이 형무소 밖으로 떨어지면 동주의 시는 감옥을 벗어날 수 있었으니까요."

나는 어느 바람 불던 밤, 어느 눈 내리던 밤의 심문실 풍경을 떠올렸다. 춥고 어두침침한 그곳에서 두 남자의 조용한 심문과 자백이 진행되었다. 동주가 자신의 시를 읽으면 스기야마는 자백을 받아쓰듯 심문조서에 받아 적었다.

한 줄의 문장이 불쏘시개처럼 잠시 그들 앞의 어둠을 밝혔다. 그럴 때면 스기야마는 펜 끝에 힘을 주어 마침표를 찍었다. 그것은 철창 속에 갇힌 시인의 시였다. 그러나 시인은 더 이상 철창에 갇혀 있지 않았다. 그는 철창 속에서 살아갈 뿐이었다.

시들은 날개가 없었지만 스기야마의 연에 실려 비둘기처럼 날아올랐다. 자유를 되찾은 언어는 바람을 타고 높은 담장과 날카로운 철조망을 넘었다. 연은 담장 밖에서 기다리던 소녀의 연과 어울려 춤을 추듯 허공을 오르내리고 맴돌았다. 그러다 유리를 먹인 연실에 끊긴 연약한 연은 바람에 실려 기우뚱거리며 가라앉았다.

소녀는 흐느적거리며 가라앉는 연을 쫓아 들판을 달렸다. 소녀의 시야에서 사라진 연은 때로 가시덤불 속에 떨어지고, 진창에 빠지고, 좁고 더러운 골목 구석에 처박혔다. 잃어버린 연을 찾아 덤불 속과 진창과 골목 안을 헤맨 소녀는 밤이 늦어서야 항구의 전신주에서, 해변의 백사장에서 찢어지고 젖은 연을 찾았다. 집으로 돌아간 소녀는 서툰 일본어가 쓰인 구겨진 연을 자신의 방 벽장 깊이 감추었다.

시들은 자유를 찾은 것일까? 자유를 찾은 시들은 어디에 있을까?

우리들의 사랑은
한낱 벙어리였다

 심문실로 들어서는 동주는 얼굴에 재를 뒤집어쓴 것 같았다. 그러나 심문이 시작되면 다른 사람이 된 것처럼 생기가 돌았다. 그는 존재하지 않지만 인식할 수 있는 것들과, 보이지 않지만 유추할 수 있는 것들, 사라졌지만 기억에 남아 있는 것들에 대해 이야기했다. 가지지 못하지만 원할 수 있는 것들, 다다르지 못하지만 소망할 수 있는 것들에 대해서도.

 심문실에 마주 앉아 서로를 마주 볼 때 나는 더 이상 그를 감시하는 간수가 아니었으며 그 또한 죄수가 아니었다. 우리는 문장을 꿈꾸는 공모자, 사라진 작가들과 그들의 이야기를 쫓는 추적자였다. 수많은 시인과 소설가, 철학자와 작품 속 주인공 들이 우리와 함께 이야기를 나누었다. 하지만 그곳은 낭만에 빠져들기엔 어울리지 않는 심문실이었다. 나는 그 말도 되지 않는 현실에 자조를 내뱉었다.

 "시? 희망? 웃기는 소리죠. 이 형무소는 황무지예요."
 "우리는 봄을 기다리지만 봄은 이미 우리 곁에 와 있는지도 몰라. 모두들

봄이 지나가고 나서야 봄이 갔음을 알아차리지. 이곳에도 행복은 있어."

"아니에요. 이 지랄 같은 철창 속에는 아무것도 없어요. 아름다움, 지성, 고결함은커녕 욕이 나오지 않는 게 다행이죠."

"없으면 찾으면 돼."

"찾으나 마나예요."

"찾아도 없으면 우리가 만들면 돼. 나를 가둔 철창 덕분에 난 더 절실한 시를 쓸 수 있게 된 거야."

그럴지도 몰랐다. 철창은 그를 가두지 못했고 수갑과 족쇄는 그를 결박하지 못했다. 형무소는 그의 집이었고 직장이었고 학교였고 교회였다. 이곳에서 그는 일했고 쉬었고 진실을 탐구했고 기도했다. 그는 종이 위에 펜으로 시를 쓴 것이 아니라 영혼에 시를 새겼던 것이다.

"여기 온 후 한때 시를 포기한 적이 있었어. 실 끊어진 연처럼 시를 잊었지."

"그런데 어떻게 다시 시를 쓸 수 있었죠?"

그는 가슴을 베인 것처럼 고통스럽게 대답했다.

"스기야마…… 스기야마가 있었지."

그가 과거형으로 말했다. 그의 말을 듣자 스기야마가 더 이상 이곳에 없다는 사실이 분명해졌다.

부쩍 늙어버린 그는 처음 보는 사람처럼 낯설었다. 하지만 그의 삶에도 누군가와 함께 웃고, 노래하고, 사랑하던 찬란한 시절은 있었을 것이다. 그렇지만 그는 단 한 번도 누군가를 사랑해본 적 없는 사람 같았다. 그는 왜 연애시를 쓰지 않았을까? 나는 그의 한 시구에서 질문을 끄집어냈다.

"〈바람이 불어〉란 시의 '단 한 여자를 사랑한 일도 없다'는 구절은 당신 자신의 고백인가요?"

그는 반듯한 이마에 가는 주름을 지으며 겸연쩍게 웃더니 시 한 편을 읊었다.

사랑의 전당

순(順)아 너는 내 전(殿)에 언제 들어왔던 것이냐?
내사 언제 네 전에 들어갔던 것이냐?

우리들의 전당은
고풍한 풍습이 어린 사랑의 전당

순아 암사슴처럼 수정(水晶) 눈을 내려 감아라.
난 사자처럼 엉클린 머리를 고르련다.

우리들의 사랑은 한낱 벙어리였다.

청춘!
성스러운 촛대에 열(熱)한 불이 꺼지기 전
순아 너는 앞문으로 내달려라.

어둠과 바람이 우리 창에 부닥치기 전
나는 영원한 사랑을 안은 채 뒷문으로 멀리 사라지련다.

이제
네게는 삼림 속의 아늑한 호수가 있고
내게는 준험한 산맥이 있다.

화산처럼 격렬한 사랑의 감정과 그것을 억누르려는 의지가 싸우는 것 같았다. 어쩌면 사랑은 모든 청춘이 겪어야 하는 고통일지도 모른다. 나는 그의 시를 받아 적던 몽당연필을 놓고 말했다.

"말하지 못한 사랑은 어쩌면 사랑이 아닐지도 몰라요."

그것은 나 자신을 향한 자책이었다. 사랑한다는 건 궁극적으로 사랑한다고 말하는 용기이며, 사랑하면서도 사랑한다고 말하지 못한다면 사랑하지 않는 것이나 다를 게 없을 테니까. 미도리, 그녀 앞에서 나는 벙어리였다. 그녀는 내 가슴속에서 들끓는 열망을 알지 못했다. 어쩌면 알고도 모르는 척 하는 것일지도 모른다.

"말하지 못한 사랑도 사랑이야. 말해버린 사랑보다 더 깊은 사랑일지 모르지."

그의 목소리가 나의 얼굴을 뜨겁게 만들었다. 나는 재빨리 화제를 돌렸다.

"순이라는 여자…… 지금 어디에 있는지는 알아요?"

그는 쓰게 웃으며 고개를 가로저었다. 그에게 좋지 않은 기억을 떠올리게 한 것이 아닌지 걱정스러웠다. 하지만 좋지 않은 기억이란 처음부터 존재하지 않을지 모른다. 모든 기억은 소중하며 고통스러운 기억조차 삶을 이루는 하나의 조각이니까. 나 또한 먼 훗날 어떤 인간이 되건 지금 이 형무소의 지독하고 잔혹한 일들을 잊지 못할 것이다. 세월이 흐르면 나도 그가 순이를 생각하듯 미도리를 떠올리게 될까?

나는 그의 또 다른 연애시 〈소년〉과 〈눈 오는 지도〉를 차례로 떠올렸다. 〈소년〉은 어느 가을 '아름다운 순이'와 사랑에 빠진 소년의 열망을, 〈눈 오는 지도〉는 어느 눈 오는 아침 '사랑하는 순이'와 작별하는 소년의 아픔을 그린 시였다. 그는 정말 순이를 사랑했을까? 순이란 여인이 실제로 존재하기나 한 걸까?

나는 묻지 못했다. 그가 그녀를 기억해내지 못할 것이 두려웠기 때문이었다. 나는 그의 기억이 녹슬고, 바스라지고, 사라지는 것을 확인하고 싶지 않았다. 그는 육신이 아닌 영혼의 굶주림에 지친 것처럼 보였다.

"《말테의 수기》를 한 번만 읽을 수 있겠나?"

그의 목소리는 아귀가 맞지 않는 문짝처럼 삐걱거렸다. 나는 그의 허기를 이해할 것 같았다. 영혼의 허기와 갈증에 시달리는 자에게 한 권의 책은 한 끼의 밥보다 소중하다. 어떤 책은 사람의 질병을 치유하고 삶의 에너지를 제공하기도 한다. 좁은 책방의 서가 틈에서 삶의 희망을 찾아낸 내게 그랬던 것처럼.《말테의 수기》는 쇠약한 그를 강건하게 하고 그의 기억을 되살릴 수 있을까?

나는 검열실로 달려가 645번 상자에서 《말테의 수기》를 집어 들었다. 노랗게 바랜 책의 가장자리는 바스러질 것처럼 삭아 있었다. 심문실로 돌아온 내가 책상 위에 낡은 책을 올려놓자 그는 떨리는 손으로 낡은 표지를 쓰다듬었다. 그가 느린 손길로 책장을 한 장씩 넘길 때 그의 관자놀이에서 파란 혈관이 팔딱거리며 뛰는 것이 보였다.

그가 사랑스러운 누이동생의 볼을 어루만지듯 책갈피를 쓰다듬고 있을 때 닳아빠진 책 모서리가 나의 눈에 들어왔다. 그 책은 나를 알아보지 못해도 나는 그 책을 알아볼 수 있었다. 나는 그의 손에서 책을 낚아채 책장을 넘겼다. 찾던 페이지를 펼친 순간 나의 머릿속에서 혼이 빠져나가는 것 같았다. 보일 듯 말 듯 희미해진 밑줄이 오래전 내가 읽었던 한 줄의 문장 아래에 처져 있었.

<u>그는 아무 뜻도 없는 짤막한 허위의 첫 문장을 쓰기까지 평생이 걸린다는 것을 처음에는 믿지 않으려 했다.</u>

그 문장은 과거의 내가 걸어온 말이었고, 그 밑줄은 내 영혼이 걸어온 발

자국이었다. 오래전 어느 가을날, 나는 먼지가 떠도는 책방 구석에 웅크린 채 릴케의 문장들에 밑줄을 그으며 소심하고도 강렬한 문학에의 열망에 사로잡혀 있었다.

그날 밤 집으로 돌아오는 길에 어머니가 《말테의 수기》가 들어오면 다른 사람에게 팔지 말고 기다려달라는 한 청년의 부탁을 내게 전했을 때 나는 서가 깊이 숨겨둔 《말테의 수기》를 떠올리며 약간의 가책과 안도감을 동시에 느꼈다. 우리는 한 권의 책을 동시에 사랑했으며 한 명의 시인을 동시에 사랑했다. 한 여인을 동시에 사랑하는 청년들처럼.

단 한 권의 책도 휴대하지 못한다는 규정에 따라 종이 한 장조차 지니지 못한 채 입영한 나는 시도 때도 없이 남겨두고 온 책들, 그중에서도 서가 구석에 꽂아둔 《말테의 수기》를 떠올렸다. 릴케는 아직도 그 먼지 앉은 서가에 꽂혀 있을까? 그곳에 없다면 언제, 어떻게, 누구에게로 갔을까?

나는 조용히 책등을 쓰다듬으며 그 책의 행로를 짐작했다. 내가 떠난 어느 날 서가 구석에서 릴케를 발견한 어머니는 그 조선인 유학생에게 아들의 손때가 묻은 책을 건넸을 것이다. 어머니는 이렇게 말했을지도 모른다. '우리 아들도 릴케를 좋아했어요'라고.

어머니는 전쟁이 끝나면 아들이 돌아올 테니 돌려주겠는 약속을 받았을지도 모른다. 그는 반드시 그러겠다고 약속했겠지만 《말테의 수기》는 차가운 형무소에 갇히고 말았다. 나는 어지러운 시대를 건너와 시인과 나를 이어준 낡은 책 한 권의 거짓말 같은 우연을 믿을 수 없었다.

그는 책을 내 앞으로 밀어놓았다.

"이 책은 자네가 가져."

하지만 그것은 그가 마음대로 가지라 마라 할 수 없는 압수물이었다. 한때 그것은 나만의 책이었지만 이제는 나의 책도, 그의 책도 아닌 빼앗긴 책이 되고 말았다. 하지만 그것이 책이 아니라 릴케의 영혼이라면? 누구도 영혼을 소유할 수는 없고 당연히 그 영혼을 빼앗을 권리를 가진 자도 없을 것이다.

　나는 한 장 한 장 책장을 넘겼다. 그 책은 누군가의 손길을 거쳐 한때 나의 것이었지만 한 젊은 시인의 손에 이르렀다가 다시 내게로 돌아왔다. 그렇게 정처 없이 세상을 유랑하며 릴케의 영혼은 상처 입은 자들을 보듬고 치유했다.

　그날 밤 나는 세상이 조금 더 아름다워진 것 같은 느낌을 받았다. 그리고 내가 아주 조금 더 성장한 것 같은 느낌도 받았다.

　동주의 기억은 바람 속의 홀씨처럼 부유했다. 심문실로 오는 내내 그는 혼잣말을 중얼거렸다. 그것은 자신을 떠나려는 단어들과 문장들을 붙잡아두려는 안간힘처럼 보였다. 창밖엔 소리 없이 눈이 내렸다.

　"잠시 쉬었다 가도 되겠나?"

　대화를 하는 중에도 그의 입술은 깨어진 단어와 토막 난 구문들을 쏟아냈다. 파란 녹, 구리 거울……

　"그렇게 하죠."

　어둠 너머에서 흰 눈발이 사정없이 창으로 들이쳤다. 그는 맑간 창에 비친 자신의 얼굴을 물끄러미 들여다보았다.

　"하얗게 눈이 덮였군."

　알아들을 수 없는 조선어를 중얼대며 그는 걸음을 옮겼다. 쇠사슬 끌리는 소리가 나의 마음을 무겁게 했다. 그는 중간에 심문실로 향하는 복도 길을 잘못 접어들었다. 그토록 익숙한 길조차 그는 잊어버린 것일까? 나는 심문실을 지나쳐 걷는 그의 어깨를 잡아 멈추게 했다.

　심문실 안은 냉동실처럼 시렸지만 그는 추위가 무엇인지 잊어버린 듯했다. 자리에 앉자마자 그는 순식간에 사라지기라도 할 것처럼 머릿속의 낱말들을 중얼거렸다. 만 24년 1개월, 거인처럼 찬란히 나타나는 배달부……
단어들은 찬 공기 속을 떠돌았고, 문장들은 적막 속을 헤엄쳐 다녔다.

토막 난 그의 말을 받아 적던 나는 펜을 놓고 질문을 던졌다. 매일 밤 새 모이를 던지듯 반복되는 질문들이었다. 이름이 무엇입니까? 고향은 어디입니까? 오늘은 몇 년 몇 월 입니까? 언제 출소합니까? 지금 기억나는 단어는 무엇입니까?

나는 그의 죄수 번호와 창씨명을 묻지 않았고 구구단을 외우게 하지도 않았다. 그는 좀 더 자주, 오래 행복한 기억을 떠올려야 했다. 그에겐 그럴 자격이 있었다. 고향에 관한 질문이 나오면 그는 눈을 반짝였다.

"겨울이면 흰 눈이 마을을 뒤덮고, 먹이를 찾는 노루와 멧돼지 들이 손님처럼 마을로 내려왔어. 아이들은 하늘 한가득 연을 날리고, 어른들은 매사냥을 나갔지. 우리 집은 학교 정문 쪽의 큰 기와집이었어. 마당에는 자두나무가 있었고, 뒤에는 살구나무 과수원이 있었고, 동문 밖에는 커다란 오디나무와 깊은 우물이 있었지. 뽕나무에 열린 오디는 다디달았어. 우물 속을 들여다보며 소리를 지르다 고개를 들면 햇살이 교회당 종탑의 까마득한 십자가를 비추었지. 나는 마을길을 산책하길 좋아했어. 내를 건너서 숲으로, 고개를 넘어서 마을로, 민들레가 피고, 까치가 날고, 아가씨가 지나고, 바람이 이는 그 길……."*

그 모든 기억들은 더 이상 그의 것이 아닌 것 같았다. 나는 기억이 질긴 근육 같아서 쓰면 쓸수록 선명해지고 행복한 기억은 인간을 죽음에서 구원할 거라고 믿었다. 그는 퀭한 눈을 힘겹게 들어올렸다. 망각이 회반죽 같은 그의 머릿속을 돌아다니며 교회당을, 고향집을, 보들레르를, 발자크를 갉아

---

* 윤동주의 고종사촌 동생이며 같은 소학교를 다닌 김정우 시인의 증언. 산책길에 대한 묘사는 윤동주의 시 〈새로운 길〉 중에서.

먹었다.
"유이치…… 와타나베 유이치!"
그는 생각난 듯 내 이름을 불렀다. 나는 대답했다.
"예!"
야위어 주름진 입으로 싱긋 웃는 그는 자기 자신과 격렬한 싸움을 벌이는 것 같았다. 그는 대답을 듣고 싶었던 것이 아니라 그냥 내 이름을 불러보고 싶었던 것이다. 나의 이름을 잊어버리기 전에. 그는 매 순간 망각이라는 이름의 적과 싸우느라 안간힘을 쓰고 있었다. 그는 한 시간에 스무 개씩 단어들을 떠올리는 연습을 했다. 셰익스피어의 대사를 읊고 톨스토이의 문장을 되풀이하고, 릴케와 잠의 시구를 소리 내어 말했다.

언제부터인가 그는 부쩍 말이 많아졌다. 고향과, 학창 시절과, 읽은 책들과 작가들, 문학가들과 음악가들과 화가들에 대해 늘어놓았다. 내게 한 마디의 말이라도 더 전하려는 그의 수다스러움에 나는 가슴 아팠다. 기억을 담는 자신의 머릿속 서랍을 믿지 못했던 그는 망가진 자신의 기억을 나의 서랍으로 옮겨놓으려 하고 있었다. 그는 속사포처럼 질문을 쏟아냈다.

"고흐의 화집을 본 적이 있나? '별이 빛나는 밤'이란 그림은? '밤의 카페 테라스'는?"

나는 그 그림들을 기억하고 있다. 교토의 헌책방 구석에 꽂힌 고흐의 총천연색 화집은 내가 가장 사랑하는 책이었다. 어두운 서가 틈에서 몰래 고흐의 화집을 펼치면 가슴이 뛰었다. 그는 가쁜 숨을 몰아쉬며 말을 이었다.

"고흐는 별의 화가였어. 별을 사랑했고 별을 즐겨 그렸지. 그는 동생 테오에게 보내는 편지에도 별에 대해 썼어."

밤이 깊어갔지만 그는 잠을 잊었다. 불안은 그의 잠을 빼앗아 갔고 불면은 그를 더욱 불안하게 만들었다. 그의 불안을 달래기 위해 나는 그를 지하의 도서관으로 이끌었다. 그는 어둑한 공간을 돌아보며 말했다.

"자네가 지하 도서관의 비밀에 대해 알아내지 못하길 바랐어."
"하지만 알아버렸죠."

나의 목소리는 초조함 때문에 갈라졌다. 불법적인 공간을 눈감은 행위에는 어떤 식으로든 대가가 따를 것이다. 누군가 잔기침만 해도 나는 흠칫흠칫 놀랐다. 꿈속에서 온몸이 결박당한 채 끌려가는 나 자신을 여러 번 지켜보기도 했다. 그런 밤에 잠에서 깬 내 눈은 젖어 있었다.

나는 지하실을 발견한 그 순간 간수장에게 달려가 보고했어야 했다. 지금이라도 불법을 보고하면 불안에서 벗어날 수 있을 것이다. 하지만 나는 불안과 더불어 살기를 선택할 수밖에 없었다. 그는 나의 어깨를 두 손으로 움켜쥐며 말했다.

"언젠가는 알려지겠지만 넌 이곳을 모르는 것은 물론, 어떤 관련도 되지 않을 거야. 내가 실토하고 싶어도 기억하지 못할 테니까. 머지않아 지금 이 순간조차 까맣게 잊힐 거야."

그는 씁쓸하게 웃으며 머릿속에 새겨 넣듯 희미해진 책들의 제목을 한 권 한 권 읽었다. 《부활》《돈키호테》《몬테크리스토 백작》…….

"머지않아 이 제목들도 연기처럼 사라져 가겠지? 처음부터 알았던 적도 없던 책처럼. 그때 자네가 말해주겠나? 내가 한때 이렇게 아름다운 글을 읽은 적이 있다고 말이야."

하얀 입김이 그의 창백한 얼굴을 더욱 창백하게 감쌌다. 숨을 쉴 때마다 그의 내부에서 차가운 영혼이 빠져나오는 것 같았다. 먼 곳에서 호루라기 소리가 들렸다. 항구의 배에서 굵고 낮은 무적이 울렸다. 작은 알전구가 풀벌레가 우는 것처럼 찌르르 울었다. 나는 그가 아니라 나 자신을 향해 말했다.

"그런 일은 없을 거예요. 의사도 부작용은 곧 사라질 거라고 했어요. 당신은 11월 30일이면 이곳을 나가 마음껏 시를 쓰고 시집을 낼 거예요. 전쟁이 끝나고 더 좋은 세상이 오면 많은 사람들이 당신 시를 읽겠죠."

"그렇게 되었으면 좋겠군."

그는 가물거리는 눈빛으로 희미하게 웃었다. 자신의 이야기가 해피엔드로 끝나기를 기대하는 것처럼. 하지만 나는 이 이야기의 결말을 알기가 두려웠다.

가난한 이웃 사람들의 이름과
프랑시스 잠,
라이너 마리아 릴케……

　새해가 왔지만 달라진 것은 없었다. 겨울은 점점 깊어갔고 봄의 기적은 없었다. 누구도 말하지 않았지만 무언가를 느낄 수는 있었다. 전쟁의 무게중심이 기울었고 일본은 가라앉고 있다는 것을. 입에서 입으로, 침묵에서 침묵으로 불안이 무서운 속도로 전염되었다. 라디오에선 본토 결전을 독려하는 결기 어린 목소리가 흘러나왔고, 마지막 한 명의 일본인까지 본토를 사수하라는 포고령 전단이 나붙었다. 나는 그렇게 얻은 잿더미 위의 승리가 우리에게 부서진 양심과 파괴된 인간성 말고 다른 무엇을 가져다줄 수 있을지 궁금했다.
　밤이면 거대한 그림자가 어둠 속을 날아와 도시 위에 둥글고 무겁고 반짝이는 것들을 떨어뜨리고 사라졌다. 폭음이 비명과 아우성을 뒤덮었고 거리는 불바다가 되었다가 잿더미가 되었다. 참고 참으면 고통이 끝날 거란 믿음은 이미 이루어졌는지도 모른다. 죽어간 사람들은 어떠한 고통도 더 이상 느낄 수 없을 테니까.

형무소도 더 이상 안전지대는 아니었다. 1월 들어 폭격으로 형무소 북쪽 담 20여 미터가량이 무너졌다. 이어진 공습으로 뜰 가운데에 커다란 구덩이가 파였고 미루나무 두 그루가 새까맣게 그슬렸다. 요란한 경보음이 울리면 겁에 질린 간수들은 방공호로 달렸지만 적기들은 경보보다 빨리 다가왔다. 목숨은 방공 시설이 얼마나 효율적이고 튼튼하냐에 달려 있었다.

즉시 영내 방공 시설 점검이 이루어졌다. 새로 지은 4·5·6수용동이나 복도에서 깊고 튼튼한 방공호로 바로 연결되는 계단이 있는 의무동에는 문제가 없었다.

문제는 낡은 본관동과 연결된 2·3수용동이었다. 진주만 공습 후 취약한 방공 시설을 보강하려 했지만 붕괴 위험 때문에 건물 지하를 팔 수 없었다. 궁여지책으로 건물에서 100여 미터 떨어진 공터에 방공호를 팠지만 기습 폭격 상황에서 목숨을 내놓고 달리기에는 먼 거리였다. 더 가까운 곳에, 더 깊고, 더 튼튼한 방공호를 확보해야 했다. 간수장은 본관동 설계 도면을 골똘히 검토하기 시작했다.

일주일이 지난 어느 날 새벽 근무를 마친 나는 몽롱한 정신으로 검열실을 나섰다. 복도 저편 구석에 한 무리의 간수들이 웅성거렸다. 사람이라곤 드나들지 않고 늘 음산한 정적에 묻혀 있던 복도에 무슨 일이 벌어진 걸까?

간수들은 나를 밀치고 바쁘게 달려가더니 지하 밀실로 이어지는 계단이 있는 자료실로 들이닥쳤다. 좁은 복도를 달리는 발소리가 땀으로 젖은 나의 등줄기를 채찍처럼 후려쳤다. 결국 올 것이 온 것인가?

활짝 열린 자료실 문 안에서 간수 예닐곱 명이 웅성거리고 있었다. 그들은 묘한 눈길로 나를 응시하며 길을 터주었다. 나는 두 다리에 힘을 주고 눈앞에서 어떤 일들이 일어나는지 바라보았다.

벽 한쪽의 책상과 서가는 사라지고 없었다. 대신 뜯겨 나간 바닥 널 아래로 뻥 뚫린 통로가 검은 아가리를 벌리고 있었다. 어둠 속에서 불빛이 어른어른 비쳐 나왔다. 나는 천천히 어둠 속으로 걸어 들어가 좁은 계단을 내려섰다.

바닥에는 망가진 선반과 책들이 패대기쳐져 있었다. 간수들에게 둘러싸인 간수장의 얼굴은 불빛에 번들댔다. 그는 선반 아래 칸에서 검은 책 한 권을 뽑아 들었다.

"조선 놈들이 형무소 심장부까지 파고 들어와 자기들의 놀이터를 만들었어."

간수장은 악의에 찬 목소리와 입술을 함께 질겅질겅 씹었다.

"이 쥐새끼 굴 안에 있는 것들을 모두 꺼내 뜰 앞에 쌓아. 놈들이 보는 앞에서 태워 없앨 거니까. 그리고 이 일에 관련된 놈들을 모조리 색출해!"

간수장은 분을 이기지 못한 듯 지휘봉으로 자신의 허벅지를 후려치며 계단을 올라갔다. 나는 폐허가 된 도서관을 무기력하게 둘러보았다.

그곳은 더 이상 도서관이 아니라 난장판이었다. 서가는 허물어졌고 책들은 팽개쳐졌으며 책장은 찢어졌다. 이 작은 밀실은 이제 순결한 책들과 문장을 꿈꾸며 숨어들던 사람들의 얼굴을 더 이상 기억하지 못할 것이다.

간수들은 흩어진 책들을 주섬주섬 계단 위로 날랐다. 나는 바닥에 팽개쳐진 책들을 주워 들었다. 《걸리버 여행기》 《위대한 유산》 《셰익스피어 소네트집》 《정지용 시집》……. 그 이야기들은 연기가 되어 날아가고 재가 되어 식을 것이다. 선임 간수 하나가 계단을 따라오며 구시렁거렸다.

"미국 놈들의 폭격이 우리에겐 천운이었어. 폭격이 아니었으면 이 쥐새끼 굴은 영원히 발견할 수 없었을 테니까."

그는 음모의 본거지를 적발한 간수장의 귀신같은 능력을 자랑처럼 떠벌려댔다.

"건물 지하에 방공호를 건설하려면 우선 비내력벽이나 기둥 위치를 파악해야 했어. 본관동 건설 당시의 설계도 수십 장을 하나하나 검토하던 간수장은 자료실과 심문실, 검열실이 위치한 검열동 구역에서 오래전에 폐쇄된 지하 공간을 발견했지. 이미 지하 공간이 있으니 확장을 하면 새로 파는 것보다 시간이나 비용을 줄일 수 있었어. 그런데 이 폐쇄된 창고에 빌어먹을 것들이 널려 있었던 거지."

나의 가슴은 먼 길을 달려온 수레처럼 덜컹거렸다. 만약 간수장이 내가 이 금지된 장소를 알면서도 입 밖에 내지 않은 것을 알게 된다면? 갑자기 어머니의 얼굴이 떠오르더니 두려움에 눈앞이 흐릿해졌다. 등 뒤에서 선임간수의 목소리가 들렸다.

"일본어 필체를 보면 스기야마 짓이야. 그자가 땅 속에서 조선 놈들과 내통했다고. 해서는 안 될 짓을 하면 어떻게 될지 알 만한 자가 못된 짓을 하다가 결국 제 명에 못 죽은 거지."

음모를 공유한 자들의 연대에서 벗어나 있다는 사실에 나는 안도했다. 나는 항변할 필요도, 자기변호를 할 필요도 없었다. 나는 황급히 눈물을 훔쳤다.

"스기야마가 조선인들에게 도움을 주었다면 그들이 왜 그를 죽였을까요?"

"조선 놈들은 원래 은혜를 원수로 갚는 놈들이야. 스기야마에게 뭔가 뒤틀린 거겠지. 아니면 스기야마가 놈들의 비밀을 폭로하려 했거나."

혼란스러운 머릿속으로 요란한 사이렌 소리가 울렸다. 3수용동 죄수 집결 신호였다.

연병장에 도열한 죄수들은 추위와 두려움에 떨었다. 그들은 부르튼 입술 사이로 하얀 입김을 감추며 간수들의 사나운 눈길을 피했다. 그들은 신경을 곤두세우고 지난밤 무슨 일이 일어났는지 생각하는 것 같았다. 삑 하는 마이크 소음과 함께 간수장의 목소리가 스피커에 왕왕 울렸다.

"후쿠오카형무소는 불령선인 죄수들에게 과분한 은전을 베풀어왔다. 그런데 경박한 자들은 오히려 호의를 이용해 음모를 꾸몄다. 금일 아침 또 하나의 간사한 음모를 적발했다. 이제 그 더러운 짓의 종말을 보여 줄 것이다."

간수장의 고갯짓에 간수 하나가 손수레에 실린 것들을 단상 앞에 쏟아부었다. 검은 책들이 우르르 쏟아졌다. 또 한 대 또 한 대의 손수레를 부릴 때마다 나무판자들과 각목들이 책들 위에 쌓였다. 선임 간수는 양철동 마개를 열고 석유를 책 더미에 부었다. 역한 기름 냄새가 코를 찔렀다. 간수장의 차가운 목소리가 내게 달려들었다.

"와타나베 군! 소각해!"

나는 그가 나의 초조함을 눈치채지 못하기만 빌었다. 간수장은 눈빛으로 내 멱살을 끌고 책 무더기 앞에 팽개쳤다. 고개를 들자 죽음을 기다리는 책들이 보였다. 고뇌하는 햄릿과, 떠도는 랭보와, 모험하는 톰 소여와, 한쪽 다리를 잃은 에이허브⋯⋯. 문장 속에서 살았고 책갈피 속에 은거했던 사람들. 나는 모든 사람이 지켜보는 앞에서 내가 그 책들을 얼마나 혐오하는지 증명해야 했다. 그것만이 내가 연루된 음모에서 벗어나는 길이었다.

라이터에 불을 댕기자 차갑고 파란 불꽃이 튀었다. 간수장의 눈빛은 불꽃보다 퍼렇게 번득였다. 나는 떨리는 손으로 한 권의 책을 집어 올렸다. 책에서 기름 냄새가 났고 기름을 먹은 문장들과 구두점들은 반쯤 투명해져 있었다. 《죄와 벌》의 한 페이지였다.

라스콜니코프는 다시 걸음을 옮기면서 생각했다. '어디서 읽었더라? 사형선고를 받은 어떤 사람이 죽기 한 시간 전에 이런 말을 했다던가, 생각했다던가. 겨우 자기 두 발을 디딜 수 있는 높은 절벽 위의 좁은 장소에서 심연, 대양, 영원한 암흑, 영원한 고독과 영원한 폭풍에 둘러싸여 살아야 한다고 할지라도, 그리고 평생, 1천 년 동안, 아니 영원히 1아르신밖에 안 되는 공간에 서 있어야 한다 할지라도, 그래도 지금 죽는 것보다는 사는 편이 더 낫겠다고 했다지! 살 수만 있다면, 살 수만, 살 수만 있다면! 어떻게 살든, 살 수 있기만 하다면⋯⋯! 그만한 진실이 또 어디 있겠나! 그래, 이건 정말 대단한 진실이 아닌가! 인간은 비열하다……! 또 그렇게 생각한다고 해서 그를 비열하다고 하는 놈도 비열하다.' 잠시 후 그는 이렇게…….

그 문장은 도스토옙스키가 아니라 내가 쓴 것 같았다. 물론 나는 죽었다 깨어나도 그렇게 깊이 삶의 진실을 통찰하는 글을 쓸 수 없을 것이다. 하지만 그 문장을 읽은 그 순간만큼은 내 영혼이 언젠가 도스토옙스키와 같은 생각을 한 적이 있는 것처럼 느껴졌다.

그때 나는 확신할 수 있었다. 나의 영혼이 도스토옙스키의 영혼과 균질하다는 것을. 비록 다른 시대, 다른 장소에 다른 모습과 다른 이름으로 존재하지만 그와 나는 같은 꿈을 꾸며 같은 진실을 인식한 같은 인간이었다. 그의 글을 태워야 하는 바로 그 순간, 나는 선명한 그의 영혼을 보았다.

죄수들은 허수아비처럼 우두커니 서서 내 손끝의 불꽃을 지켜보았다. 나는 멍한 눈동자 사이에 우물처럼 맑고 깊은 눈동자를 발견했다. 내가 그 눈을 바라보자 그의 얼굴에 불이 들어오는 것 같았다. 겨우 자신의 내부를 밝힐 수 있을 정도의 빛.

손아귀에 힘이 빠지며 라이터가 미끄러졌다. 불꽃은 잘 익은 과일처럼 자유낙하했다. 기름 먹은 종이는 순식간에 불꽃을 빨아들였고 거대한 화염 기둥이 되었다. 판자들이 바지직대는 소리, 바람이 후루룩 불길을 몰아치는 소리와 함께 검은 연기와 열기가 사방으로 퍼졌다. 간수장의 목소리가 화염과 함께 다가왔다.

"잘 봐라! 제국에 반하는 짓이 어떤 결과를 가져오는지."

책들이 뿜어낸 열기를 쫓아 화염 주위로 몰려든 사내들은 언 발을 녹이고 젖은 발을 말렸다. 앞쪽에 있는 자들은 뜨거운 불기운에 얼굴을 피했고, 뒤쪽 사내들은 불 가까이 오려고 아우성을 쳤다. 추위에 지친 사내들은 타

들어가는 책들의 마지막 온기를 쬐었다. 그것은 그들의 생에서 다시는 누리지 못할 열기였다. 잘된 일인지도 모른다. 책들이 불타고 있는 동안만은 모두가 따뜻할 수 있을 테니까……. 그러나 모든 책들이 재가 되고, 갈피 속에 숨은 마지막 불씨까지 사라지고, 검게 그을린 땅에 다시 바람이 불어닥칠 때 헐벗은 영혼들은 무엇으로 위로받아야 할까?

소장실로 호출되어 갔을 때 소장은 반투명 커튼 너머 창밖을 보고 있었다.
"뜰이 소란하더군."
느긋한 걸음으로 책상 앞으로 다가오는 그의 목소리에는 짜증이 섞여 있었다. 간수장은 본능적으로 문제의 핵심을 파악하고 어디를 봉합해야 할지 알아차렸다. 그에게는 자신에게 닥친 악재를 기회로 변화시키는 능력이 있었다. 지하 밀실 사건은 예기치 못한 악재였지만 그의 위기관리 능력을 보여줄 기회이기도 했다. 죄수들이 지하에 소굴을 차리고 금서를 읽은 사건은 변명할 길 없는 간수부의 태만이었지만 상황을 반전시킬 기회이기도 했다.

중요한 점이 사건이 아니라 사건을 수습하는 과정에 있었다. 그는 은밀한 음모를 적발한 공적을 과시할 수 있었고 금서를 즉각 소각하고 주모자와 공모자들을 색출하는 과정에서 신속, 정확한 일처리 능력을 보여줄 수도 있었다. 뿐만 아니라 지하 밀실 공사에 착수해 부족한 방공호를 확보할 수도 있었다.

"쥐새끼 같은 놈들이 사소한 소동을 일으켰으나 미리 소굴을 적발하여 일소했습니다. 더불어 숙원 과업인 본부동 방공호 건설에도 착수할 수 있게 되었습니다."

다음은 나의 보고 차례였다. 사건이 검열관인 내 구역에서, 내 담당 업무에 발생했기 때문이었다. 나는 필사본 목록과 권수, 회수와 소각 경위에 대한 보충 보고를 했다. 소장은 담배 연기와 함께 짧은 말을 내뱉었다.

"수고했군. 조속히 관련자 색출해 일벌백계하고 방공호 건설 완료해!"

소장은 정확히 간수장의 의도대로 움직였다. 간수장은 이미 글을 아는 놈들은 무조건 잡아들여 주모자와 가담자를 색출하라는 지시를 내린 터였다. 방공호 공사 작업도 이미 진행되고 있었다. 남은 일은 사건을 문제 삼는 것이 아니라 문제를 해결한 공적을 보여주는 것이었다.

"본부동 지하에 밀실을 판 건 형무소 심장에 구멍을 뚫은 것입니다. 어떤 놈들인지 샅샅이 색출해서 목을 매달겠습니다."

두 사람의 대화는 과장된 대사로 이어지는 연극 같았다. 소장이 물고 있던 파이프를 들고 재떨이에 털었다. 날카로운 쇳소리가 귀를 파고들었다. 그 행동은 의도적으로 보였다. 연극은 갑자기 막이 바뀌었다.

"시간 낭비일 뿐이야. 조선 놈들은 똑같아. 더 나쁜 놈도 없고 덜 나쁜 놈도 없어. 모두가 주모자고 모두가 동조자지. 돼지는 돼지일 뿐이야. 더 잘생긴 돼지도 없고 덜 못생긴 돼지도 없다고!"

간수장은 입술을 핥았다. 자신의 말을 무 자르듯 하는 소장의 태도가 내심 언짢았지만 그는 소장이 팽개친 카드를 다시 만지작거렸다.

"어차피 발생한 사건이니 몇 놈 잡아들이고 마무리하겠습니다. 소장님 말씀대로 놈들은 돼지일 뿐이니까요. 평소에 뻬딱한 놈 몇을 잡아 목을 매달아버리면 골칫거리를 해결할 수 있을 겁니다."

간수장은 번들대는 눈을 하고 소장의 허락을 기다렸다. 소장은 소리 내어 빈 파이프를 빨아댔다. 그윽한 담배 냄새가 끼쳤다.

"그렇게 목을 매고 해결하려 들지 않아도 곧 해결될 거야. 어차피 방공호는 간수들과 직원용이야. 밤낮없이 몰려오는 미국 놈들의 공습에 3수용동이 언제까지 버틸 수 있겠나?"

소장이 지으려는 방공호에 조선인 죄수들의 자리는 없었다. 공습이 끝나면 감방은 거대한 공동묘지로 변할지도 몰랐다. 나는 소리를 지르고 싶었지만 소리는 동굴 같은 내 몸 안에서 울릴 뿐 밖으로 나오지 못했다. 나는 침묵으로 그들의 범죄에 동조하고 있었다.

나는 처벌받아야 할까? 그럴 것이다. 이 미친 전쟁이 끝나고 세상이 제정신으로 돌아오면 이곳에서 벌어진 야만적인 범죄는 단죄를 면할 수 없을 것이다. 그 범죄에 가담한 자들 중에 나도 끼어 있을 것이다. 그렇다면 나는 전쟁이 끝나고, 좋은 세상이 오기를 바라지 말아야 할까?

그날 밤 동주와 나는 심문실에서 책상을 사이에 둔 채 서로를 물끄러미 바라만 보았다. 나는 낮 동안 있었던 많은 일들을 생각했다. 지하도서관이 발각되고, 서가가 부서지고, 책들이 불태워졌다 모든 것이 사라졌다. 우리는 서로를 위로하고 싶었지만 그러기엔 너무 지쳐 있었다. 한참 후에야 상처가 벌어지듯 그의 입이 열렸다.

"지하 도서관으로 데려다줄 수 있겠나?"

"그곳은 이제 도서관이 아니에요. 책들은 모두 불탔고 한 권도 남지 않았어요."

나는 의자에서 벌떡 일어서며 소리쳤다. 그를 향한 분노가 아니라 책을 불태운 자들, 바로 나 자신을 향한 분노였다. 그는 나를 따라 천천히 일어났다.

"상관없어. 책은 사라져도 책의 영혼은 남아 있을 테니까. 책의 냄새와 책들이 지닌 목소리가 거기 있어."

"다 끝났어요! 이 손으로 그 책들에 불을 붙였어요."

나는 손을 들어 흔들었다. 손끝이 떨리고 어깨가 따라 흔들리고 가슴이 함께 떨렸다. 후회와 가책, 무력감, 그리고 모든 것을 잃어버린 공허감이 눈물이 되어 쏟아졌다. 그는 힘주어 내 어깨를 감쌌다.

"네 잘못이 아니야, 유이치."

따뜻한 목소리는 나를 달래려는 거짓말에 불과했다. 그건 분명 나의 잘못이었다. 책들을 불태운 건 다른 누구도 아닌 나 자신이었으니까. 그는 나의 등을 다독이며 말을 이었다.

"유이치, 스스로 자책하다가 삶을 망쳐버려선 안 돼. 우리는 살아가야 해. 살아남아야 이 전쟁이 끝나는 것을 볼 수 있고 더러운 시대에 침을 뱉을 수 있어. 살아남는 게 승리하는 거야. 시체는 결코 만세를 부를 수 없으니까."

"하지만 악마가 되지 않으면 이 더러운 시대에 살아남을 수 없을 거예요."

"그래, 이 전쟁이 우리를 악마로 만든다면 좋아, 우린 악마가 되자. 하지만 인간의 심장을 가진 악마가 되자. 스기야마가 그랬던 것처럼."

"내가 망가뜨려버린 그곳으로 다시 가기가 두려워요."

"넌 책들을 불태웠지만 망가진 건 없어. 책들은 전보다 생생하게 살아 있으니까."

나는 그가 거짓말을 한다고 생각하며 젖은 눈가를 간수복 소매로 훔쳤다. 그는 온화한 눈빛으로 나를 이끌었다. 나는 철커덩거리는 그의 족쇄 소리를 따라 발걸음을 옮겼다.

지하실에 도달한 우리는 매캐한 곰팡내에 휩싸였다. 등잔을 처들자 텅 빈 공간이 을씨년스럽게 드러났다. 쇠사슬을 끌며 서성이던 그가 부서진 널빤지 사이에서 무언가를 집어 들었다. 간수들의 구둣발에 찢긴 책의 낱장이었다. 그는 찢어진 새의 날개를 보듬듯 구겨진 책의 낱장을 들어 올렸다. 반 페이지 남짓의 내용만으로도 그는 제목을 알아차렸다.

"《젊은 베르테르의 슬픔》."

'베르테르'라는 이름을 듣는 순간 나의 가슴은 두근거렸다. 그와 나의 눈은 다투기라도 하듯 구겨진 종이쪽으로 달려들었다.

로테에게는 자기 멜로디가 있다. 그녀는 피아노로 그 멜로디를, 천사같이 신비로운 힘으로 소박하고도 거룩하게 연주한다! 그것은 그녀가 좋아하는 가곡이다.

그 악보의 첫머리만 두드려도 내 모든 고통, 모든 혼란, 걷잡을 수 없는 괴로움이 깨끗이 사라지고 만다.

　옛날 음악이 지닌 마력에 대한 이야기는 내가 보기에 정말 맞는 말이다. 로테의 소박한 노래가 얼마나 내 마음을 사로잡는지! 가끔 내가 내 머리통에다 총알을 한 발 쏘고 싶은 심정일 때, 공교롭게도 그녀는 그 노래를 불러준다. 그 순간 내 영혼의 방황과 마음의 장막은 감쪽같이 사방으로 흩어지고, 나는 다시 자유로이 숨 쉬게 되는 것이다!

이전에 읽었을 때는 아무 의미도 없던 그 문장이 그 순간 나에게 베르테르의 심정을 전해주었다. 사랑하는 로테의 피아노 소리를 떠올리는 베르테르와 미도리의 피아노 소리를 듣는 나는 같은 존재였다.

　동주는 몇 번씩이나 문장을 곱씹은 후 조심스럽게 종이를 접어 죄수복 주머니에 넣었다. 맛있는 군것질거리를 소중히 챙겨두는 아이처럼.

　"읽고 싶은 책들이 많은데…… 걱정이야. 의미가 가물가물한 단어도 있고, 긴 문장은 앞뒤 관계를 잘 이해할 수 없어. 이야기들이 뒤죽박죽이 되고 맥락도 제멋대로 엉켜버려. 달타냥과 에드몽 단테스가 같은 이야기 속에서 아는 척을 하지."

　"흔한 일이에요. 톨스토이가 《카라마조프가의 형제들》을 썼고 지드가 《적과 흑》을 쓴 것으로 헷갈리기도 하죠. 우리는 기억하는 능력을 가졌지만 잊어버리는 것 또한 우리의 능력이니까요. 좋지 않은 기억은 잊어버림으로써 온전히 존재할 수 있어요."

　어두운 방 안을 채웠던 사람들의 숨소리가 들리는 것 같았다. 그들이 내뿜는 숨결이 맺힌 흙벽, 책 속으로 빠져든 사람들의 번들대는 얼굴, 책장을 넘기는 부르튼 손……. 그들은 구역질나는 오물통을 치우고 좁고 숨 막히는 동굴을 벌레처럼 기어서 왔다. 그리고 번들대는 눈으로 낱말과 구문들을 갉아먹었다. 세상은 엄혹하지만 책의 성채는 고요했고, 시대는 전쟁 중이었지만 문장의 도시는 평화로웠다. 좁고 차가운 지하 공간에 호색한과 여인들의 웃음소리, 철학자와 시인 들의 목소리가 두런거렸다. 그러나 이제 이곳엔 냉기와 침묵, 어둠만이 떠돌 뿐이다.

동주는 고요한 책들의 무덤을 돌아보았다. 그는 불길 속으로 사라진 자신의 시를 생각하는지도 몰랐다. 한 권의 시집이 되지도 못하고 죽어버린 영혼의 조각들. 그가 어렵사리 입을 열었다.

"책들은 어떤 방식으로 살아가고 죽어갈까?"

단어와 구두점이 모인 한 권의 책은 누군가에게 읽히는 순간 그 가슴에 뿌리를 내리고 삶을 시작한다. 책은 손에서 손으로 전해지고 헌책방과 도서관으로 긴 여행을 떠난다. 누군가의 가슴에 떨어져 뿌리를 내리고 거대한 우듬지를 이루는 동안 책장은 찢어지고 표지는 낡고 글자들은 바랜다. 그리고 어느 날 먼지와 어둠 속에서 숨을 거두지만 그 영혼은 우리 가슴속에 살남는다. 그러므로 책은 죽지 않는다.

"언젠가 스기야마가 물은 적이 있지. 조선인들은 왜 그렇게 말이 많은지, 힘든 노역 중의 휴식 시간에 무슨 이야기를 그렇게 주절대는지……."

조선인 죄수들이 틈만 나면 모여앉아 무슨 이야기를 그렇게 열심히 주절대는지 알고 싶은 것은 나도 마찬가지였다. 그는 나의 물음에 답하기라도 하는 것처럼 말했다.

"그들은 《레 미제라블》과 잠과 셰익스피어를 이야기하고 있었어."

내가 잘못 들은 것인지, 그가 잘못 말한 것인지 의심하며 나는 다시 물었다.

"태어나서 글이라곤 배운 적도 없는 까막눈들이 천금 같은 휴식 시간에 신세 한탄이나 푸념 대신 잠과 셰익스피어를 이야기했다구요?"

그는 텅 빈 공간에 배어 있는 책의 냄새를 들이마셨다.

"모든 사람들은 이야기를 가지고 있어. 글을 읽지 못하는 사람조차도 자신이 직접 살아낸 자신만의 이야기를 갖고 있지. 그들의 몸에는 떠나온 고향에 대한 이야기, 눈물짓는 어머니와 누이들의 이야기, 사랑한 여인들과 사랑하지 않은 여인들에 대한 이야기들이 새겨져 있거든. 이 형무소의 책들은 모두 불타 없어졌지만 그 책 속의 이야기들은 수많은 죄수들의 가슴속에 새겨져 있어."

"무슨 말이죠? 어떻게 그럴 수가 있죠?"

"독방행을 자처했던 사람들은 자신들을 위해서 책을 읽은 것이 아니었어. 그들은 일주일 동안 최대한 많은 분량의 책 내용을 외웠지. 독방에서 나간 그들은 감방으로 돌아가 동료들에게 자신이 외운 책의 내용을 전달해주었어. 그것을 들은 사람은 그 내용을 기억하고 한 사람이 기억할 수 없을 때에는 두 사람, 세 사람이 나누어 기억했지. 한 사람이 한 파트씩, 몇 페이지씩 나누어서 말이야. 짧은 시를 몇 편씩 외워서 시집 한 권을 완성하기도 했어. 말하자면 113호 감방은 《프랑시스 잠 시 선집》, 115호 감방은 《레 미제라블》, 119호 감방은 《몬테크리스토 백작》과 같은 식이었어. 죄수들 한 명 한 명이 이야기와 장면 들을 나누어 기억하고 있었으니까 그들이 모이면 한 권의 이야기책이 됐던 거지."

그러니까 감방이 이야기 공장이었고 하나의 감방은 한 권의 책이었으며 한 사람, 한 사람의 죄수는 하나의 장면이라는 얘기였다. 그는 천천히 말을 이었다.

"자유 활동 시간은 이야기들이 오가는 거대한 시장이었어. 하나의 감방에 있는 자들은 다른 감방 죄수들에게 자신들이 기억하는 이야기를 해주었거든. 그들은 푸념과 한탄 대신 이야기를 통해 서로에게 희망을 나누어 주고받았던 거야."

동주의 말은 나를 달래려는 거짓말도 달콤한 위로도 아니었다. 그의 말은 진실이었다. 나는 분명히 느낄 수 있었다. 책은 불탔지만 책의 영혼은 죽지 않았다는 것을. 책은 숨 쉬고, 걸어 다니고, 살아가고 있었다. 이 혹독하고 참혹한 형무소 담장 안에서. 나와 함께, 그와 함께, 우리 모두와 함께.

10여 명의 죄수들이 방공호 노역조로 차출되었다. 그들은 흙더미가 쏟아지지 않도록 지하 밀실에 보강 기둥을 세우고 벽에 두꺼운 판자를 댔다. 깊이는 충분했으므로 건물 하중이 미치지 않는 외벽 밖을 파 들어갔다. 사흘 만에 네 배로 넓어진 지하 공간은 40여 명의 본관동 간수들을 수용할 만큼 넓고 반듯한 방공호로 탈바꿈했다.

공습은 일과처럼 계속되었고 죽음은 일상이 되었다. 사이렌이 울릴 때마다 간수들은 잘 훈련된 사냥개처럼 방공호로 달려갔다. 하지만 공사에 동원된 자들은 그 방공호에 들어갈 수 없었다. 요란한 사이렌 소리에 뒤어어 낯선 소리들이 들려왔다. 폭탄이 터지는 소리, 건물이 무너지는 소리, 기둥이 부러지는 소리……. 감방 안의 사내 하나가 말했다.

"저 프로펠러 소리! B-29, 복스카(Bockscar)야. 너희들은 모르겠지만 난 저놈을 알지. 까마득히 날아가 9톤의 폭탄을 떨어트리고는 아무 일 없다는 듯 사라지지."

어둠 속에서 다른 누군가가 물었다.

"저것이 B-29면 일본 놈들은 어떻게 되는 거요?"

"어떻게 되긴 뭐가 어떻게 돼? 모조리 쓸려버리는 거지."

그의 입에서 웃음이 개흙처럼 삐질삐질 비어져 나왔다. 사내들은 하나둘 따라 웃었다. 그때 또 다른 누군가가 끼어들었다.

"그럼 우리도 같이 굽히는 거 아녀? 폭탄이 뭐 일본 놈 조선 놈 가려서 터진답디까?"

이번에는 아무도 웃지 않았다.

사이렌이 울리면 나는 방공호의 흙벽 귀퉁이에 쪼그리고 앉아 지상에서 벌어질 일들을 상상했다. 사이렌 소리는 감방 속에 오글거릴 죄수들에게도 들릴 것이다. 사이렌 소리에 이어 죽음의 전주곡처럼 다가오는 프로펠러 소리와 모든 것을 파열시키는 폭음도. 그러나 빌어먹을 폭탄이 감방을 비켜 가기를 기도하는 것 외에 그들이 할 수 있는 일은 없었다.

방공호는 깊고 견고했지만 부끄러움으로부터 나를 지켜주지는 못했다. 나는 그들을 죽음의 한가운데에 내버려두고 살기 위해 방공호로 달려왔다. 내가 그곳에 있다는 사실은 부당했다. 왜 나는 보호받고 그들은 내팽개쳐져야 했을까? 그들이 죄인들이기 때문에? 그렇다면 나에겐 죄가 없을까?

먼 곳에서 폭탄이 터지는 굉음과 함께 백열등이 깜빡였다. 낮은 천장에서 흙더미가 떨어지며 비릿한 흙냄새를 풍겼다. 나는 살아 있었다. 살아있다는 사실이 부끄러워 나는 고개를 숙였다. 나는 폭탄 아래에 방치된 사람들의 운명을 상상할 순 있었지만 그들의 고통을 내 것으로 만들지 못했다.

해제경보가 울리면 간수들은 시시덕대며 우르르 방공호를 빠져나갔다. 짧은 숨바꼭질을 끝내고 집으로 돌아가는 아이들처럼. 나는 가파른 계단을 달음박질해 지상으로 올라가 동주를 찾았다. 박박 깎은 머리 위에 하얀 먼지를 뒤집어쓴 채 그는 살아 있었다. 숨을 쉬고, 나를 바라보고, 입술을 떨었다.

폭격이 이어지는 동안 그와 나는 다른 곳에 있었다. 나는 지하의 방공호에, 그는 지상의 감방에. 나는 삶의 영역에, 그는 죽음의 영역에. 100미터도 되지 않는 거리가 우리의 운명을 결정했다. 그러나 운명은 쉬운 방정식이 아니었고 폭탄은 번번이 감방을 비켜 갔다. 모든 것을 앗아갈 것 같던 폭격이 지나가면 죽음을 피해 방공호로 뛰어든 자들이나 감방 안에서 죽음을 기다린 자들이나 살아남은 건 마찬가지였다.

감사해야 할까? 나는 그러고 싶지 않았다. 감사하기에는 너무 많은 대가를 치렀으니까.

이 지나친 시련,
이 지나친 피로

 깍지 낀 손을 탁자 위에 올려놓은 동주는 약간 긴장한 것 같았다. 엄지손톱은 차가운 날씨 때문에 부러져 있었다. 닳아서 올이 풀린 바지 자락 밑으로 흰 복숭아뼈가 드러났다. 깊이를 알 수 없는 그의 눈동자가 나의 부끄러움을 들여다보았다. 나는 그가 간직한 기억이 더 바래지기 전에 스기야마의 존재에 대해 물어야 했다.
 "당신은 누가 스기야마를 죽였는지 알고 있겠죠?"
 "그를 죽인 건 참혹한 시대야. 모두가 미쳐가고 모두가 죽어가고 있어."
 분노한 것 같기도 하고 절망한 것 같기도 한 목소리는 그가 아니라 다른 사람의 입에서 나오는 것 같았다. 스기야마 도잔의 삶은 모순 덩어리였다. 그는 욕을 입에 달고 다니는 폭력 간수였고, 책을 불 지른 검열관이었지만, 동시에 밤을 새워 책을 읽은 활자 중독자이기도 했다. 어떤 쪽이 진정한 그의 얼굴이었을까? 그 모든 것이 그의 진실한 모습이었는지 모른다. 진실은 수많은 얼굴을 가졌으니까. 우리는 때에 따라, 장소에 따라 악인이기도 의인이기도 하며, 사기꾼이기도 사기를 당하는 자이기도 하며, 밀고자이기도 밀고의 희생자이기도 하다. 동주의 처지를 동정하면서도 공습경보가 울리면 혼자 방공호로 숨어드는 나 자신처럼. 결국 나는 내가 가장 경멸하는 인간에 지나지 않았다. 동주는 나의 가책을 어루만지듯 말했다.

"가장 아름다운 건 살아 있는 거야. 더럽고, 참혹하고, 지옥 같은 세상에 살아남는 거지. 천사처럼 순수하고, 영웅처럼 용감하게 죽기보다 악마처럼 비열하게라도 살아남아야 해. 살아남아야 더러운 전쟁이 끝나는 것을 보고, 악이 사라지는 것을 지켜보고, 상처 입은 사람들이 위안받는 것을 볼 수 있으니까."

그의 대답은 내 부끄러움에 대한 변명을 대신해주었다. 나는 물었다.

"스기야마도 살아남기 위해 악마의 가면을 썼던 걸까요?"

그는 고개를 가로저었다.

"아니, 그는 악마였어. 하지만 자신이 악마임을 부끄러워하는 악마였지. 그는 노몬한에서 살아 돌아온 전쟁 영웅이 아니었어. 전쟁의 구렁텅이에서 천신만고 끝에 살아남은 생존자일 뿐이었지."

동주는 눈을 내리깔았다. 말을 계속할지 말지 망설이는 것 같았다. 나는 다시 물었다.

"그 사실이 스기야마의 가혹한 검열과 구타와 고문을 어떻게 설명할 수 있죠?"

"확실치는 않아. 이미 그는 죽은 사람이니까 대답하지 못하겠지. 다만, 그가 살아 돌아온 자신을 혐오했다는 사실은 분명해."

"자기혐오와 잔인함이 무슨 상관이 있죠?"

"그는 타인에 대한 잔인한 행동으로 자신을 처벌했어. 타인의 육체를 망가뜨리는 것으로 자신의 영혼을 망가뜨렸다고나 할까. 자존감을 쓰레기처럼 팽개치고, 분노와 증오를 키우며 인간성에 눈감았지. 잔혹한 악마가 되어

야만 자신을 처벌할 수 있을 것처럼……."

그는 얼룩진 회벽을 바라보았다. 누군가를 학대함으로써 자신을 벌한다는 그의 말은 억지를 쓰는 것처럼 들렸다. 고문으로 고통받는 사람은 고문하는 자가 아니라 고문당하는 사람이다. 스기야마는 상대의 고통에 무감각하고 심지어 그것을 즐기는 것처럼 보였다. 그는 용서받을 수 없는 인간이었다.

"고문은 자기혐오가 아니라 범죄예요. 차라리 그가 자살이나 자해를 했다면 당신의 말에 조금은 더 설득력이 있을 거예요."

그는 갈라지는 내 목소리를 한 마디 한 마디 씹듯이 생각하며 고개를 끄덕였다.

"우린 그가 쉽게 상처받고 쉽게 망가지는 연약한 남자였다는 사실을 알아야 해."

나는 동주가 왜 악행을 저지른 스기야마를 감싸는지 이해할 수 없었다.

"스기야마는 소련군 기계화 여단의 장갑차 수십 대에 포위당한 2주 동안에도 밤이 되면 적 진지를 습격했어요. 비 오듯 쏟아지는 포격을 뚫고 사령부로 복귀한 전쟁 영웅이 어떻게 연약한 남자일 수 있죠?"

"거짓말이야. 육군성에서 꾸며낸 헛소리지."

"육군성에서 왜 헛소리를 하죠?"

"그를 영웅으로 만들어 자신들의 패배를 숨기기에 급급했던 거야. 그는 대검 한 자루로 전차병들의 목을 딴 영웅이 아니었어. 우리와 똑같은 인간일 뿐이었지. 두려움 앞에서 도망치고 싶어 했던 인간 말이야."

"그가 소련군의 포위를 당한 적이 없었단 말인가요?"

그는 고개를 가로저었다.

*

　스기야마가 포위를 당한 건 사실이었다. 소련군의 공격은 그가 속한 수색대가 본대에서 떨어져 퇴각로를 개척할 때 시작되었다. 아홉 명의 수색대원 중 네 명이 즉사했고 살아남은 그는 포로가 되었다. 열흘간 이어진 잔인한 고문을 그는 기억하지 못했다. 어떤 쇠붙이와 집게와 몽둥이가 자신의 인내심을 무너뜨리고 자존감을 허물었으며 양심을 말살시켰는지.
　악마들이 그의 영혼을 망가뜨리는 동안 그도 악마가 되어갔다. 악마와 대결하는 유일한 방법은 악마가 되는 것밖에 없었다. 가죽이 발리는 고통과 불면, 목마름 속에서 몇 번인가 까무러치면서도 그는 다시 깨어나길 원했다. 죽어서 천국에 가기보다는 이 지옥에 살아 있고 싶었다. 고통을 겪어보지 않은 사람들은 쉽게 죽음을 택하지만 태어나면서부터 고통을 겪은 그에겐 살아남는 것이 이기는 것이었다. 죽음은 패배이고 포기이며 수치일 뿐이었다.
　소련군의 회유는 집요했다. 그들은 갈증에 시달리는 그의 눈앞에 얼음을 띄운 물 잔을 쏟으며 소대의 위치를 실토하라고 했다. 그러나 그는 밀고자가 되기를 거부했다. 사흘을 자지 못하자 며칠이 지났는지, 심지어 자신이 누구인지조차 흐릿해졌다. 그는 차라리 소대의 위치와 이동 경로, 집결 신호를 잊어버리기를 간절히 원했다. 망각할 수 있다면 자신의 입으로 실토하지는 않을 테니까.
　그는 까무러쳤다가 일어나고 다시 까무러쳤다. 깨어나면 어김없이 자신의 피 냄새를 맡았다. 그는 무슨 말인지도 모른 채 비틀리고 뭉개진 말을 내뱉었다. 그는 자신도 모르게 모든 정보를 실토를 해버렸는지, 했다면 어디까지 했는지 궁금했다.
　그러다 문득 눈을 떴을 때 풍경이 달라졌다. 비릿한 피비린내 대신 싸한 냄새가 났다. 그는 자신이 죽었으며 그곳이 지옥일 거라고 생각했다. 그러나 그의 눈앞에는 생각과는 반대로 천국의 풍경이 펼쳐져 있었다. 물과 희멀건 죽 그릇이 놓여 있는 그곳은 지옥도 천국도 아닌 소련군 야전병원이었다. 그는 정신없이 그릇을 비우고 자신의 몸을 살폈다. 찢긴 자국, 뜯겨 나간 자국, 터지고 곪은 환부가 보였다. 온몸은 붕대투성이였지만 그는 살아 있었다. 그는 기뻐해야 할지 슬퍼해야 할지 알 수 없었다.

놈들이 그를 살려둔 것은 물론, 고문을 중지하고, 상처를 치료해주고, 먹을 것까지 제공한 이유는 한 가지밖에 없었다. 자신이 모든 비밀을 실토했다는 뜻이었다. 기억은 없었지만 그는 자신도 모르는 사이에 모든 사실을 실토하고 말았다고 생각했다. 그의 머리카락이 번쩍 섰다.

그는 자신의 두 다리를 만졌다. 무릎이 까지고 몇 군데 데이고 찢겼지만 부러진 곳은 없었다. 그는 벌어진 천막 틈으로 내다보았다. 감시병 네 명이 야전병원 병동의 대형 천막 네 개를 지키고 있었다. 그는 자신이 해야 할 일이 탈출임을 분명히 알았다. 희망은 남아 있었다. 놈들이 소대의 위치를 알아도 소대는 이미 이동했을 테니까. 소대가 남긴 표식을 따라가면 합류할 수 있을 것이었다.

그는 바닥에서 천막 말뚝을 뽑아들었다. 그는 쇠말뚝으로 경비병의 목을 찌르고 총을 탈취할까 생각했지만, 어린 소련군 경비병 하나를 죽이는 것은 아무런 의미가 없을 것을 깨달았다. 그의 목적은 탈출이지 총기 탈취나 살인이 아니었다.

그는 후들대는 다리에 힘을 주며 주위를 살폈다. 천막에서 100미터 정도 떨어진 곳에 빽빽한 자작나무 숲이 보였다. 인두에 지져진 허벅지가 쓰라렸다. 그에겐 12.5초의 시간이 필요했다. 경비병들의 눈을 12.5초만 다른 곳으로 돌릴 수 있다면 연기처럼 숲 속으로 사라질 수 있었다.

마음속으로 셋을 헤아린 그는 눈을 감고 달리기 시작했다. 한쪽 발이 땅에 닿기 전에 다른 발을 내딛으려고 노력했다. 총알이 언제 등뼈를 산산조각 내버릴지 알 수 없었다. 상처 입은 발목이 그를 앞으로 떠밀었다. 바람이 얼굴을 문지르듯 획획 다가와 귀를 스쳤다.

어느 순간 사방이 고요해지고 낙엽의 냄새가 실려 왔다. 그는 눈을 떴다. 빽빽한 자작나무가 눈앞을 가로막았다. 그는 어두침침한 숲을 헤치고 나아갔다.

숲은 거대한 함정처럼 그를 에워쌌다. 까마득한 가지 때문에 방향을 종잡을 수 없었고 날카로운 빛줄기가 눈동자를 찔렀다. 가지들은 얼굴을 후려쳤고 등걸은 발목을 움켜잡았다. 지친 다리는 마구 후들거렸고 목구멍에서 단내가 뻗쳤다. 쓰러지려 할 때마다 그는 흙투성이 소대원들을 떠올리며 반사적으로 걸음을 옮겼다.

낮과 밤, 또 한 번의 낮과 밤을 걸어 소대의 은신처에 당도한 그는 무릎이 꺾일 것 같은 피로감 속에서 키득거렸다. 소대원들의 흔적이라곤 남아 있지 않았기 때문이다. 소대가 남긴 표식을 확인한 그는 감각을 잃어버린 고무 같은 다리를 다시 떼어놓았다.

이틀 후 그는 이동 중인 소대를 거의 따라잡았다. 살아 돌아가 합류할 수 있다면 자신이 모르는 사이에 위치를 실토한 죄를 용서받을 수 있다고 그는 믿었다. 만약 죽을 수밖에 없는 운명이라면 그들과 함께 죽고 싶었다. 표식에 따르면 소대는 낮은 산 하나를 넘으면 따라잡을 수 있었다.

그가 기진맥진한 다리로 가파른 산비탈을 기어오르고 있을 때 긴 휘파람 소리가 들려왔다. 포탄이 날아가는 소리라는 것을 깨닫기도 전에 폭음과 함께 총소리와 비명 소리가 한 덩어리의 소음으로 엉겼다. 그는 미친 듯 바위와 나뭇등걸을 움켜쥐고 산을 올랐다. 땀과 흙먼지가 온몸을 뒤덮었다. 산정에 다다른 그는 러시아군이 자신보다 한 발 앞서 소대를 습격했다는 사실을 깨달았다. 나무들은 거대한 불기둥이 되었고 불씨가 날아올랐다.

그는 구르듯이 산을 내려갔다. 러시아군이 철수한 숲은 검게 타 있었고 식지 않은 화약의 열기가 발바닥을 따뜻하게 했다. 그는 매캐한 연기 속에서 소대원들의 이름을 외쳤다. 대답은 없었다.

그는 문득 먼 산꼭대기에서 자신을 쏘아보는 번득이는 눈을 발견했다. 적막을 쪼개는 총소리와 함께 굵은 몽둥이에 맞은 듯한 엄청난 충격이 그의 어깻죽지를 후려쳤다. 뜨거운 액체가 끈적하게 군복 자락을 적셨다. 그는 아직 열기가 식지 않은 따뜻한 땅 위에 볼을 갖다 댔다. 크고 작은 나무들이 타닥타닥 타는 소리가 들렸다. 그것은 음악 소리 같았다. 한때 사랑했던 여인의 길고 하얀 손가락이 떠올랐다. 나쁘지 않은 죽음이라고 그는 생각했다.

그가 다시 깨어났을 때 숲은 차갑게 식어 있었다. 그는 무거운 눈꺼풀을 까뒤집었다. 눈앞에 우뚝 서 있는 일본 군복 각반이 보였다. 고립된 그의 소대를 구출하기 위해 출동한 관동군 수색중대였다. 그의 눈꺼풀에서 힘이 풀려나갔다. 아득한 귓전에 누군가의 고함 소리가 들렸다.

"생존자가 있다. 후송해!"

다급한 군홧발 소리가 들리고 그의 몸이 공중으로 들어 올려졌다. 그는 임무를 완수했다. 살아남는 것이 그의 임무였으니까.

그 후로 살아 있는 내내 그는 그때 죽었어야 하는 것이 아닐까 하고 생각했다. 오래오래 그는 불타버린 숲 속에 두고 온 자신의 영혼을 잊지 못했다. 텅 빈 그의 영혼에 악령이 들어차 앉았다.

*

"그의 폭력성이 전쟁터에서 동료들을 팔아넘긴 대가로 혼자 살아남은 자책감 때문이라는 건가요?"

나는 깊은 한숨과 함께 말했다. 동주는 짧게 깎은 머리카락을 문지르며 대답했다.

"원하진 않았을지 몰라도 결과적으로 그렇게 되었지."

"어떻게 그럴 수가 있죠?"

"그는 자신을 그렇게 만든 것이 러시아군의 혹독한 고문이라고 여겼던 것 같아. 고문이 아니었다면 동료들의 목숨을 팔아넘기지는 않았을 거라고 생각했겠지."

"그것이 그가 죄수들을 고문하고 혹독하게 대한 것과 무슨 상관이죠?"

"망가진 그의 영혼이 살아남는 유일한 방법이 악령이 되는 것이었을지도 몰라. 예수님을 팔아넘긴 가롯 유다는 목을 매달아 죽었지. 하지만 스기야마는 살아남았어."

그는 더 이상의 설명을 하지 않고 말을 멈추었다. 나는 그의 말을 이해할 것 같았다. 동료들을 팔아넘겼다는 죄책감에 시달릴 때마다 스기야마는 자신이 당한 고문을 떠올렸을 것이다. 어쩌면 고문의 고통이 생각날 때마다 팔아넘긴 동료들을 떠올렸을지도 모른다. 어느 쪽이 먼저였든 지옥 같은 기억은 그를 악령으로 만들었다. 그럴 때마다 그는 몽둥이를 쳐들어 자신이 당한 고통을 다른 누군가에게 가했다. 악한 기억이 또 다른 악을 낳았던 것이다. 나는 물었다.

"망가진 양심 때문에 고통받는 자가 또 다른 악을 통해 자책에서 벗어난다고요?"

"스기야마는 매 순간 고통 앞에 선 인간의 무력함을 자신의 눈으로 확인해야 했던 거야. 혹독한 고문을 끝까지 견디는 인간이 존재할 수 없다는 것을 말이야."

몽둥이 앞에서 무너지는 죄수들을 보며 그는 매 앞에서 끝까지 버틸 수 있는 사람은 없다는 걸 확인하며 죄책감을 덜어냈을까? 그것은 부끄러운 자신의 과거를 정당화시키려는 스기야마의 변명에 지나지 않을 것이다.

나는 이해할 수 없었다. 그래도 어쩔 수 없는 일이었다. 세상은 이해할 수 없는 것투성이고 설사 이해한다 하더라도 공감할 수는 더더욱 없으니까. 나는 스기야마가 소련군들에게 소대원들의 은신처를 자백한 것이 사실이 아니라는 견해를 밝혔다.

"스기야마는 끝까지 입을 열지 않았어요. 그에게 잘못이 있다면 비밀을 누설한 것이 아니라 소련군의 속임수를 알아차리지 못한 거예요. 소련군은 끝까지 입을 열지 않는 그를 의도적으로 탈출시키고 뒤를 쫓은 거예요. 그리고 그가 합류하려는 순간 소대를 몰살시켜버렸어요."

"어떻게 그렇게 확신하지?"

"그가 자백했다면 그의 소대원들은 오래전에 공격당했을 거예요. 그랬다면 그는 지옥 같은 현장을 보지 않았을 것이고 가책을 느끼지 않았겠죠. 그랬다면 그의 양심이 그의 영혼을 망치진 않았을 거예요."

나는 스기야마의 악행이 결코 용서받지 못하리라는 것을 알았지만 한편으로는 그의 고통을 이해할 수 있을 것 같았다. 그렇다면 스기야마는 선한 사람이었을까? 그에게 선의가 있었다면 그것은 어떤 선의였을까?

히브리 노예들의
합창

2월이 되었다. 동주의 출소일도 그만큼 다가왔다. 하지만 그는 출소일을 깜빡깜빡 잊었다. 책과 시의 제목들과 시구들도, 주인공들의 이름도 그를 떠나갔다.

스기야마가 죽고 동주가 대필을 중단하자 엽서는 눈에 띄게 줄었다. 가끔 간수들의 우편물이 오갈 뿐 조선인들은 거의 엽서를 쓰지 않았다. 유난히 동주를 따르며 편지 쓰기를 즐기던 젊은 죄수에게 그 이유를 물은 적이 있다. 붙임성이 좋아 간수병인 나와도 친숙한 사람이었다. 그는 두툼한 입술 사이로 식은 숨을 내보내며 말했다.

"좋은 소식이 있어야 엽서를 보낼 거 아니오. 나쁜 소식이라면 차라리 모르는 게 나을 테고."

그렇다면 그 전에는 왜 그 많은 사람들이 동주에게 대필을 청했을까? 사내는 다시 구시렁댔다.

"그 사람, 아무리 나쁜 소식도 아름답게 쓰는 재주가 있었지요. 추위 죽을 지경인데도 추위 덕에 몸이 튼튼해졌다지 않나, 좁은 감방 안에 오글대면서도 감방이 좁은 덕에 추위를 견딜 만하다고 쓰지 않나……. 따지고 보면 거짓말은 아니지요. 다 쓴 엽서를 읽어주는데 나도 그렇게 생각되더란 말이오. 추운 것도 괴로운 것도 불평하지 않고 좋게 생각하면서 이곳을 나갈 희망을 갖는 거지. 엽서를 쓰겠다고 그에게 몰려간 자들 모두 편지를 쓰기보다는 희망의 말을 듣고 싶었던 거요. 그가 엽서를 쓰지 않자 희망은 사라지고 말았지. 아! 언제나 그가 다시 엽서를 쓰게 될까?"

나는 그의 물음에 답해줄 수 없었다. 다만 그가 쓴 엽서들을 읽고 싶었다. 스기야마가 그랬던 것처럼.

전쟁은 계속되었다. 더 많은 청년들이 전쟁터로 끌려갔고 더 많은 청년들은 죽어서 돌아왔다. 먹을 것과 입을 것의 여분은 떨어진지 오래였다. 사람들은 굶주리고 헐벗었으며 두려움에 사로잡혔지만 후쿠오카형무소에는 알 수 없는 설렘이 넘실댔다. 일주일 앞으로 다가온 음악회 준비 때문이었다. 소장은 강당과 뜰과 행정구역을 허둥지둥 오갔고, 간수장은 도쿄에서 들이닥칠 고관들을 영접할 준비로 바빴다. 미도리는 막바지 연습에 몰두하는 단원들의 목소리를 다듬는 데 여념이 없었다. 잇따른 공습으로 몇몇 고관들이 후쿠오카행을 망설였지만 내무대신과 육군대장의 참석 결정으로 분위기는 급반전되었다. 고위 각료와 장성의 참석은 본토 남부를 사수하겠다는 의지를 대외적으로 보여주려는 의도였다.

동주는 다가오는 음악회에 설레어하면서도 초조해했다. 그의 모든 관심은 '히브리 노예들의 합창'에 쏠려 있었다. 먼발치에서 희미하게라도 그 곡을 들을 수 있다면 그는 무슨 일이든 할 태세였지만 수용동에서 합창을 듣는 것은 불가능했다. 음악회가 열리는 의무동 강당과 3수용동이 떨어져 있는 데다 감방은 이중 삼중의 두꺼운 벽으로 차단되어 있기 때문이었다. 노역장에서는 시끄러운 기계음이 음악을 방해할 것이다.

음악회 이틀 전에야 그는 들뜬 목소리로 음악을 들을 방법이 있다고 말했다. 어떤 방법이냐고 묻는 나에게 그는 음악회가 열리는 월요일 날 의무 조치를 받으면 의무동으로 갈 수 있다고 대답했다.

그 말의 의미는 분명했다. 음악회가 열리는 시간에 시약실로 가서 주사를 맞겠다는 것이었다. 시약실은 강당과 가깝지 않지만 의무동의 같은 층에 있었다. 직접 공연을 보지는 못하겠지만 귀를 기울이면 합창 소리를 충분히 들을 수 있을 만한 거리였다. 하지만 그의 말 속엔 치명적인 위험이 도사리고 있었다. 나는 완강하게 고개를 가로저었다.

"당신의 의무 조치 일정은 매주 화요일과 금요일이에요. 임의대로 바꿀 수는 없어요."

"유이치! 제발."

그는 또다시 나에게 선택을 요구하고 있었다. 위험을 무릅쓰고 준비한 음악회를 듣지 못하게 할 것인가, 아니면 그 노래를 듣기 위해 위험한 주사를 맞게 할 것인가? 점점 비어가는 머릿속의 작은 부분만이라도 음악으로 채울 수 있다면 그는 무슨 짓이든 하려들 것이다. 나는 그의 부탁을 거절할 수 없었다.

다음 날 단원 호송을 끝낸 나는 시약실을 찾았다. 긴 복도를 지나는 동안 나는 몇 번이나 돌아서야 할지 계속 가야 할지 망설였다. 결국 나는 시약실 문을 열었고, 어리둥절해하는 담당 의사에게 추가 시약을 원하는 의무 조치 대상자가 있다고 보고했다. 이유를 묻는 의사에게 나는 대답했다.

"시약의 효과가 나타나고 있는 듯합니다. 원기를 회복한 환자가 노역에 쉽게 지치지 않는 데다 작업 성과도 좋아지고 있습니다."

의사는 잠시 반신반의하는 표정을 짓더니 곧 반색하며 대상자의 죄수 번호를 물었다. 한참 후에야 나는 입 안에 맴돌던 세 개의 숫자를 겨우 뱉어냈다.

"645번……."

의사가 흥분한 목소리로 외쳤다.
"좋아! 월요일 오후 2시에 시약실로 호송해! 흔치 않은 의무 조치의 쾌거를 면밀히 관찰해야겠어."
나는 대답을 남기지 않은 채 자리에서 일어났다.

음악회 날의 아침은 밝았다. 형무소 뜰은 밤사이 소리 없이 내린 눈으로 도화지처럼 하얗게 빛났다. 해가 뜰 무렵 나는 합창단원들을 강당까지 호송했다. 강당 안에는 수십 명의 간수들이 간수장의 지시에 따라 바쁘게 움직이고 있었다. 무대는 붉은 융단으로 덮여 있었고, 관람석에는 300여 석의 의자가 놓여 있었다.
나는 단원들을 무대 뒤에 도열시킨 다음 인원 점검을 마치고 미도리에게 눈짓했다. 간단한 개인 발성과 성부별 연습 뒤에 최종 리허설이 이어졌다. 무대 위 피아노 앞에 앉은 그녀는 하나하나의 목소리를 조율했다.
정오가 지나면서 형무소 정문에 검은 자동차들이 도착했다. 검은 턱시도를 입은 마루이 선생이 차에서 내렸다. 하루 전 후쿠오카에 도착한 선생은 무대 점검을 끝낸 후 분장실로 들어갔다. 정문 앞에는 잇따라 검은 승용차들이 밀려들었다. 턱시도와 군복 차림의 남자들과 화려하게 치장한 여인들이 차에서 내렸다. 그들은 형무소 음악회란 독특한 행사에 꺼림칙해하면서도 묘한 기대감을 드러냈다.
소장은 얼굴 한가득 웃음을 머금은 채 귀족들을 맞이했고 잘 다린 정복을 차려입은 고참 간수들과 간호사들이 귀빈들을 강당으로 안내했다. 빈자리가 채워지고 기미가요 제창이 끝났다. 무대의 불이 꺼지고 막이 올랐다. 스포트라이트 속으로 연미복을 입은 마루이 야스지로가 걸어 나왔다.
호송병은 동주의 발목에 채운 족쇄를 확인했다. 감방을 나온 동주는 느린 걸음으로 의무동으로 향했다. 밤 동안 쌓인 눈이 바람에 날렸다. 발에 밟힌 눈은 성난 것처럼 이를 가는 소리를 냈다. 쌓인 눈이 철커덕거리는 족쇄 소리를 감추자 그는 자유의 몸이 된 것 같은 착각이 들었다.

의무동 뒷문을 들어서는 순간 그는 음악의 열기를 느낄 수 있었다. 기대와 설렘이 그의 발걸음을 조금 더 활기차게 했다. 시약실 문 앞에 이르자 담당 의사가 미소로 그를 맞았다. 동주는 결연한 표정을 짓고 나서 진단실로 들어갔다. 멀리서 한 남자의 맑고 처연한 목소리가 들려왔다.

성문 앞 우물곁에 서 있는 보리수……

동주는 소리에 조금이라도 더 집중하기 위해 눈을 감았다. 의사의 질문이 끼어들었다.

"죄수 번호!"
"645번입니다."

나는 그 그늘 아래 단꿈을 꾸었네

"이름?"
"히라누마 도주입니다."

가지는 흔들려서 말하는 것 같고……

"당신은 언제 출소하는가?"
"1945년 11월 30일. 298일 남았습니다."

노래가 끝나자 박수 소리가 강당 안을 가득 채웠다. 마루이 선생은 활짝 웃으며 이마의 땀을 닦아냈다. 박수 소리는 이어졌다. 그는 깊이 허리를 숙이고 무대 뒤로 사라졌다. 박수가 다시 그를 무대 위로 불러냈다.

간호사는 익숙한 손놀림으로 관을 연결했다. 차가운 주삿바늘이 그의 팔뚝을 뚫고 들어갔다. 투명한 약물이 가는 관을 통해 몸속으로 흘러들었다. 동주는 두려웠다. 그 약물이 자신을 쇠약하게 할 수도 있었다. 노래와 박수 소리가 밀물처럼 다가왔다가 썰물처럼 멀어졌다. 몇 차례의 박수가 잦아든 후 긴 적막이 이어졌다.

무대 위로 유령 같은 얼굴들이 떠올랐다. 죄수들은 무거운 족쇄를 끌며 성부별로 도열했다. 절그럭대는 족쇄 소리가 관객들의 가슴을 눌렀다. 흰 간호사복을 입은 미도리가 무대 위로 오르자 간간이 박수가 터져 나왔다. 그녀는 반듯한 걸음걸이로 피아노로 가 앉았다. 표정 없는 눈빛들이 그녀를 주시했다. 그녀는 두어 번 심호흡을 한 후 고개를 까딱했다. 그녀의 손가락이 건반을 스쳤다.

동주는 두 눈을 감았다. 편안한 호흡, 나른한 의식. 그는 마치 깊은 물속에 잠겨 있는 것 같았다. 먼 곳에서 피아노 소리가 들려왔다. 투명한 액체는 혈관을 통해, 맑은 피아노 소리는 귀를 통해 그의 몸속으로 밀려들었다. 장엄하고 서글픈 목소리들.

 날아가라 상념이여, 금빛 날개를 달고
 작은 언덕과 동산으로 날아가 앉아라
 조국 땅에 불던 달콤한 바람처럼
 부드럽고 온화한 향기가 나는 그곳에
 옛 고향 요단강의 푸른 강둑에 인사를 하면

무너진 시온의 성은 우리를 반기리

어두컴컴한 무대 뒤에 나는 있었다. 견고한 목소리들은 약간의 슬픔을 담고 나에게 몰려왔다. 그것은 단순히 귀가 아니라 향기로, 움직임으로, 떨림으로 나의 모든 감각기관을 향해 날아들었다. 그것이 꽃이라면 나는 그 향기에 숨이 막혔을 것이고, 술이었다면 엉망으로 취했을 것이고, 마약이었다면 파멸해도 좋았을 것이다. 내가 그것을 향유할 자격이 있는지 망설여질 만큼 아름다운 음악이었다. 그 순간 나는 인간이라는 아름다움, 삶이라는 기쁨을 발견했다. 내가 인간이라는 사실, 나의 삶이 지속되고 있다는 사실에 나의 심장은 사정없이 두근거렸다.

아, 너무도 사랑하는 빼앗긴 나의 조국이여
아, 너무도 소중하고 너무나도 사무치는 추억이여

노래는 남녀의 사랑처럼 긴장과 이완, 빠름과 느림을 반복했다. 성부마다 다른 음과, 사람마다 다른 음색이 서로에게 스며들었다. 그것은 짐승의 울음처럼 서글펐고, 여름날의 소나기처럼 장엄했다. 그녀는 건반으로 목소리들을 재촉하고 제어하고 충동질했다. 소리들은 뒤섞여 마침내 폭발했다. 모두가 모두를 위로했고 모두가 모두의 상처를 어루만졌다. 노래 부르는 자들은 부를 수 있어 행복했고, 노래를 듣는 자들은 들을 수 있어 행복했다.

예언자의 금빛 하프여,
어찌 강둑 버드나무에 걸려 침묵하는가
추억에 젖은 우리 가슴에 다시 불을 붙여다오
그리고 흘러간 시절을 노래해다오

예루살렘의 멸망을 되새기며
비탄에 잠긴 애통한 노래를 연주해다오
우리가 이 고통을 이겨낼 수 있도록
굳건한 주님의 노래를 우리에게 불러다오

마침내 노래가 끝났다. 마지막 음의 희미한 흔적이 잦아들고 짧은 침묵이 흘렀다. 동주의 눈은 음표 하나하나의 마지막 떨림을 음미하듯 여전히 감겨 있었다. 적막이 깨지고 박수와 환호 소리가 밀려왔다.

동주는 눈을 떴다. 차가운 현실이 다시 그를 가위 눌렀다. 하지만 그의 눈동자에는 아직 사라지지 않은 선율의 흔적이 머물러 있었다. 그는 행복한 꿈에서 깨어난 소년 같았다. 간호사가 그의 팔뚝에서 굵은 바늘을 뽑아냈다. 의사가 말했다.

"좋아. 오늘따라 훨씬 생기가 있어 보이는군."

다음 날 오후, 갑작스러운 소장의 호출에 나는 바짝 긴장했다. 지하 도서관에 대해 보고하지 않은 것이 적발된 것일까? 연을 날리는 소녀에 대해 안 것일까? 만약 그렇다면 나는 어떻게 되는 걸까? 온갖 생각이 나의 두려움을 부추겼다.

고드름처럼 굳은 나는 겨우 소장이 권하는 의자에 앉았다. 소장은 들고 있던 신문들을 흔들며 환하게 웃었다. 커다란 글씨들이 다투듯 내 눈에 들어왔다.

"후쿠오카형무소" "음악회" "감동" "아름다운 노래"…….

소장은 감격스러운 눈빛으로 활자들을 바라보았다.

"음악회는 대성공이야. 후쿠오카 지역신문뿐 아니라 전국지에 형무소 음악회 소식이 실렸어. 자네는 죄수 호송과 연습장 감시로 큰 기여를 했어."

하지만 나의 두려움은 여전했다. 내가 이 형무소에 무슨 기여를 했던가? 나는 유능한 간수도, 칼날 같은 검열관도, 무자비한 고문관도 아니었다. 그 모든 일에 환멸을 느끼면서도 도망치지 못한 간수병일 뿐이었다. 소장은 신문을 내려놓고 손가락으로 콧수염 끝을 말아 올리며 말했다.

"최치수의 형이 집행되었어. 이틀 전 교수형이 집행되었지."

나의 머릿속은 불이 나간 것처럼 깜깜해졌다. 소장이 다짐하듯 말을 이었다.

"이로써 자네의 살인 사건 조사도 완전히 마무리된 거야. 스기야마 사건은 깨끗이 종결되었어."

믿을 수 없었다. 아직 스기야마를 죽인 자를 밝혀내지 못했는데 최치수가 죽다니. 그는 죽어서는 안 되는 사람이었다. 나는 견딜 수 없는 무력감을 겨우 억누르고 물었다.

"최후진술이나 남긴 말이 있었습니까?"

"아무 말도 남기지 않았어. 참관인도, 최후진술도 거부했지. 살아 있을 때처럼 죽음도 깔끔한 놈이었어."

"연고자는요?"

"수형 기록부에 연락할 가족이나 친지가 전혀 없더군. 하는 수 없이 내가 집행과 무연고자 묘지 매장 절차까지 확인해야 했지."

나는 넋이 나간 채 고개를 끄덕였다. 소장은 나의 처진 어깨를 치며 임무를 훌륭하게 완수했다고 말했다. 봄이 되면 포상 휴가를 보내주겠다고도 덧붙였다. 그러나 내 귀엔 아무 말도 들리지 않았다. 어떻게 나왔는지도 모르게 소장실을 나온 나는 행정동의 긴 복도와 눈이 녹지 않은 뜰을 지났다. 발 밑의 땅이 무너져 내려 허공에 떠 있는 느낌이었다.

따지고 보면 하루에도 몇 명씩 죽어나가는 형무소에서 최치수의 죽음만 특별해야 할 이유는 없었다. 하지만 그는 죽어서는 안 되는 사람이었다. 그는 형무소를 벗어나려고 안간힘을 썼고 살기 위해 죽음을 무릅썼다. 끝도 없는 탈출과 그로 인한 독방행은 그의 삶을 지탱하는 두 기둥이었다. 그러나 그는 죽어서도 이 형무소를 벗어나지 못했다.

무연고자 묘지에 '331'이란 숫자가 적힌 팻말이 새로 생겼다. 최치수의 죄수 번호였다. 그의 죽음은 그뿐만 아니라 나에게도 돌이킬 수 없는 사건이었다. 그의 목에 올가미를 건 사람이 바로 나였으니까. 내가 진실의 미궁을 헤매는 동안 그는 참관인도 최후진술도 없이 죽었다. 나는 그가 스기야마를 죽인 살인자이기를 간절히 바라야 했다. 그래야 결백한 사내를 처형했다는 가책에서 벗어날 수 있을 것이다. 내가 할 수 있는 일은 없었다. 어쩌면 한 가지가 남아 있을지도 모른다.

스기야마를 죽인 진짜 살인범을 찾아야 했다.

도대체
무슨 일이 일어났나

 언 땅 위로 어스름이 깔렸다. 의무동 창밖으로 아련한 피아노 소리가 들려왔다. 맑은 창유리 가장자리에 하얀 성에가 끼어 있었다. 희미하게 퍼지는 따뜻한 불빛 아래 피아노와 마주 앉은 미도리는 악보를 들여다보았다. 그것은 음과 소리를 담은 가장 순수한 언어였다.
 그녀는 높낮이와 길이와 쉼과 끊음을 감춘 음표 하나하나를 찬찬히 읽어 나갔다. 난수표처럼 복잡한 음표들이 나직한 콧소리가 되어 흘러나왔다. 내가 다가왔다는 것을 알아차린 그녀는 허밍을 그치고 뒤를 돌아보았다. 나는 말했다.
 "의무동에서 치료를 받은 자들의 진료 기록을 보고 싶어요. 당신은 3수용동 환자들을 진료했고 그 기록을 관리하고 있을 테니까요."
 그녀가 대답했다.
 "진료 기록은 간수장의 요청서와 진료부장의 허락이 있어야 보여줄 수 있어요."

"알고 있지만 스기야마의 죽음을 밝히려면 그 기록이 있어야 해요."

그녀의 미간에 가는 주름이 생겼다. 나는 이 일로 그녀가 곤경에 빠지지는 않을지 생각했다. 그녀가 물었다.

"진료 기록과 살인 사건이 무슨 관계가 있죠?"

"그가 죽기 전에 무슨 일을 했는지 살펴보면 죽음의 단서를 찾을 수 있을 거예요. 그가 부상을 입힌 자들이 누구인지, 언제, 어느 부위를, 어떻게 팼는지 알아야 해요."

"간단한 부상 부위와 부상 경위, 그리고 처치 내용을 적은 장부를 본다고 살인 사건에 대해 무엇을 알아낼 수 있을까요?"

"기록은 생명을 가지고 있어요. 아무것도 아닌 악보가 아름다운 음악으로 되살아나는 것과 같죠. 진료 기록부는 스기야마가 어떤 삶을 살았는지, 왜 죽어야 했는지 말해줄 거예요."

잠시 창밖을 바라보던 그녀는 결심한 듯 고개를 끄덕였다. 그리고 반듯한 자세로 피아노를 향해 돌아앉았다. 다음 날, 연습 중이던 미도리는 악보 아래에서 검고 딱딱한 표지의 서류철을 꺼냈다. 내가 부탁했던 진료 기록부였다. 장부를 건넨 그녀는 말없이 피아노 연주를 다시 시작했다. 황금빛 노을이 강당 안으로 길게 비쳐들었다. 나는 장부를 읽어 내려갔다.

3수용동 죄수들의 의무 조치가 드물다는 사실은 진료 기록부에도 잘 나타나 있었다. 1월부터 8월까지는 진료 기록이 거의 없었고 간혹 죄수 사망 진단이 눈에 띌 뿐이었다.

제3수용동에서는 사망 사건이 잦았다. 편차는 있었지만 한 달에 서너 건 정도의 사망 사건이 일어났다. 1월에 노역장에서 작업 중이던 죄수가 염색조에 말려들어 질식한 것을 시작으로, 수용동 천장 보수를 하던 죄수가 추락사했고, 예순넷의 죄수가 밤사이 심장마비로 죽었다. 2월에도 추락사, 심장마비, 질식사, 낙상사가 이어졌고, 여름이 되자 뇌내출혈과 심장마비가 늘었다. 부상자 진료 기록은 9월부터 하나둘 나타나더니 11월이 지나면서 부쩍 늘어났다.

3수용동 부상자 처치는 의사 대신 당직 간호사가 맡았는데 기록에 나타난 상처는 대부분 두부 열상이었다. 부상 경위는 작업 중 넘어졌거나, 계단에서 굴러떨어져 머리가 찢긴 것으로 되어 있었다. 처치 결과는 지혈과 소독 같은 간단한 응급처치가 전부였다. 자주 진료를 받은 자들의 인적 사항에 몇몇 아는 이름들이 보였다. 최치수, 김굉필, 히라누마 도주.

윤동주?

나는 날카로운 물건에 몸을 찔린 것처럼 흠칫 놀랐다. 최치수와 윤동주가 보름에 한두 번꼴로 반복 진료를 받았던 것이다. 부상 부위는 두부 열상을 비롯해 종아리, 어깨, 상완과 하완 등 거의 몸 전체에 베이거나 찢긴 열상이 대부분이었다.

내가 진료 기록부의 진실성을 의심한 것은 다음 항목인 부상 경위를 검토할 때였다. 장부에 기록된 부상자들의 부상 경위가 내가 분명히 아는 사실과 달랐던 것이었다. 나는 장부를 펼쳐 들고 그녀에게 다가갔다. 연습곡의 마지막 소절을 치고 있던 그녀가 연주를 멈추었다.

"이 기록부를 어디까지 믿어야 할지 모르겠어요. 3수용동 죄수들 중 스기야마의 몽둥이에 머리가 터지지 않은 사람이 없어요. 내가 호송한 자도 대여섯은 될 거예요. 그런데 이 기록엔 간수의 몽둥이에 맞아서 부상을 당했다는 내용이 한 줄도 없어요."

그녀는 나의 눈길을 피하며 말했다.

"기록은 기록된 사실일 뿐 실상은 다르니까요."

"진료 기록부를 거짓으로 기재했다는 말인가요?"

"3수용동 부상 환자가 의무동으로 오면 제가 응급처치를 하죠. 조치를 끝내고 상처의 종류와 부상 정도를 보고하면 담당 의사가 부상 경위와 처치 내용을 진료 장부에 남겼어요. 대부분 노역 중 낙상이나 떨어진 물건에 부딪친 것으로 기록했어요."

"의사라는 사람이 왜 있지도 않은 허위 사실을 기록했죠?"

"소장은 이 형무소의 끔찍한 폭력이 드러나길 원하지 않아요. 공식 문서인 진료 기록에 그런 불미스러운 기록을 남기고 싶지 않았던 거죠."

"소장은 그렇다고 해도 의사들은 환자가 왜, 어떻게 다쳤는지를 정확히 기록할 의무가 있어요."

"그들에게 죄수 몇 명의 부상 경위는 아무 의미도 없었어요."

나는 그녀의 두 눈을 지질듯이 쏘아보았다. 그녀를 비난하고 싶지 않았지만 나의 목소리는 갈라졌다.

"여기에 기록된 거짓들 말고 당신이 아는 실상을 말해봐요. 대체 무슨 일이 있었던 거죠?"

그녀는 건반 위로 시선을 던졌다. 건반들이 금방이라도 우르릉 소리를 낼 것 같았다. 그녀가 말했다.

"한 달에 거의 한두 명도 오지 않던 열상 환자들이 9월부터 늘어나기 시작했어요. 부상 경위를 물으면 대부분 스기야마의 이름을 대며 욕을 해댔죠. 백정 같은 놈이 사람을 개 패듯이 팼다며 조선인 모두가 그의 몽둥이에 죽어나갈 거라고 했어요. 그들의 말대로 상처 부위는 단단한 둔기로 맞아 찢어져 있었어요. 그런데 한 가지 이상한 점이 있더군요."

"그게 뭐죠?"

"대부분의 상처는 2~3센티미터미터 가량의 열상이었어요. 연습이라도 한 듯 얇은 표피를 정확하게 찢었죠. 두꺼운 허벅지 같은 부분은 날카로운 채찍의 철편으로 찢었어요."

"가능하면 상처를 내지 않고 피부를 찢는 것도 피하는 게 일반적 고문 방식이에요. 그런데 스기야마의 고문은 정반대였군요."

"상처를 처치하고 있는데 어떤 부상자의 왼쪽 새끼손가락이 휘어 있더군요. 부러진 뼈를 제대로 치료하지 않아 비틀어진 거였어요. 이유를 물었더니 스기야마가 휘두른 몽둥이를 막다가 손가락이 부러졌다더군요. 이상한 생각이 들었어요."

"뭐가요?"

"찢어진 상처는 출혈 때문에 큰 부상인 것 같지만 의외로 금방 아물거든요. 오히려 부러진 손가락이 훨씬 심각한 부상인데 그는 진료 의뢰를 하지 않았어요. 다른 환자들의 경우도 마찬가지였어요. 중상자들도 거의 진료 의뢰를 하지 않다가 갑자기 열상을 당한 부상자들이 몰려왔거든요."

핵심은 간명했다. 스기야마의 폭력 행위는 오래전부터 계속되었지만 진료 의뢰는 없었다는 것. 9월 무렵부터 의도적인 열상으로 진료를 받게 했다는 것. 9월을 기점으로 달라진 점은 두 가지였다. 부상 종류가 달라졌다는 것이 첫 번째였고, 진료 의뢰를 시작했다는 것이 두 번째였다. 그 사실에서 스기야마에 관한 몇몇 의문점이 생겼다. 9월에 일어난 변화의 이유는 무엇일까? 궁금한 점은 또 있었다.

"최치수와 히라누마는 평균 한 달에 한두 번 꼴로 진료를 받았어요. 11월 이후 히라누마는 거의 보름에 한 번 꼴로 진료를 받았는데 그 이유가 뭐죠?"

그녀의 눈동자가 거의 보이지 않을 정도로 흔들렸다. 무언가를 숨기는 것일까? 그녀가 무언가를 숨긴다면 그것을 알고 싶었고, 숨기지 않는다면 그것 또한 확인하고 싶었다.

"최치수는 그즈음 터널 사건으로 취조를 받는 과정에서 폭행을 당했던 것으로 기억돼요. 히라누마는……."

그녀는 잠시 말을 멈추었다. 나는 그녀에게서 시선을 떼지 않고 되물었다.

"스기야마는 그즈음 윤동주와 시를 통한 교감을 나누고 있었어요. 여전히 폭력 간수였지만 그에게만은 보호자 역할로 바뀌었다고 할까요? 그런데 무엇 때문에 그가 윤동주의 머리통을 찧어 놓았을까요?"
 황금빛 노을이 자줏빛으로 물들었다가 검붉은 빛으로 스러졌다. 어둠이 창밖에서 우리를 두리번거렸다. 나는 윤동주의 진료가 시작된 시점을 생각했다.
 '1944년 9월, 무슨 일이 있었던 걸까?'
 생각들이 돗바늘처럼 날아와 머릿속에 꽂혔다. 그녀는 내가 돌려준 진료 기록부를 악보 아래에 감추고 강당을 가로질러 어둠 속으로 사라졌다.

 간수실로 돌아오자 당직 근무 중이던 간수가 반색을 했다. 밀린 보고서를 써야 하니 대신 당직을 서겠다는 나의 말에 그는 흰 이를 쏟아낼 듯 활짝 웃으며 간수실 열쇠 꾸러미를 건네고 도망치듯 사라졌다.
 나는 열쇠 꾸러미를 꼼꼼하게 살핀 끝에 간수실 캐비닛 열쇠를 찾았다. 캐비닛 안에는 형무소의 모든 서류철들이 보관되어 있었다. 〈소독 및 위생 대장〉〈공습 대피 훈련 보고서〉〈3수용동 죄수 심문 대장〉〈노역자 배치 및 작업 점검 일지〉…….
 내가 찾던 8월 전후의 〈의무동 진료 의뢰서〉와 〈검안 요청서〉는 세 번째 선반 위에 꽂혀 있었다. '진료 의뢰서'는 진료가 필요한 죄수가 있을 때 담당 간수가 작성하는 협조전의 일종이었다. 먹지를 깔고 두 장을 작성해 간수장의 결재를 받은 원본은 보관하고 사본은 의무동에 제출했다. 검안 요청서는 사망자 발생 시 〈진료 의뢰서〉와 같은 방식으로 작성하고 보관했다.
 〈진료 의뢰서〉는 강당에서 확인한 그녀의 진료 기록철과 대동소이했다. 차이가 있다면 의무동 장부가 진료와 검안 기록을 함께 철한데 비해 형무소 측 서류는 〈검안 요청서〉와 〈진료 의뢰서〉가 따로 철해져 있는 정도였다. 9월부터 눈에 띄게 늘어난 진료 의뢰서 작성자는 대부분 스기야마 도잔이었다. 적당히 둘러댄 부상 경위가 적혀 있었지만 대부분의 원인은 그의 몽둥이였을 거라고 짐작할 수 있었다.

그때 낯선 서류철 하나가 낚싯바늘처럼 나의 눈길을 끌어당겼다. 〈검안 요청서〉 옆에 꽂힌 〈의무 검열 경과 보고서〉였다. 서류철을 살피던 나는 첫 장이 시작된 날짜가 1월이 아닌 8월 24일라는 사실에 주목했다. 그것은 의무 검열 제도가 시작된 시점이 8월이라는 의미였다.

나는 다시 스기야마의 진료 의뢰서를 펼쳐보았다. 1944년 8월 22일자로 작성되어 있었다. 8월 24일과 8월 22일. 두 날짜는 어떤 관계가 있을까? 의무 검열 경과 보고서의 다음 장에는 1차 의무 조치 대상자 열두 명의 이름과 증세, 의심 병명이 적시되어 있었다. 영양 불균형과 기력 쇠약이 대부분이었고 시력 약화, 불면증, 치질, 정서 불안 등등 일반적인 증상들이었다.

모두가 일본 최고의 의료진이라는 규슈제대 의료진에겐 어울리지 않는 증상들이었다. 실제로 당뇨병이나 백내장, 간염과 같은 위중한 병을 앓는 나이든 환자를 먼저 선정해 치료하는 것이 옳았다. 그런데도 의무 조치 대상자 대부분은 10대 후반에서 30대 초반의 조선인들이 대부분이었다.

제국 최고의 의료진이 병자들이 아니라 오히려 건강한 사람들을 의무 조치 대상자로 뽑은 것 같았다. 풀리지 않는 의문을 품은 채 나는 세 개의 서류철을 나란히 펴고 날짜별로 점검해나갔다.

먼저 검토한 것은 〈의무 검열 경과 보고서〉였다. 8월 24일 첫 번째 의무 검사 대상자로 스물아홉 살의 가네야마 도키치로(조선 이름 김명술)가 선정되었다. 병명은 영양 불균형과 불면증이었다.

두 가지 병증은 죄수들뿐 아니라 간수들도 흔히 겪는 증세였다. 시도 때도 없이 배급이 중단되고 한밤중에도 공습 사이렌이 울리는 빌어먹을 전쟁통에 영양실조와 불면증에 시달리지 않는 사람이 누구일까? 다시 말하면 가네야마는 최고의 의학 지식을 가진 의료진이 영양 불균형과 불면증 외의 이상 증세를 찾아낼 수 없을 정도로 건강한 젊은이였다.

그의 이름이 다시 나타난 것은 11월 17일자 〈검안 요청서〉철이었다. 도대체 무엇이 스물아홉의 건강한 청년을 석 달 만에 죽였을까? 나는 마지막으로 〈진료 의뢰서〉 원본을 꼼꼼히 두 번이나 뒤졌지만 그의 이름을 찾을 수 없었다. 그는 어떤 진료를 받은 기록도 없었다.

〈의무 검열 경과 보고서〉와 〈검안 요청서〉에서 발견한 연관성은 〈진료 의뢰서〉에서 오리무중이 되었다. 그러나 〈진료 의뢰서〉와 다른 두 장부에 공통점이 없다는 사실이야말로 그것들의 명백한 공통점을 말해주고 있었다. 의무동 진료를 받은 적이 있는 죄수들은 의무 조치 대상자로 선정되지 않았고, 의무 조치 대상자로 선정되지 않은 사람들은 검안을 받지 않았다는 점이었다. 다시 말하면 스기야마에게 열상을 입은 자는 의무 조치 대상자에서 제외되었고 죽은 사람들은 의무 조치 대상자들이었다.

나는 다시 〈검안 요청서〉와 〈의무 검열 경과 보고서〉를 대조했다. 착각이기를 바랐던 가설은 사실이었다. 11월 이후 일곱 건의 검안 대상자들 중 다섯 명이 의무 조치 대상자였다. 그들의 사인은 뇌출혈, 심장 기능 이상, 대사 장애 등이었다. 나머지 두 명 중 한 명은 폐병을 앓던 노인이었고, 다른 한 명은 방벽 보수 노역 중 떨어진 돌 더미에 압사한 자였다.

세찬 바람이 오래된 문틈을 흔드는 요란한 소리에 나는 오싹함을 느끼며 뒤를 돌아보았다. 벌어진 창틀 사이로 차가운 바람이 들이닥쳤다. 온몸에 소름이 돋았다.

의무 검사는 질병에 걸린 환자들을 선별해 치료하는 것이 아니라 그 반대였다. 그들은 멀쩡한 청년들이었고 건강한 남자들이었다. 그런 그들이 왜 죽어갔을까? 의무동에서 도대체 무슨 일이 일어난 것일까?

다음 날 아침, 나는 원장실로 들어섰다. 고풍스러운 갈색 양탄자가 나의 발걸음 소리를 삼켰다. 세월이 더해준 윤기로 반들대는 원목 책상 옆에 섬뜩한 해골 모형이 우뚝 서 있었다. 한쪽 벽에는 해부도와 근육 모형도, 인체 조직도가 걸려 있었고 창밖으로 하카타만의 해안선이 펼쳐져 있었다. 나는 원장 면담 요청이 잘한 선택인지 확신할 수 없었다. 다만 해야 할 일이라는 건 분명했다.

"어떤가, 유이치 군? 의무 조치 견학은 보탬이 되었나?"

원장의 미소는 희고 반짝이고 눈부셨다. 그에게서는 내가 알지 못하는 지성과 품격의 냄새가 났다. 본능적으로 사람을 끌어당기는 그의 매력에 당황한 나의 목소리가 갈라졌다.

"네, 그렇습니다."

"다행이군. 모든 현상에는 두 가지 측면이 있게 마련이지. 막돼먹은 죄수들의 입이 아니라 과학적인 진료 과정을 지켜보았으니 오해가 풀렸을 거야. 곧 소장에게 자네 휴가를 상신할 테니 편한 마음으로 고향에 다녀오게."

그는 미소를 지으며 나를 타일렀고, 호의를 베풀며 나를 나무랐다. 나는 진심으로 그의 호의를 받아들여 교토로 달려가고 싶었다. 이 지긋지긋한 철창과 담장을 벗어나 좁은 서가 틈에 놓인 오래된 책들 사이에서 잠들고 싶었다. 하지만 그 전에 해야 할 일이 있었다.

"감사합니다만 유감스럽게도 의무 조치 대상자들의 부작용이 진행되고 있습니다."

미소를 간직한 그의 미간에 굵은 주름이 보였다. 하찮은 간수병의 투정에 그의 인내심은 바닥을 드러내고 있었다. 그는 짧은 헛기침으로 목소리를 다듬었다.

"알고 있네. 그건 연구진도 충분히 예측했던 증상이었어."

그의 말은 둔기가 되어 나를 후려쳤다.

"기억력이 감퇴되고 피가 멎지 않을 것을 예상했는데도 계속 약물을 주사했다고요?"

원장의 얼굴이 천천히 굳었다. 그는 번득이는 눈빛으로 나를 노려보았다. 조금 전과는 전혀 다른 냉정하고 위험하고 가차 없는 눈빛이었다. 그가 서늘한 목소리로 말했다.

"자네는 일본인이지?"

"그렇습니다."

"그럼 우리가 치르는 전쟁이 얼마나 위대한 전쟁이며 일본 역사에 얼마나 중요한지도 알겠지?"

"네, 알고 있습니다!"

나는 이 전쟁이 얼마나 위대하며, 얼마나 중요한지 되새기며 반사적으로 대답했다. 일본은 내가 태어날 때부터 전쟁 중이었다. 러시아, 중국, 몽골, 조선, 미국…… 일본은 끊임없이 헤아릴 수 없는 적들과 싸워왔다. 정규군과 싸웠고 공산군과 싸웠으며 게릴라와도 싸웠다. 하나의 적이 물러가면 또 다른 적이 나타났고, 하나의 전선이 사라지면 또 다른 전선이 형성되었다. 원장은 고개를 끄덕였다.

"이곳 연구진 또한 자네 못지않은 충의로 연구에 매진하고 있네. 자네가 간수병으로서 죄수들을 다루듯 연구원들은 의사로서 환자를 다루지. 자네가 밤새워 순찰을 돌고 검열 작업을 하는 것처럼 우리도 이 전쟁의 승리를 위해 밤새 연구하고 있어."

나를 바라보는 그의 표정은 온화했다. 나는 목구멍에서 역겨움을 토해냈다.

"3수용동 환자들의 증세가 제국의 승리를 위한 것입니까?"

"우리 연구진은 오랫동안 이 전쟁에서 싸우는 전사들을 위한 새로운 치료법을 개발하는 데 매진해왔어. 우린 이전에도 없었고 이후에도 없을 위대한 의술을 개발하게 될 거야."

"어떤 치료법입니까?"

"전문적인 의학 지식의 범주에 속하는 문제야. 한두 마디로 설명할 수도 없고, 설명해도 자네는 이해하지 못해!"

메스처럼 날카로운 그의 목소리가 나의 말을 잘랐다.

"그렇겠죠. 하지만 하찮은 간수병인 제가 분명히 아는 사실은 의무 조치의 부작용이 진행되고 있다는 사실입니다."

"구토, 설사, 현기증이나 기억력이 떨어지고 피가 멎지 않는다는 얘기라면 그만둬!"

"살기 위해 주사를 맞은 사람들이 죽어가고 있습니다. 도대체 이 의무동에서 무슨 일이 일어나고 있는 겁니까?"

원장의 눈빛이 번득였다. 나는 내가 무슨 말을 하는지도 모른 채 소리쳤다.

"하나의 기록은 거짓말을 할 수 있습니다. 하지만 하나의 사건에 관한 두 개 이상의 기록은 서로의 거짓을 드러내고 진실을 밝혀주죠. 〈의무 검열 보고서〉와 〈진료 의뢰서〉 〈검안 요청서〉 말입니다."

원장의 얼굴에서 핏기가 가셨다. 그는 천천히 온화한 미소를 되찾은 후 입을 열었다.

"자네! 집요하기만 한 줄 알았더니 지력이 대단한 친구였군. 좋아! 그 정도까지 알았다면 이곳에서 진행되는 위대한 연구 또한 이해하겠지. 자네가 원하는 걸 말해줄 테니 더 이상 들개처럼 쿵쿵대며 이곳저곳 들쑤시지 말게."

두려움과 호기심이 나의 심장을 쥐어짰다. 원장은 성마른 아이를 달래듯 낮게 말했다.

"우리 연구진은 인간의 생명 유지 시스템에 관한 혁명적인 의료 기술을 개발 중이야. 전쟁과 병마에 신음하는 인류를 구할 의술이지. 성공하면 전투 사상자를 획기적으로 줄이는 것은 물론 수많은 환자의 생명을 구할 수 있어. 히포크라테스 이후 완전히 새로운 의학의 신천지가 열리는 거지."

"그게 뭡니까?"

"수혈용 혈액을 대신할 신물질을 찾는 거야. 전쟁이 치열해지면 전장의 부상병들에게 가장 필요한 건 혈액이야. 과다 출혈로 목숨을 잃는 건 부지기수고, 후송되었다 해도 수혈용 혈액이 절대적으로 부족해 수술도 못 받아 보고 죽는 경우가 태반이지. 수혈용 혈액을 대신할 물질을 확보할 수만 있다면 수많은 병사들뿐 아니라 민간인 부상자들도 살릴 수 있어."

"사람의 피를 대신할 물질이라구요?"

"피는 '혈구' 성분과 '혈장' 성분으로 이루어져 있어. 백혈구, 적혈구, 혈소판 등 혈구 성분을 제외한 나머지 성분이 혈장이지. 대부분이 액체 성분인 혈장은 여러 단백질과 혈액응고 인자들로 구성되어 있어. 전장에서 부상을 입은 병사들의 출혈을 막기 위해 필수적인 성분이지. 지금 같은 전시에는 수혈용 혈액이 절대적으로 부족하고 필요한 양을 확보하는 것은 불가능에 가까워. '혈장' 성분을 만들 수만 있다면 전쟁의 양상은 완전히 바뀔 거야."

떨리는 목소리로 말하는 그는 꿈을 꾸는 표정이었다. 다른 의사들이 환자들을 치료하는 데 급급했다면 그들은 인류의 생명의 틀을 개선시키려 하고 있었다.

"그래서 피를 만들어냈단 말입니까?"

"우리 연구진이 개발하는 건 '혈장 대용 생리 식염수'란 거야. 생리 식염수는 체액과 유사한 나트륨 농도를 지녔고, 혈장과 비슷한 성분으로 이루어져 있지. 실제로 질병이나 부상으로 체액이 줄어든 환자들에게 링거 형태로 공급하기도 하지. 생리 식염수의 농도를 조절하고, 몇몇 생물학적 과정을 거쳐 혈장을 대신할 물질을 개발하는 것이 연구진의 과제야."

"식염수라면 소금물과 다를 것이 없는데, 사람 몸에 피 대신 소금물을 부어 넣는다고요?"

나는 미간을 찌푸리며 중얼거렸다. 원장은 나의 반응을 예상했다는 듯 말을 이었다.

"자네처럼 의학 지식이 빈약하면 사람을 살리는 것이 아니라 죽이는 것으로 오해하기 십상이지. 그래서 우리 연구와 실험이 외부에 노출되지 않도록 보안을 유지했던 거야. 하지만 걱정할 필요 없네. 생리 식염수 순도에 따른 인체 적응도 실험과 나트륨 농도에 대한 저항성 실험, 이물질로 인한 염증 실험 등 모든 부작용에 대한 검토를 하고 있으니까."
"하지만 부작용은 여전히 계속 발생하고 있습니다."
"알고 있다네. 대표적인 증상이 동물플랑크톤으로 인한 뇌지주막 출혈이지. 뇌내출혈 증세와 유사해. 이틀마다 면밀한 진단을 통해 이상 증세를 확인하고 조치하고 있어. 암산 테스트가 대표적인 예지. 암산은 전반적인 신경 생리학적 능력을 판단하는 방법이야. 체내 이물질이 신경 정신 계통에 미치는 영향을 즉각적이고 확실하게 판단할 수 있지."
혈관을 흐르던 피가 얼어붙는 것 같았다. 나도 모르게 사악한 범죄행위를 저질러왔던 것이었다. 그것은 인간 실험이었다. 나는 그들을 죽음의 실험실로 내몬 앞잡이였다. 실험에 동원된 사람들은 자신들이 왜 죽는지도 모른 채 죽어갔다. 보지 않아도 나의 얼굴이 붉게 달아오른 것을 알 수 있었다.
"대규슈제대 연구진이 건강한 사람을 말려 죽이는 인간 실험을 자행하고 있었군요. 그 대단한 제국 의대 연구동이 왜 형무소 안으로 들어왔는지 이제 알겠어요. 실험 대상이 필요했던 거죠. 모르모트와 흰 쥐를 대신할 살아 있는 인간 말이에요."
원장은 변함없는 미소를 지었다. 조금 전만 해도 인자하고 온화하게 보이던 미소는 이제 사악하고 냉혹해 보였다. 그는 여전한 인내심으로 나를 달랬다.
"자네 말, 이해하네. 아직 세상에 물들지 않은 나이니까. 스무 살도 안 된 자네에게 할 말은 아니지만 자넨 똑똑한 머리를 가졌으니 이해할 거야. 세상은 그렇게 단순하지 않다네. 칼로 무를 자르듯이 한 번에 두 동강 나지 않는다는 말이야. 질기고, 복잡하고, 더럽지만 그게 세상이야. 자네 말대로 우리가 하는 일이 파렴치한 인간 실험이라고 해서 중단해야 할까? 그렇지 않아. 그 실험을 통해 우리는 전장에서 죽어가는 병사들과 공습으로 죽어가는 어린아이들의 목숨을 구할 수 있어."

원장의 말이 이어지는 동안 내 눈에선 눈물이 넘쳤다. 왜 내가 울어야 할까? 이유를 알 수 없었다. 부끄러움, 분노, 적개심, 죄책감, 미안함, 용서받을 수 없다는 절망감……. 모든 감정들이 꾸역꾸역 밀려 나왔다. 어떤 숭고한 목적을 위해서라도 이럴 수는 없는 것이다. 아무리 많은 생명을 위해서라 해도 다른 사람의 생명을 가지고 장난칠 권리는 없는 것이다.

나는 젖은 눈을 힘껏 감았다. 나의 눈으로 더러운 세상을 마주 볼 자신이 없었다. 원장은 자상한 손길로 나의 어깨를 토닥거렸다.

"잘 들어, 유이치! 우리가 살려야 할 사람은 그냥 '누군가'가 아니야. 마찬가지로 실험 대상도 그냥 '누군가'는 아니지. 우리가 살려야 할 사람은 제국의 군인들과 미국의 무차별 공습에 죽어가는 민간인들이야. 반대로 우리의 실험 대상은 중범죄를 저지른 죄수들이야. 천황 폐하에게 폭탄을 던지고, 어둠 속에서 일본인들의 목을 따고, 경찰서에 불을 지른 놈들이라고. 무슨 말인지 알아?"

나는 알지 못했다. 아무것도 알지 못했다. 이 더러운 전쟁이 우리를 얼마나 사악한 짐승으로 만들었는지, 어떤 미친놈이 이 전쟁을 일으켰는지, 얼마나 많은 사람들이 죽어야 이 전쟁이 끝날 것인지, 자신이 평범한 상식에 의거해 살아간다고 믿는 사람들이 왜 이 전쟁을 막지 못했는지…….

전쟁을 일으킨 것은 시민들이 아니라 권력을 쥔 미친놈들이었다. 그러므로 그들은 이 전쟁에 죄가 없다고 말할 수도 있을 것이다. 그러나 전쟁을 일으키지 않았다고 해서 전쟁의 책임에서 벗어날 수는 없는 것이다. 그들은 전쟁을 막지 못한 것이 아니라 막지 않았다. 세계를 불구덩이로 만들려는 자들의 음모를 알지 못했거나, 알고도 모른 척했다. 그것은 나 또한 마찬가지였다. 원장이 말을 이었다.

"놈들은 우리 사회의 내부에서 자라나는 악이야. 몸속에서 은밀히 자라 결국 생명을 앗아가버리는 암 덩어리들이라고. 암종을 발견했을 때 유일한 치료법이 뭔지 아나?"

시간이 황폐한 공간 속으로 흘러갔다. 괘종시계의 금속 추가 날카로운 단도처럼 반짝거렸다. 원장이 말을 이었다.

"도려내는 거야. 수술 말이야. 그래도 암세포는 끊임없이 자라나지. 자라나서 건강한 조직을 병들게 하고 마침내 온몸을 망가뜨리는 거야. 지금은 멀쩡한 사람들도 죽어나가는 전시 상황이야. 우리가 구해야 할 사람들이 누군가? 암 덩어리 같은 자들을 살리려고 선량한 사람들이 죽어야 한단 말인가?"

"누군가는 죽어야 하고 누군가는 살아야 한다면 누가 그것을 결정하죠?"

"어차피 형기를 다 채우지 못하고 죽어가는 자들이 부지기수야. 죽은 뒤에 쓸모 있는 존재가 된다면 살아 있을 때의 간악함을 조금은 용서받을 수 있겠지."

"죽은 죄수들의 시신이 묘지에 매장되지 않았군요."

"산 사람을 대상으로 쓰기 전에 시신으로 충분한 실험과 연구를 거쳐야 했어."

"죽은 사람들뿐만 아니라 질병이나 사고로 의무동으로 이송된 사람들 중 돌아온 사람은 없었어요."

원장이 웃음을 지었다. 사악한 미소였다.

"죽어가는 놈이나 죽은 놈이나 차이는 없어. 어차피 그들은 모두 시신이 될 자들이었으니까."

원장의 목소리가 카랑카랑하게 울렸다. 그의 말대로 세상은 단순하지 않은 것일까?

무서운
시간

　피복 노역장은 거대한 도가니처럼 들끓었다. 세탁조의 기계음과 재봉틀 소리, 간수들의 고함 소리가 뒤섞여 소란스러웠다. 매캐한 먼지와 독한 염료 냄새 가운데서 더러워진 얼굴들이 번들거렸다. 죄수들은 해지거나 총알 구멍이 난 군복들을 덧대고 꿰매고 수선하며 그 옷을 입었을 청년들이 이미 이 세상 사람이 아닐 거라고 생각했다.
　동주는 염색 작업조에 편성되었다. 나는 의무 조치 대상에서 그를 빼내기 위해 백방으로 방법을 찾았지만 어떻게 해야 할지 알 수 없었다. 내가 할 수 있는 일은 그를 추운 야외 작업장에서 그나마 훈기가 도는 염색조로 이동시키는 정도에 불과했다. 색 바랜 군복을 산더미처럼 실은 손수레를 끄는 그는 금방 쓰러질 것 같았다.
　증기가 솟구치는 소리와 고함 소리 사이로 요란한 사이렌의 굉음이 울렸다. 10분간의 장비 점검 시간이었다. 동주는 슬금슬금 뒷걸음으로 염색조에 다가가 쭈그리고 앉았다. 다른 노역자들은 건너편 창가에 널브러졌다. 간수들은 노역장 밖에서 한 개비의 담배를 번갈아 빨며 시시덕거렸다.
 동주는 염색조 아래 놓인 깡통에 손가락 끝을 담가 군청색 물감을 찍어냈다. 그는 오물과 갖가지 색깔의 염료, 땟국이 튀어 지저분한 벽에 무언가를 쓰고 손가락에 남은 물감을 죄수복 자락에 닦았다. 야윈 등으로 글자를 가리느라 엉거주춤한 자세로 나를 돌아본 그는 안도감을 되찾는 것 같았다.
 건너편 창가에 기대고 있던 간수가 우리를 의심쩍은 눈으로 지켜보았다. 나는 몽둥이를 뽑아 들고 그에게로 다가가 허벅지를 후려쳤다. 중심을 잃은 그의 몸이 휘청거렸다. 간수들은 안심한 표정으로 다시 노닥대기 시작했다. 동주의 등에 가렸던 더러운 벽에 쓰인 군청색 글자들이 드러났다.
 "하늘, 바람, 별, 시……"
 동주는 천천히 여섯 음절을 중얼거리며 미소 지었다. 나는 말없이 혼자 약속했다. 언젠가 그가 기억을 잃어버리면 이곳으로 데리고 와 그 글자들을 읽게 하겠다고. 그리고 그가 시인이었고 시인이며 영원히 시인일 거라고 말해주겠다고. 그리고 그가 잊어버린 시를 소리 내어 읊어주겠다고. 그러면 그는 자신이 누구인지 알게 될까?
 그가 웃자 그의 입가에 꽃이 피는 것 같았다. 가혹한 시대에 시달렸지만 망가지지도 더럽혀지지도 않은 웃음이었다. 나는 간수들이 그의 웃음을 보지 못하도록 등으로 그를 가렸다. 그것이 내가 그에게 건넬 수 있는 호의의 전부였다.

 동주는 사슴처럼 연약해진 몸으로 힘든 노역을 감당했다. 그는 바람을 안은 돛배처럼 조용히 시간 위를 미끄러져 갔다. 그가 어디로 가는지 나는 알 수 없었다. 어쩌면 그 자신도 모를 것이다.
 동주는 손수레를 끌며 재봉장과 염색장을 쇠똥구리처럼 오갔다. 손수레에는 염색용 피복들이 그의 키보다 높이 실려 있었다. 그것은 그가 짊어진 삶의 무게, 그를 이 지경으로 몰아넣은 시대의 무게였다. 자신의 몸무게를 떠받치기에도 위태로워 보이는 희고 앙상한 발목으로 그는 수레를 떠밀었다.

요란한 사이렌 소리가 노역장 안에 울렸다. 노역자들이 베어진 풀처럼 꼬꾸라졌다. 그도 손수레를 내려놓고 한쪽 옆으로 풀썩 몸을 던졌다. 나는 바닥에 널브러진 노역자들을 헤치고 그에게 다가갔다. 바로 옆에 다가섰는데도 그는 나를 알아차리지 못했다. 이마에는 땀이 번들거렸고 얼굴에는 땟국이 흘렀다. 심한 노역으로 그의 죄수복 가슴은 나달나달하게 해져 있었.

언제부터인가 그는 화를 내지도, 짜증을 내지도 않았고 즐거워하거나 기뻐하지도 않았다. 말하는 시간이 점점 짧아졌고 침묵이 점점 길어졌다. 어쩌다 한마디 뱉은 말은 뚝뚝 부러지거나 이리저리 엉켰다.

우리의 대화는 모스부호처럼 끊어졌다 이어지고 다시 끊어졌다. 긴 침묵, 짧은 대화, 더욱 긴 침묵, 더욱 짧은 대화. 그리고 어느 순간 우리의 대화는 완전히 멈추었다. 침묵, 긴 침묵, 더 긴 침묵, 더욱더 긴 침묵.

그의 피로가, 그의 고통이 나의 것처럼 느껴졌다. 나는 목소리가 떨리지 않도록 주의하면서 입을 열었다.

"괜찮아요?"

그는 멍한 표정으로 나를 바라보았다. 그러더니 "아!"라는 짧은 소리를 내며 반가운 표정을 지었다. 거기까지였다. 그는 나의 용모를 기억했지만 내가 누구인지 알지 못했다. 그는 나의 짧은 머리와 갈색 군복을 유심히 바라보며 먼저 아는 척을 하는 내가 자신을 아는지, 안다면 어떻게 아는지 생각하는 것 같았다.

그의 기억은 벌레 먹은 잎사귀 같았다. 그는 자신이 죄수임을 알았지만 왜 그곳에 있는지는 기억하지 못했다. 자신이 시인이라는 것을 알았지만 어떤 시를 썼는지 알지 못했다. 많은 책을 읽었지만 그 주인공들의 이름을 기억하지 못했다.

나는 그의 머릿속에 우리가 함께 나눈 시간들이 남아 있을지 궁금했다. 심문실의 조용한 대화, 수많은 책과 작가들, 은밀한 지하 도서관, 그곳에서 숨 쉬던 검은 책들, 그가 쓴 엽서들, 의무동 복도에서 몸을 떨며 들었던 합창 소리……. 나는 그것들이 그의 머릿속에 남아 있길, 그래서 오랜 시간이 흐른 뒤에라도 되살릴 수 있길 빌었다.

나는 그의 손목을 잡았다. 그의 손등은 찬바람에 터졌고 손바닥에는 두꺼운 못이 박혀 있었다. 그는 내가 이끄는 대로 따라왔다. 우리는 널브러진 노역자들을 피해 발걸음을 옮겼다. 그가 비틀거릴 때마다 나는 그를 잡은 손아귀에 힘을 주었고 염색장 구석에 이른 다음에야 그의 손목을 놓아주었다. 우중충한 벽 구석에 짙은 군청색 글씨가 선명하게 적혀 있었다.

하늘, 바람, 별, 시.

그의 입가에 선명한 미소가 새겨졌다. 나는 그런 미소를 지닌 사람을 알고 있다. 조국을 잃어버린 채 태어난 아이, 자두나무 울타리가 있는 우물 집에서 살았던 소년, 우물에 비친 파란 하늘을 사랑한 소년, 까마득한 종탑 끝 십자가를 바라보던 아이, 톨스토이와 괴테와 릴케와 잠을 사랑했던 학생, 헌책방에서 구한 책을 가슴에 품고 기뻐하던 책벌레, 남모르게 어둠을 밝히며 시를 쓰던 시인, 벙어리처럼 한 소녀를 사랑했던 소년, 자신이 쓴 시를 시집으로 내는 것조차 허락되지 않은 시인, 이름을 빼앗긴 식민지 청년, 남의 나라 육첩방에서 홀로 침전하던 유학생, 모국어로 시를 썼다는 죄로 수갑을 찬 죄수, 멀리 북간도에 있는 어머니를 그리는 아들, 미소가 문신처럼 입가에 새겨진 미남자, 그리고 결국 그 미소조차 잃어버린 사내…….

그의 눈은 단아한 군청색 글자들을 바라보았다. 짧은 글은 맹세처럼 남아 말해주었다. 그가 어떤 사람인지, 얼마나 맑은 영혼을 지녔고, 그가 얼마나 아름다운 시를 쓴 시인인지를.

그는 떨리는 손으로 글자들을 더듬었다.

별 헤는 밤

계절이 지나가는 하늘에는
가을로 가득 차 있습니다.

나는 아무 걱정도 없이
가을 속의 별들을 다 헤일 듯합니다.

가슴속에 하나 둘 새겨지는 별을
이제 다 못 헤는 것은
쉬이 아침이 오는 까닭이요,
내일 밤이 남은 까닭이요,
아직 나의 청춘이 다하지 않은 까닭입니다.

별 하나에 추억과
별 하나에 사랑과
별 하나에 쓸쓸함과
별 하나에 동경과
별 하나에 시와
별 하나에 어머니, 어머니,

 어머님, 나는 별 하나에 아름다운 말 한마디씩 불러봅니다. 소학교 때 책상을 같이 했던 아이들의 이름과, 패(佩), 경(鏡), 옥(玉) 이런 이국 소녀들의 이름과 벌써 애기 어머니 된 계집애들의 이름과, 가난한 이웃사람들의 이름과, 비둘기, 강아지, 토끼, 노새, 노루, '프랑시스 잠', '라이너 마리아 릴케', 이런 시인의 이름을 불러봅니다.

이네들은 너무나 멀리 있습니다.
별이 아슬히 멀듯이,

어머님,
그리고 당신은 멀리 북간도에 계십니다.

나는 무엇인지 그리워
이 많은 별빛이 내린 언덕 위에
내 이름자를 써보고,
흙으로 덮어 버리었습니다.

딴은 밤을 새워 우는 벌레는
부끄러운 이름을 슬퍼하는 까닭입니다.

그러나 겨울이 지나고 나의 별에도 봄이 오면
무덤 위에 파란 잔디가 피어나듯이
내 이름자 묻힌 언덕 위에도
자랑처럼 풀이 무성할 게외다.

 그의 얼굴이 불이 켜진 것처럼 환해졌다. 그는 어쩌면 스기야마와 함께 올려다본 밤하늘을 떠올렸을지 모른다. 와르르 쏟아지던 그 하늘의 별들을, 뿌연 별빛 너머 보이는 영원을, 별빛 아래서 별을 노래하던 목소리를. 하지만 그는 끝내 알지 못했다. 그 반짝이는 시어들이 누구의 잠을 못 이루게 했고, 누구의 머릿속을 복잡하게 했는지. 그리고 누가 그 시를 썼는지조차도.

나는 그를 잃어야 하는 것이 분했다. 그를 잃어야 할 사람은 나만이 아니라 우리들 모두였다. 나는 친구를 잃어야 하겠지만 조선인 죄수들은 현명한 동료를, 간수장은 용서를 빌 대상을, 간수들은 온화한 모범수를 잃을 것이다. 태어나지 않은 조선인들은 위대한 스승을 잃을 것이고, 태어나지 않은 일본인들은 부끄러운 과거를 증언할 지식인을 잃을 것이다. 우리 모두는 지금까지 가지지 못했고 앞으로도 영원히 가지지 못할 순결한 시인을 잃어야 할 것이다.

나는 알고 싶었다. 내가 누구를 원망해야 하는지. 나는 그를 잡아 가두고, 그를 그 지경으로 망가뜨리고, 죽어가는 그를 바라보는 자들 중 한 명이었다. 원했든 원하지 않았든 나는 이 더러운 전쟁을 일으킨 자들과 한편이었다.

우리들은 모두 용서받아야 할까? 아니, 우리들은 모두 용서받을 수 있기나 한 걸까?

작업 시작을 알리는 사이렌 소리가 요란하게 울렸다. 널브러졌던 사내들이 꿈틀대며 일어났다. 여기저기서 '아이고 아이고' 하는 신음 소리가 들렸다. 동주는 후들거리는 다리로 걸음을 서둘렀다. 나는 재촉하는 것처럼 몽둥이를 그의 겨드랑이 아래로 넣어 떠받쳤다. 그의 몸은 상상할 수 없을 만큼 가벼웠다. 그는 내가 외워준 시구를 마른 입술로 중얼거렸다.

"어머님…… 나는 무엇인지 그리워 이 많은 별빛이 내린 언덕 위에 내 이름자를 써보고, 흙으로 덮어버리었습니다……. 그러나 겨울이 지나고 나의 별에도 봄이 오면……"

그의 말이 뚝 그치는 것과 동시에 그의 발목이 꺾였다.

"645번! 히라누마! 윤동주!"

나는 부를 수 있는 모든 이름으로 그를 불렀다. 넘어지면서 땅에 머리를 부딪쳤는지 그는 의식을 잃은 상태였다. 아니면 의식을 잃었기 때문에 넘어졌는지도 몰랐다. 붉은 죄수복들이 우르르 몰려들어 쓰러진 그와 나를 에워쌌다. 담당 간수가 달려왔다.
"무슨 일인가?"
"죄수가 쓰러졌습니다."
나는 몽둥이를 집어던지고 동주를 둘러업고 달리기 시작했다. 회색의 벽들, 철창과 철조망이 획획 지나갔다. 붉은 백열등과 흰 벽과 높은 천장이 끝없이 이어졌다.

동주는 의무동 병실로 옮겨졌다. 그의 의식은 두서없고, 뚝뚝 끊어지고, 언제 끊겨 버릴지 모르는 꿈처럼 불안했다. 의사들은 시간대별로 그의 혈압과 체온와 맥박을 재고 말을 걸어 의식을 체크했다. 그것은 그를 살리려는 노력이 아니라 그가 죽어가는 과정을 관찰하는 조치였다.
나는 담당 의사의 특별 허가로 동주를 면회할 수 있었다. 좁은 통로를 따라 흰 가리개들이 죽음의 그림자처럼 드리워져 있었다. 가리개 뒤에는 죽음을 기다리는 환자들이 있었다. 통로 중간에 다다른 의사가 발걸음을 멈추고 얇은 천 가리개를 젖혔다. 나는 좁은 공간에 들어찬 죽음의 얼굴을 볼 수 있었다.
동주는 의식을 잃었다가 되찾기를 되풀이했다. 투명한 액체가 그의 팔뚝에 꽂힌 바늘의 가는 관을 통해 몸 안으로 흘러들고 있었다. 담당 의사는 영양제라고만 말했다. 나는 그 말을 믿을 수 없었다. 당장 주삿바늘을 뽑아야 할지, 그대로 두어야 할지 알 수 없었다. 그의 의식이 돌아올 때마다 의사는 다급하게 물었다.
"이름이 무엇인가?" "오늘이 며칠인가?" "여기가 어디인가?"……. 그것은 사그라져가는 환자의 마지막 의식까지도 놓치지 않고 관찰하는 고문 행위였다. 그들은 죽기 전의 환자가 무엇을 기억하는지, 무엇을 기억하지 못하는지 확인하고 있었다. 동주는 고개를 갸웃거리며 겨우 입을 열었다.

"기억나지 않습니다. 1943년 7월 14일. 여긴 교토 시모가모경찰서?"

1943년 7월 14일은 그가 고등계 경찰에 체포되던 날이었다. 의사는 짜증스러운 얼굴로 내뱉었다.

"완전히 엉망이군. 그럼 무엇이 기억나나? 뭐든 말해봐! 보이는 것, 들리는 것, 생각나는 것 뭐든 말해봐."

그는 입술을 달싹여 가는 소리를 내보냈다.

"하늘, 바람, 별, 시……. 추억과 사랑과 동경과 시와 어머니……. 별 하나에 아름다운 말 하나, 가난한 이웃 사람들의 이름과 강아지, 토끼, 노루, 노새, 라이너 마리아 릴케……."

의사는 고개를 절레절레 흔들더니 벌떡 일어나 내게 따라 나오라는 눈짓을 했다. 동주는 언제나처럼 다른 세상을 보는 듯한 눈길로 나를 바라보았다. 그것이 내가 마지막으로 본 그의 얼굴이었다.

며칠 후, 의무동에서 한 통의 협조문이 도착했다. 발신자는 동주의 담당 의사였다. 협조문을 확인한 순간 눈앞에 검은 장막이 쳐지는 것 같았다. 나는 그 자리에 털썩 주저앉았다.

645번, 사망 통지서 발송 요망.

의무동에서 사망자 명단을 넘겨받아 그의 주소지로 전보를 발송하는 일은 서신 검열관인 나의 또 다른 업무이기도 했다. 나는 책상 위의 전화기를 끌어당겼다. 손잡이를 돌려 교환 간수를 호출한 한참 후에도 나는 아무 말도 하지 못했다. 수화기 너머 교환 간수의 짜증스러운 목소리가 달려들고서야 겨우 정신이 돌아왔다. 내 입에서 비정한 문장이 쏟아져 나왔다.

"2월 16일 동주 사망, 시체 가지러 오라."

수화기를 든 나의 손이 부들부들 떨렸다. 수화기를 내려놓은 나는 손바닥을 펼쳐 하나하나 손가락을 꼽아나갔다. 그가 살아내지 못한 채 남아 있는 나날들을.

1945년 2월 17일, 2월 18일, 2월 19일······.

나는 얼어붙은 형무소 뜰을 갇힌 짐승처럼 돌아다니며 시간을 견뎠다. 열흘이 지난 후 전보를 받은 그의 아버지와 숙부가 도착했다. 그들은 먼 타국에서 숨을 거둔 아들의 시신을 메고 바람 속으로 떠났다.

나는 형무소를 나서는 그들에게 다가갔다. 무슨 말이든 하고 싶었지만 할 수 있는 말이 없었다. 나는 고개를 숙였다. 그의 마지막 모습의 한 조각, 마지막 한마디 말이라도 전하고 싶었다. 그의 아버지가 자신의 아들을 아름다운 청년으로 기억할 수 있도록. 한참 후에야 나는 고개를 들었다.

"아······ 동주가 죽었어요. 그렇게 아름다운 사람이······."

나는 돌아서 걸었다. 나의 눈물이 그들에게 죄가 될 것 같았기 때문이다.

나의 별에도
봄이 오면

　나의 시간은 거기에서 멈추었다. 그날 이후 시간이 어떻게 흘렀는지 나는 알지 못했다. 눈이 오고, 눈이 쌓이고, 다시 눈이 녹은 자리에 새순이 돋았다. 얼어붙었던 가지에 봄꽃이 피고, 꽃이 졌다. 겨울이 가는 것도, 봄이 오는 것도, 봄이 가는 것도, 여름이 오는 것도 나는 몰랐다. 나는 아무도 없는 바다 위에 뜬 쪽배였다. 돛은 찢어졌고, 노는 부러진 채 바닥부터 새고 있었다.
　노역장과 뜰과 검열실과 심문실 어디에서나 스기야마의 얼굴과 동주의 목소리가 불쑥불쑥 달려들었다. 중앙 복도 난간에 매달려 있던 스기야마의 주검, 소장실에서 들었던 '겨울 나그네', 거친 이면지에 써 내려간 스기야마의 서툰 글씨, 별 아래서 시를 읊던 동주의 눈, 검은 책들이 조용히 숨 쉬던 지하 도서관, 피아노 건반을 새처럼 날아다니던 그녀의 손가락들, "그는 시인이었어요", 한 줄의 연기가 된 시들, 한 줌의 재로 남은 책들, 심문실에서 나누었던 이야기들, "누군가의 가슴에 뿌리내린 책은 절대 죽지 않아".
　나는 죄 없이 죽어가는 많은 사람을 보았다. 그것은 전쟁이 나의 영혼에 가한 폭력이었다. 죽지 않고 살아남은 사람들마저 나의 곁을 떠나갔다. 동주가 떠난 후 미도리는 갑작스러운 전보 발령을 받고 나가사키의 육군병원으로 갔다. 어쩌면 그녀 자신이 원한 일이었는지 모른다. 한순간이라도 빨리 이곳에서 벌어진 악몽에서 벗어나고 싶었을 테니까.

그녀는 짧은 미소조차 남기지 않고 떠나갔다. 떠나간 것은 그녀 하나였지만 형무소 전체가 텅 빈 것 같았다. 나는 처참해지고 더욱 처참해지기를 원했지만 그렇게 되는 것조차 쉽지는 않았다.

가끔, 때로는 자주자주, 아니, 깨어 있는 매 순간 그녀가 생각났다. 그럴 때마다 나는 미친 듯 몽둥이를 휘두르며 죄수들을 닦달했다. 더 흉포해짐으로써 고통을 이기려 했던 스기야마처럼. 그제야 나는 괴물이 될 수밖에 없었던 스기야마가 평생 짊어졌던 통증을 알 것 같았다. 간수들과 죄수들은 알아차리지 못했지만 다리를 벌리고 걷는 그의 거만한 자세는 통증과 절룩거림을 감추려는 방편이었다. 마찬가지로 그는 죄책감을 숨기기 위해 험상궂은 표정을 지어야 했던 것이다.

죄수들은 슬금슬금 나를 피했다. 그것이 내가 원하는 것이었다. 스스로 괴물이 되어야만 그녀를 온전히 떠나보낼 수 있다고 나는 생각했다. 그녀는 나 같은 괴물과는 도저히 어울리지 않는 순결한 존재였으니까. 나는 그녀와의 이별에도 더 이상 슬픔을 느낄 수 없었다.

검열실은 내가 도망칠 유일한 장소였다. 책과 엽서를 읽는 순간만큼은 참혹한 시대의 폭력에 멍든 사람이 나만이 아니라는 위안을 얻을 수 있었다. 나는 검열을 핑계로 식사를 걸렀고 간수병 집결에 빠졌다.

동주의 얼굴이 떠오를 때마다 나는 서가로 다가갔다. 645번 상자가 있던 자리는 텅 비어 있었다. 그의 미소가 그리울 때면 서랍 깊은 곳에서 검은 가죽 장정 성경책을 꺼냈다. 그의 압수물 상자에 있던 모든 책들은 연기로 사라졌지만 그 책만은 살아남았다. 수감 후 반입된 덕에 압수물 장부에 포함

되지 않았고 소각물 목록에서도 빠져나올 수 있었던 것이다.

나는 그의 체취가 스민 책갈피를 한 장 한 장 넘겨보았다. 뒤쪽 책갈피에 끼어 있던 작은 쪽지 하나가 깃털처럼 가볍게 바닥으로 떨어졌다. 단정한 필획의 낯익은 글씨가 적혀 있었다.

슬퍼하는 자는 복이 있나니
슬퍼하는 자는 복이 있나니
슬퍼하는 자는 복이 있나니
슬퍼하는 자는 복이 있나니
슬퍼하는 자는 복이 있나니
슬퍼하는 자는 복이 있나니
슬퍼하는 자는 복이 있나니
슬퍼하는 자는 복이 있나니

저희가 영원히 슬플 것이오.

〈마태복음〉 5장 3절과 쌍둥이처럼 닮았지만 전혀 다른 시였다. 슬퍼하는 자는 복이 있다는 구절을 여덟 번이나 반복함으로써 그는 혹독한 현실을 받아들이며 미래에 대한 기대를 고조시켰다. 하지만 여덟 번이나 반복되며 최고조에 다다랐던 기대는 마지막 한 줄에서 한순간에 뒤집혀버렸다. 그것은 힘겨운 현실에 지친 그의 체념이었을까?

나는 고개를 가로저었다. 그는 슬퍼하는 자에게 어설픈 위로를 건네는 대신 혹독한 시련이 하루아침에 사라지지 않는다는 냉엄한 현실을 직시했던 것이다. 그것은 고통이 계속되고 현실이 더 참담해진다 해도 그것을 자신의 것으로 껴안고 이겨내겠다는 결기였다.

그 시는 나를 일으켰고 나의 등을 떠밀었다. 나는 악의적인 현실에 무릎 꿇지 말아야 했다. 일어서서 맞서야 했다. 그가 그랬던 것처럼.

파란 소인이 찍힌 엽서들은 제비 떼처럼 날아오고 날아갔다. 그것들은 날개가 없이도 형무소 담과 산을 넘고 바다를 건넜다. 나는 매일 습관처럼 우편수발실로 향했고 우편낭에 몇 통의 엽서를 담아 검열실로 돌아왔다. 가끔은 두툼한 소포 뭉치도 있었다.

그 우편물이 도착한 것은 5월이 거의 끝나가는 초여름이었다. 수신인이 하세가와 히가시 소장으로 명기된 편지였다. 간혹 경찰국이나 내무성 등 상부 기관에서 발송하는 공문을 제외하면 소장에게 오는 사적인 우편물은 드물었다. 스기야마가 이 같은 우편물을 어떻게 처리했는지 참고하기 위해 나는 문서 수발 장부를 뒤졌다. 역시 소장 명의의 사적 서신은 없었다.

불빛에 비추어보니 거무튀튀한 봉투 위쪽의 낯선 우표에 찍힌 투박한 소인이 눈에 띄었다. 만주 출신 죄수들에게 오는 편지에서 볼 수 있는 우표와 소인이었다. 하지만 소장은 만주에서 근무한 적이 없었다. 만약 관동군 중에 지인이 있다면 일반 우편보다 싸고 빠른 군사우편을 택했을 것이다. 그렇다면 누가 소장에게 편지를 보낸 것일까?

문제의 편지에는 발송자 주소가 적혀 있지 않았다. 발송자명은 "泊光 壽太郎"로 되어 있었다. 하쿠아키 주타로? 하쿠테루 주타로? 하쿠미츠 주타로? 어느 쪽이든 흔한 성은 아니었다. 어쩌면 그것은 실제로 존재하지 않는 성인지도 몰랐다.

그러던 어느 순간 다섯 자의 글자들이 나의 머릿속에서 새로운 방식으로 정렬하고 있었다. "泊"이란 글자는 "三"과 "白"이란 두 글자로 해체되었다. 희다는 뜻을 가진 "白" 자를 같은 발음의 "百" 자로 읽으면 그것이 300이라는 숫자를 뜻하는지도 몰랐다. 그렇다면 이어지는 "光" 자도 숫자로 읽는 것이 옳지 않을까? '아키'나 '테루'는 밝다(明)는 의미를 나타내지만 '미츠'는 3을 뜻하니까. 그렇다면 하쿠미츠? '주'라고 읽었던 "壽" 자는 "十" 이라는 숫자로 치환될 수 있다. 글자들이 다시 내 눈앞에 모습을 드러냈다. '三百三十'! 삼백삼십?

나는 점점 커진 두 눈으로 마지막 글자를 바라보았다. 최치수의 목소리가 떠올랐다. 처음 심문실로 불려 온 그가 창씨명을 묻는 내게 '일본 이름이 필요하면 이치로〔一郎〕라 부르라'고 퉁명스럽게 말했던 적이 있었다. 타로〔太郎〕는 이치로와 같이 일반적으로 한 집안의 큰아들을 말하는 또 다른 이름이었다. 글자들은 마침내 숨긴 뜻을 드러냈다. 三百三十一.

나는 그 숫자를 기억한다. 후쿠오카형무소 331번 죄수는 최치수였다. 그의 사형은 이미 집행되었다. 그렇다면 죽은 자가 편지를 보내온 것일까?

나의 머릿속에서 개봉 이후의 일들에 대한 불안감과 그럼에도 보고 싶다는 욕망이 서로 싸웠다. 그러나 나의 손은 생각할 틈도 없이 봉투를 뜯고 있었다. 소장은 자신의 우편물을 임의로 뜯어본 나를 용서하지 않을지도 몰랐다. 봉투를 뜯지 말았어야 하는 걸까? 아무도 못 알아보게 다시 붙여놓을 수는 없을까?

나는 마음을 다잡았다. 소장의 편지를 훔쳐본 것이 아니라 수신 우편을 검열한 것뿐이라고. 나는 검열관이고 내게는 형무소 담을 넘는 모든 우편물을 검열해야 할 책임과 권한이 있다고. 소장의 편지라고 예외일 수는 없다고.

벌어진 봉투 사이로 거무칙칙한 종이가 보였다. 내가 매일 쓰고, 읽고 태우는 심문조서 이면지였다. 이 폐쇄된 형무소의 심문조서 용지가 어떻게 만주에서 온 편지에 들어 있을까? 알아서는 안 될 것을 알아버린 두려움이 밀려왔다. 나는 조심스럽게 이면지를 펼쳤다.

하세가와 소장,

진작 소식을 전해야 했는데 그러지 못해서 미안하네. 너무 오랜만에 간도로 돌아온 탓에 해결할 일이 밀려 있었으니 이해하게. 눈이 빠지게 내 소식을 기다릴 자네에겐 안됐지만 이곳에서의 일을 마무리하는 것이 먼저였네.

나는 이곳에서 460명의 독립군 연대를 지휘하고 있네. 7일 전에는 관동군 3개 연대를 박살냈지. 주력 부대의 숨통을 끊어놓았으니 간도 주둔 관동군은 맥을 쓰지 못할 걸세.

생각해보면 자네가 모든 걸 걸고 나를 돕지 않았다면 나는 후쿠오카형무소를 빠져나올 수 없었을 걸세. 이곳에서 편지를 쓰는 것도 자네 덕이니 안부라도 전하는 것이 도리겠지.

먼저 자네가 눈이 빠지게 기다릴 소식 하나! 자네가 내게 달아 보낸 세 사내의 죽음에 대해 애도를 표하네. 그자들은 자네가 생각하는 만큼 기민하지도 영리하지도 강하지도 못했어. 블라디보스토크를 거쳐 간도로 오는 동안 나를 잘 경호하긴 했지. 알겠지만 간도는 내게 유리한 바닥이네. 평생 좁은 담벼락 안에 갇혀 살던 놈들이 거친 간도 땅에서 내 적수가 될 거라고 생각했다면 오산이지. 자네와의 오랜 정과 도리를 생각해 놈들의 시체는 묻어주었다네. 늑대와 오소리에게 뜯겨 먹히지 않도록 말이네.

자네가 더 눈이 빠지게 궁금해할 소식 하나 더! 안됐지만 자네가 그토록 원하는 금괴는 얻을 수 없게 되었네. 자네는 금괴를 위해 나를 빼돌렸고, 세 명의 밀정들까지 딸려 나를 쫓았지만 헛수고였어. 그렇다고 내가 금괴를 가진 건 아니네. 금괴는 처음부터 존재하지 않았으니까. 그렇다고 내가 자네를 속였다고는 생각하지 말게. 나만 아는 간도의 모처에 엄청난 양의 보석이 묻혀 있다는 말은 진실이었네. 지긋지긋한 형무소에서 벗어나는 것은 아무리 귀한 보석으로도 살 수 없는 값진 자유니까. 하지만 탐욕에 사로잡힌 자들은 엄청난 보석을 독립군들이 관동군에게 탈취한 금괴라고 편한 대로 받아들이더군. 자네도 마찬가지였지. 자네는 알지 못할 곳에 숨겨진 엄청난 금괴를 찾기 위해 나를 탈출시켰어. 결국 나는 보물을 찾았지만 자네는 그렇지 못했네. 히라누마 도주, 윤동주라는 자는 그걸 은유라고 하더군. 하나의 문장이 숨기고 있는 또 다른 진실 말이야.

부탁이 있네. 간수병 유이치에게 내가 지키지 못한 약속을 대신 지켜주었으면 하네. 그 녀석에게 스기야마 도잔의 삶과 죽음에 대한 진실을 얘기해주기로 약속했지만 미처 얘기를 끝내지 못했거든. 지금쯤이면 녀석도 그 형무소 안에서 무슨 일이 일어나고 있는지 파악했겠지만 자네와 나에 얽힌 이야기까지는 알지 못하겠지. 그 녀석에게 내 얘기를 대신해주게. 자네가 말하지 않아도 집요하게 달려들어 모든 것을 알아낼 녀석이지만…….

한 가지 부탁을 더 해야겠군. 경고라고 해도 좋을 거야. 나를 내보내면서 자네가 인질로 잡고 있는 형무소의 조선인들에게 무슨 일이 생기지 않기를 바라네. 만약 그들에게 무슨 일이 생긴다면 나는 내무성으로 이 편지를 보낼 걸세. 나에겐 이런 이면지가 넉넉하게 남아 있다네. 고등계 형사들이 형무소로 우르르 몰려오는 것을 보고 싶지는 않겠지?

그동안 먹여주고 입혀주고 재워준 것 고맙게 생각하네.

331번으로부터

봉투 안의 종이는 내가 조서철에서 찢어 그에게 주었던 조서 용지의 이면지였다. 독방에 갇힌 최치수를 심문했을 때 사형수였던 그는 유서를 쓸 종이 몇 장을 달라고 말했다. 조서철을 묶은 끈에서 찢겨 나간 자국도 분명했다. 편지의 내용 중에도 그가 최치수임을 암시하는 증거들이 눈에 띄었다. "간도" "독립군"이라는 말은 그와 잘 어울리는 말이었다. 마지막 부분의 나에 대한 언급은 그가 최치수임을 더욱 분명히 말해주었다. 스기야마 도잔에 대한 진실을 말하기로 했던 약속은 그가 아니면 알 수 없는 비밀이었다.

도대체 어떻게 된 일일까? 그는 분명 교수형이 집행되어 죽었는데 편지는 그가 살아 있음을 증명하고 있었다. 게다가 그는 자신의 편지를 내가 읽을 것까지 알고 있는 것 같았다. 발송자명을 자신의 죄수 번호로 쓴 것, 조서 용지에 편지를 쓴 것과 마지막 문구에 나를 언급한 것이 그 증거였다. 소장에게 보내는 편지 구석구석에 나에게 보내는 증거들을 숨겨둔 것이었다. 그는 한 통의 편지로 나와의 두 가지 약속을 지킨 셈이었다. 종이 한 장 값을 치르겠다는 약속과 스기야마의 죽음에 대한 진실을 말해주겠다는 약속을.

나는 그 이야기를 들어야 했다. 이야기를 들려주어야 할 사람은 소장이었다. 그러나 그는 이 좁은 형무소의 먹이사슬 최상층에 있는 강자였다. 그를 대적하기에 나는 너무 어리고 세상을 몰랐다. 할 수만 있다면 그만두고 싶었다.

방법은 간단했다. 편지를 불태워버리면 그만이었다. 전쟁 통의 만주에선 우편물이 중간에서 분실되는 경우도 허다하니까. 게다가 최치수가 이런 편지를 보내리라고는 소장 자신도 생각지 못할 것이다.

편지지는 내 손끝에서 결정을 기다리고 있었다. 불태울 것인가? 아니면 소장에게 전달할 것인가? 마침내 나는 책상 위의 검열 도장을 내리쳤다.

검열필.

편지는 소장에게 전달될 것이고 그는 내가 편지를 읽었다는 사실을 알게 될 것이다. 그다음에 무슨 일이 벌어질지는 알 수 없었다. 나는 읽지 말아야 할 것을 읽었고, 하지 말아야 할 일을 했는지도 모른다.

그렇다고 돌아갈 길은 없었다.

미친개들의
　　　나날

　내가 소장실로 들어선 한참 후에도 소장은 조간신문에서 눈을 떼지 않았다. 소장의 어깨 너머로 굵은 활자가 눈에 들어왔다. 「국민학교에서 대학까지 모두 예비군사학교」 「육군성, 조기 징집에 관한 병역법 개정」.
　입대 연령은 점점 낮아져 15세까지 내려갔다. 여기저기서 '본토 항전'이란 말이 들려왔다. 전쟁이 궁지로 몰리는 것이 분명했다. 소장은 곳곳의 승전보와 승리가 가까웠다는 선동적 기사에 매달렸다. 소장은 굵은 활자들을 한 자 한 자 씹어 먹듯 읽고는 신문을 접어 탁자 위에 내려놓았다.
　"자네가 검열한 만주발 우편물은 잘 받았네."
　그는 먹이를 앞에 두고 어르는 사자의 위엄을 보였다. 나는 가냘픈 영양처럼 우물쭈물했다.
　"형무소의 모든 우편물은 검열을 득해야 한다는 규칙을 따랐습니다."
　내 목소리는 변명처럼 들렸다. 어떠한 원칙도 예외는 있는 법이고 소장의 우편물은 예외여야 했다. 소장의 편지지에 찍힌 검열필 도장은 무언가를 각오하지 않으면 할 수 없는 행위였다. 그것은 소장에 대한 선전포고였다. 소장은 애써 평정을 유지한 채 말했다.

"나무라려는 건 아니야. 자넨 일절 예외를 인정하지 않고 검열 업무에 충실했으니까."

그는 나를 회유하는 것일까? 소장은 파이프에 가루담배를 재었다. 어떻게 말을 이어가야 할지 생각하는 것 같았다. 그는 파이프에 잰 가루담배를 엄지로 꾹꾹 다지며 말했다.

"편지 내용과 관련해서 자네가 알아야 할 내용이 있어 불렀네."

소장은 무언가를 숨기거나, 피하려 하지 않았다. 그의 눈은 해명하고, 설득하고, 회유하겠다는 의지로 번득였다. 나는 가능하면 그에게 회유당하고 싶었다. 어떻게든 그가 나를 설득해주기를 원했다.

"저 또한 알고 싶은 점이 있습니다."

소장은 다져 넣은 담배에 불을 붙였다. 몇 번 공기를 빨아들이자 연기가 피어올랐다.

"무엇을 알고 싶지?"

"무엇을 알고 싶은지, 제가 어디까지 알고 어디서부터 모르는지도 알 수 없습니다. 다만 이 형무소에서 일어나서는 안 될 일이 일어나고 있다는 건 분명히 알고 있습니다."

소장의 얼굴이 굳었다. 섬뜩한 한기가 돌았다.

"일어나서는 안 될 일이란 없어. 일어날 수 있는 일이 일어나는 것뿐이야. 특히 지금 같은 전쟁 통에는. 자네가 말하는 일어나서는 안 되는 일이란 게 뭐지?"

"의무동에서는 멀쩡한 조선인들을 대상으로 생체 실험을 하고 있습니다. 그들은……."

"그러니까 자네가 알고 싶은 게 뭐냐고!"

소장은 날카로운 목소리로 내 말을 잘랐다. 나는 그의 질문에 대답해야 했다. 나는 대답 대신 질문을 던졌다.
"최치수가 정말 살아 있습니까?"
소장의 눈썹이 꿈틀거렸다. 그는 들고 있던 파이프를 깊이 빨았다. 흰 연기를 내뱉으며 그는 고개를 끄덕였다. 수십 가지의 질문이 내 머릿속에서 불똥을 튀기며 부딪쳤다.
"그가 왜 살아 있습니까?"
소장은 피어오르는 연기를 물끄러미 바라보았다. 마침내 그는 꺼져가는 담뱃불을 재떨이에 탕탕 털었다. 두어 번 빈 파이프를 빨고 나서 그가 입을 열었다.
"제국을 위해서였어. 제국을 위해 난 그를 죽이지 못했지."

*

소장은 부임 첫날부터 사무실의 흰 커튼 뒤에서 최치수를 주시했다. 천황에게 폭탄을 던진 자라는 소문에도 최치수는 본색을 드러내지 않았다. 그는 말을 잊어버린 듯 입을 닫고 우리에 갇힌 야수처럼 형무소 뜰을 서성거렸다. 소장은 그가 비록 형무소의 철창 속에 갇혀 있지만 그의 머릿속은 위험한 생각들로 가득하다는 것을 알아차렸다. 아무 말이 없어도, 햇볕을 쬐기만 해도 그의 몸에서는 음모의 냄새가 났다.
소장은 그 음모의 실체를 알고 싶었다. 그는 죄수들 사이에 박아둔 밀정을 심문실로 불러들였다. 죄수들 사이에 소문을 전하는 파발꾼이자, 그들의 밀거래를 주관하는 거간꾼이었고, 그것을 눈감아주는 대가로 이윤의 절반을 정기적으로 상납하는 밀매꾼이기도 한 김만교였다. 소장은 그에게 최치수를 감시하고 그의 일거수일투족을 보고하라는 새 임무를 주었다.

다음 날, 최치수는 김만교의 감방으로 이감되었다. 장사꾼 특유의 넉살과 붙임성으로 목표에 접근한 그는 놀라운 수완으로 최치수를 자신의 사람으로 만들었다. 그는 최치수에게 물품을 상납하기도 하고 간수들에게 흘려들은 정보를 제공하기도 하며 신임을 얻었다. 죄수들의 우두머리인 최치수의 측근이라는 위치는 그의 장사에 날개를 달아주었다.

언젠가부터 죄수들 사이에 최치수가 간도의 한 골짜기에 엄청난 양의 금괴를 숨겨두었다는 은밀한 소문이 돌기 시작했다. 일본으로 오기 전 꽤 큰 규모의 독립군 부대를 이끌었던 최치수가 관동군 연대를 습격했는데 그 부대가 간도 지역 관동군 군자금과 물자를 관할하던 보급대였다는 것이었다. 기습으로 보급대를 궤멸시킨 최치수는 군자금으로 쓰던 대량의 금괴를 탈취해 자신만 아는 비밀 장소에 숨기고 일본으로 숨어들었다. 그러나 천황 폭살 거사 실패로 형무소에 갇히는 신세가 됐고 주인을 잃은 금괴는 땅속에서 썩고 있다는 것이었다.

김만교가 눈을 반짝이며 그 이야기를 했을 때 소장은 너털웃음을 지었다. 볼품없는 마적단에게 관동군 보급대가 당했다는 말은 물론, 최치수란 자가 엄청난 금괴를 묻어두고 죽을 짓을 했다는 사실도 믿을 수 없었다.

그 후 몇 차례 독방을 오가던 최치수가 간수를 밀치고 담으로 무작정 달리다 잡히자 소장은 직접 심문실로 내려갔다. 소장은 고문에 떡이 되어 있는 그의 찢어진 눈을 보며 말했다.

"최 장군이라 했나? 왜 도망가려고 했지?"

"탈출은 포로가 된 군인의 제일 임무야."

소장은 들고 있던 지휘봉으로 최치수의 뺨을 후려쳤다.

"넌 군인도 포로도 아니야. 파렴치한 흉악범일 뿐이지. 넌 탈출을 한 게 아니라 죽으려고 약을 쓴 거야."

"상관없어. 죽어서라도 이곳을 나갈 수 있다면 난 그렇게 할 거야."

"겁이 없군. 무엇을 위해 그렇게 무모한 짓을 하려는 거지?"

"이곳에서 나가 반드시 할 일이 있거든."

최치수의 말이 소장의 뒤통수를 후려쳤다. 왜 그때 흘려 넘겼던 소문이 갑자기 떠올랐을까? 허황된 소문은 헛소문이 아닐 수도 있었다. 최치수가 숨겨놓은 금괴가 실제로 있다면 그것은 탈취당한 제국의 군자금일 것이고 당연히 다시 찾아야 했다. 그것은 훈장감이었다.

소장은 관자놀이가 찌릿했다. 그는 절대 조급해서는 안 된다고 스스로에게 다짐했다. 천천히 시간을 두고 확신이 생길 때까지 기다려야 했다. 한참 후에야 소장은 콧수염을 꼬며 말했다.

"탈출 기도는 현장 사살이지만 이번엔 독방행 보름으로 넘어가지. 또다시 섣부른 짓을 했다간 온몸이 벌집이 될 줄 알아. 물론 독방에서 살아 나왔을 때의 이야기겠지만……"

보름 후 독방을 나온 최치수는 다시 어설픈 탈출을 시도했다. 담장을 따라 파인 배수로에 엎드려 있다가 순찰 간수에게 적발된 것이었다. 소장은 다시 직접 최치수를 심문했다. 탈출 계획과 실행 과정은 달랐지만 목적은 다르지 않았다. 이곳에서 나가서 반드시 해야 할 일이 있다는 것이었다. 소장은 그 일이 무엇인지를 묻지 않았다. 묻는다고 해도 대답할 리가 없었다.

소장은 그를 총살하는 대신 다시 독방으로 보냈다. 살아 나온 최치수는 다시 담을 넘으려 했다. 이번에도 그를 기다리는 것은 독방이었다. 소장은 최치수와 끝없는 숨바꼭질을 계속했다. 어설픈 탈출 시도와 심문, 독방행 그리고 또 탈출 시도.

노역장에서 만든 벽돌 틈에 숨어 빠져나가려던 네 번째 탈출 기도 역시 실패였다. 소장은 트럭을 세우고 모든 벽돌을 부리게 했다. 벽돌 더미 사이에서 먼지투성이가 된 그가 굴러떨어졌다. 그는 후다닥 일어나 문 쪽으로 달렸다. 초소의 기관총이 그의 등을 겨누었다. 사수는 소장의 손끝을 주시했다. 소장은 끝내 사격 명령을 내리지 않았다. 대신 간수들에게 눈짓을 했다. 간수들이 일제히 몽둥이를 뽑아 들고 최치수에게 달려들었다.

심문실로 끌려온 최치수는 초주검이 되어 있었다. 소장은 걸레처럼 구겨진 그를 들여다보았다. 죽을 것을 뻔히 알면서 몇 번씩이나 어설픈 탈출을 시도한 그의 속셈을 이해할 수 없었다. 소장은 주위를 휙 돌아보고 아무도 없는 것을 확인한 후 입을 열었다.

"네가 목숨을 걸고 탈출하려는 이유는 포로의 임무여서도, 망해버린 네 나라의 독립을 위해서도 아니야."

"그럼 무엇 때문이지?"

"돈 때문이야. 네가 간도의 어느 빌어먹을 곳에 숨겨둔 엄청난 양의 금괴 말이야."

최치수는 부은 눈두덩을 찡그리며 겨우 말했다.

"무슨 얼토당토않은 소리를 하고 있나?"

"육군성 자료를 살펴보았어. 1930년대 중반, 간도 지역에 출몰하던 반일 잔당에 대한 기록이 있더군. 1936년엔 조선 독립 분자들과 러시아 혁명 분자들이 관동군 보급대를 공격했다는 기록도 있었어. 결국 격퇴했지만 적지 않은 인적, 물적 손실을 입었더군."

"금괴 탈취에 대한 기록이 있었다는 건가?"

심문은 소장이 아닌 최치수가 하고 있었다. 소장은 고개를 가로저었다.

"전쟁 중인 군대가 피해 규모를 곧이곧대로 드러낼 리는 없지. 대규모 군자금을 탈취당했다면 부대 책임자뿐 아니라 여남은 명은 총살을 피할 수 없을 테니까. 피해 규모는 되도록 축소하고 승전했을 때는 뻥튀기를 해서라도 대대적으로 전파하는 게 선전전의 기본이지."

"왜 금괴를 탈취당했을 거라고 생각하지?"

"그해 육군성에서 관동군 쪽으로 8000명의 병력이 증파되었어. 연대급 보급 병력과 700명의 경계 병력과 300여 명의 정찰 병력이었지. 간도 지역의 조선 독립 분자들과 러시아 혁명 분자를 일망타진하라는 명령서가 열여섯 차례나 하달되었어. 그전에도 후에도 없던 일이야. 그건 그 시기를 전후해 엄청난 손실을 입었다는 얘기지. 궤멸된 보급대를 보강해 재건하고 경계를 강화한 후 반일 분자들을 수색하는 작전을 벌인 거야."

"경과는 어떻게 되었지?"

"절반의 성공이었지. 간도 곳곳에서 소규모 무장 반일 분자들을 때려잡았는데 그 수가 2000명이 넘었어."

"절반의 실패는 뭐지?"

소장은 의미심장한 미소를 흘리며 대답했다.

"탈취당한 군자금을 찾은 기록이 없었어. 만약 금괴를 찾았다면 반일 분자들의 엄청난 군자금을 획득했다는 기록이 있었을 텐데 말이야. 말했지만 승리에 대한 기록은 많으면 많을수록 좋거든."

"그럼 그 금괴가 어디에 있다는 말이지?"

"그건 내가 아니라 네가 알고 있을 텐데……."

소장의 입가에 웃음이 흘렀다. 그것은 거래를 제안하는 자의 웃음이었다. 그는 최치수의 입술에 힘이 들어가는 것을 확인한 후 말을 이었다.

"죄수들 사이에 떠돌던 소문은 헛소문이 아니었어. 네가 죽음을 무릅쓰고 이곳을 나가려는 건 숨겨둔 금괴를 되찾기 위해서였지. 관동군 보급대를 기습한 건 네놈이었으니까."

소장은 군복의 맨 위 단추를 끌렀다. 심문이 아닌 거래가 시작되고 있었다. 금괴를 숨긴 장소를 아는 사람은 최치수가 유일했다. 숨겨놓은 금괴를 찾으려면 최치수가 형무소를 나가야 했고, 그러려면 소장은 그가 이 형무소를 벗어나는 것을 눈감아야 했다. 소장은 최치수의 감시자가 아니라 공모자가 되기로 결심했다. 그렇게 해서라도 잃어버린 제국의 군자금을 찾고 싶었다.

소장이 제안한 거래는 간단했다. 형무소 탈출을 용인하는 조건으로 간도의 금괴를 반으로 나누는 것이었다. 최치수의 꼬리에 무장한 간수 몇을 딸려 보내면 놈은 손아귀를 벗어날 수 없으리라 생각했다. 금괴를 찾는 순간 놈을 처치하면 제국의 군자금을 고스란히 회수할 수 있을 것이었다.

이제 그럴듯한 탈옥 계획이 필요했다. 심문실에서 머리를 맞댄 그들이 찾아낸 방식은 독방에서 지하 터널을 파는 것이었다. 최치수는 패거리들과 담 밖으로 터널을 파고 소장은 눈을 감음으로써 거래가 성립되는 것이다. 터널이 완성되고 최치수가 탈출하는 날 무장 간수들이 그를 호송해 간도로 가서 군자금을 회수해 오는 작전이었다. 1~2개월이 아니라 몇 년이 걸릴 수도 있지만 시간이 걸리더라도 완벽하게 처리해야 했다.

최치수는 끊임없이 독방을 드나들었고 작업을 도울 패거리도 늘려갔다. 독방은 비는 날이 없었고 터널은 조금씩 나아갔다. 문제가 발생한 것은 터널이 형무소 담까지 15미터도 남지 않은 즈음이었다. 최치수의 언행을 주시하던 스기야마가 냄새를 맡은 것이었다. 소장실로 달려와 최치수의 탈출 계획과 지하의 탈출 통로에 대해 보고하는 스기야마의 눈은 불을 뿜었다. 소장은 아무것도 모르고 날뛰는 간수를 진정시켜야 했다.

"스기야마! 자네가 보고한 사항은 나도 알고 있어. 자네 노고는 장하지만 이건 호들갑 떨 일이 아니라 치밀한 작전이야. 그러니 이 일에 대해 모르는 것으로 해둬!"

스기야마는 최치수를 미끼로 추진되는 고도의 작전을 이해할 수 있는 자가 아니었다. 그는 단지 자신이 감시하는 죄수의 탈옥을 막아야 한다는 생각뿐이었다. 소장실에서 나온 그는 곧 최치수를 심문실로 잡아들여 탈옥을 포기하라는 경고를 했다. 방법은 간단했다. 터널을 원래대로 메우면 아무 일도 없던 것처럼 지나가겠다는 것이었다.

그것은 지하 터널에 대해 함구하라는 소장의 명령과 최치수의 탈옥을 막아야 하는 임무 사이에서 선택한 어정쩡한 타협이자 자신의 눈앞에서 탈출을 시도한 자에 대한 징벌이었다. 최치수는 매일 지하 터널을 점검하는 스기야마의 경고를 무시하지 못했다.

답답해진 쪽은 소장이었다. 그의 큰 그림이 안하무인의 간수에 의해 망가지고 있었다. 최치수의 결사적인 탈출 시도 또한 수포로 돌아갈 처지였다.

스기야마가 죽은 것은 그 무렵이었다.

*

"스기야마를 죽인 건 누구의 짓입니까?"

나는 건조한 목소리로 물었다.

"자네 수사 결과대로 최치수였어. 하지만 놈이 아니라 해도 상관없지. 스기야마의 죽음은 교착 상태에 빠졌던 계획에 활로를 열어주었으니까."

소장이 감정 없는 목소리로 내뱉었다. 나는 고개를 가로저었다.

"부하의 죽음을 작전에 이용했다고요?"

"그 정도로 중요한 작전이었어. 어차피 죽은 사람은 죽은 사람이야. 죽음으로 제국에 기여할 수 있다면 스기야마도 기뻐했을 거야."

"도대체 어떻게 그럴 수가 있단 말입니까?"

"터널 작업을 계속하기엔 늦었고 전황도 기울고 있었어. 머뭇거릴 틈이 없었지. 우린 계획을 바꾸어야 했어. 터널 작전을 방해한 스기야마의 죽음을 이용할 방법을 생각한 거야. 이 형무소를 나가는 가장 확실한 방법은 죽음이었어. 최치수의 형을 집행하고 그의 시체를 가족이 인수해 간 것으로 하면 간단하게 형무소에서 빼낼 수 있었지. 그러려면 최치수가 스기야마를 죽인 살인범이어야 했어."

나의 턱은 분노와 억울함으로 덜덜 떨렸다.

"제게 스기야마 살인 사건을 맡긴 것도, 사건을 해결한 공으로 1계급 특진을 시킨 것도 최치수를 살인자로 만들기 위한 작전이었습니까?"

소장은 겸연쩍은 표정으로 콧수염을 꼬며 말했다.

"자넨 사건을 맡기기에 알맞은 인물이었지. 적당히 순진하고, 적당히 맹목적이었으니까. 어쨌든 자넨 자네 위치에서 최선을 다했어. 살인범을 찾아냈고 결국 작전에 공헌을 한 셈이니 말이야. 자네에겐 안됐지만 진행 중인 작전의 전모를 말단 병사에게까지 알릴 순 없었어."

나는 최치수가 첫 심문에서 왜 그렇게 순순히 모든 것을 털어놓았는지 알았다. 그 또한 살인자가 되어야 이 형무소를 벗어날 수 있는 공모자였던 것이다. 나는 그들의 음험한 공모에 이용된 꼭두각시일 뿐이었다. 진실을 찾기 위해 잠을 설쳤던 수많은 밤과 양심의 가책에 시달리던 시간도 의미 없는 꼭두각시극에 불과했다. 나는 최치수의 사형이 집행되는 것도, 그가 실제로 사형 당한 것이 아니라 서류상으로만 죽은 것도, 그의 시체를 담은 관이 특급 간수 세 명에 의해 형무소 밖으로 빼돌려진 것도 몰랐다. 소장이 말했다.

"다시 말하지만 자넨 임무를 잘해냈어. 자네의 임무는 완벽하게 속는 것이었으니까."

소장은 부드러운 목소리로 나를 달랬다. 나는 소리쳤다.

"그건 임무 수행이 아니라 꼭두각시 노릇에 불과했습니다."

"자네 말이 맞을지도 몰라. 하지만 꼭두각시도 있어야 하는 거야. 그래야 최치수를 완벽하게 빼돌리고 제국의 금괴를 되찾을 수 있었으니까."

소장이 변명처럼 말했다. 나는 목구멍으로 치미는 울분을 뱉어냈다.

"작전은 실패했습니다. 최치수의 뒤를 쫓던 세 명의 간수들은 모두 죽었고, 금괴는 원래 있지도 않았으니까요."

"그럴 리가 없어. 난 모든 자료를 확인했어. 놈이 보급대를 습격한 것도,

보급대에서 엄청난 양의 금괴를 탈취당한 것도 틀림없는 사실이야. 우리가 방심한 틈에 놈이 금괴를 독식한 거야. 고등계 출신의 간수가 당했으니 놈의 뒤를 쫓을 특무 간수를 다시 파견해야 해. 금괴를 다시 찾아야 한다고! 아니면 내가 직접 놈의 뒤를 쫓아 나설 거야."

소장의 얼굴이 붉게 달아올랐다.

"그만두세요. 소장님은 속았습니다. 왠지 아세요? 소장님은 군자금이 아니라 금괴가 탐이 났을 뿐이에요. 군자금을 회수하려 했다면 육군성이나 고등경찰에 보고해야 했지만 소장님은 작전이라는 이름으로 모든 일을 비밀리에 진행했습니다. 금괴에 대한 욕심이 아니었다면 최치수의 속임수를 알아차릴 수 있었을 겁니다."

"무슨 속임수 말인가?"

"최치수가 말도 안 되는 엉성한 첫 탈출을 시도한 것은 소장님의 직접 심문을 받으려는 의도였습니다. 만주의 비밀 금괴에 대한 소문을 미리 퍼뜨린 후 목숨을 걸고 탈출을 시도한 거죠. 어차피 성공할 수 없는 탈출이었지만 총살 대신 내려진 독방 처분을 보고 그는 확신했습니다. 자신이 퍼뜨린 헛소문이 소장님에게 먹힌다는 것을요. 금괴의 위치를 아는 유일한 인물을 소장님이 결코 죽이지 못할 거라고 확인한 그는 반복해서 탈출을 시도했습니다. 죽음을 무릅쓰고 계속 탈출을 시도함으로써 나가서 해야 할 중요한 일이 있음을 증명한 거죠. 천천히 반복적으로 소장님이 그렇게 믿도록 한 겁니다."

"그럴 리가 없어."

"소장님은 절대 속지 않겠다고 생각했지만 마음속에선 속을 준비가 되어 있었던 겁니다. 금괴에 대한 욕심 때문에 그의 말을 믿고 싶어진 거죠. 간도의 어느 황무지에 엄청난 양의 금괴가 있기를 원했고, 그 장소를 최치수가 알고 있기를 원했던 겁니다."

"내게 욕심이 있었다면 빼앗긴 군자금을 회수하려는 충정뿐이었어."

소장은 두 눈을 부라리며 지휘봉으로 책상 위를 내리쳤다. 나는 채찍을 맞은 것처럼 그 자리에 얼어붙었다. 나는 너무 많은 말을 한 것이다. 적어도 이 형무소의 담장 안에서 소장은 최상위 포식자였으며 나는 하찮은 먹잇감에 불과했다.

나는 선택해야 했다. 소장의 말을 받아들이면 나에겐 아무 일도 없을 것이다. 지금까지 이 형무소에서 일어났지만 아무도 모르는 일들처럼. 그렇지 않으면 나는 스기야마처럼 되고 말 것이다. 나는 숨을 고르며 물었다.

"스기야마를 죽인 것도 소장님 계획의 일부였습니까? 최치수를 살인자로 만들 희생자가 필요했던 거냐고요?"

소장은 고개를 가로저었다.

"스기야마는 작전을 위한 희생자가 아니었어. 작전을 망가뜨리는 방해자였지. 놈이 최치수의 땅굴을 발견하지 않았다면 아무 일도 없었을 거야. 발견했더라도 나의 지시를 따르기만 했다면 무사했겠지. 하지만 놈은 그렇게 하지 않았지."

"그래서 최치수를 살인자로 만들어 사형시킨 후 관에 넣어 형무소 밖으로 빼내기로 했군요. 동시에 명령에 불복하고 작전을 망친 스기야마를 제거할 수도 있었고요."

"스기야마는 명령에 불복한 것뿐만 아니라 반역을 저질렀어. 터널을 본관동 지하로 연결해 불온한 책들을 만들고 보관했으니까. 그것 말고도 놈은 심문을 이유로 의무 조치 대상자들에게 의도적으로 출혈을 동반하는 부상을 입혔지. 히라누마 도주의 경우에서 보듯이 말이야."

스기야마가 의무조치 대상자로 선정된 죄수들의 이마를 찢음으로써 그들을 보호했다는 나의 짐작은 사실이었다. 윤동주와 최치수의 상처 또한 스기야마가 의도적으로 입힌 것이었다. 그제야 나는 스기야마 도잔이 폭력 간수가 아니었다는 미도리의 말을 이해했다.
"그래서 스기야마를 죽였나요?"
소장은 고개를 가로저었다.
"스기야마의 죽음을 이용한 건 사실이지만 그를 죽인 건 아냐. 그는 명령 불복종자에다 반역자였지만 여전히 써먹을 데가 많은 전쟁 영웅이었으니까."
"그럼 누가 그를 죽였죠?"
소장은 대답 대신 나를 노려보았다. 어렴풋하던 진실의 조각들이 제자리를 찾기 시작했다. 빛나는 금테 안경을 쓰고 인자한 미소를 머금은 얼굴이 떠올랐다. 나를 보며 웃어주고 부드러운 목소리로 나를 달래주던 얼굴이.
나는 소리를 지르며 소장실을 뛰쳐나갔다.

원장실 문을 열고 들어섰을 때 그는 조용히 수화기를 내려놓고 있었다.
"유이치 군, 방금 소장 전화를 받았네. 내게 질의 사항이 있을 거라더군."
원장의 목소리는 부드러웠다. 난 벌겋게 달아오른 눈으로 그를 노려보았다.
"스기야마 도잔 피살 사건 조사에 협조해주셔야겠습니다."
"아직도 그 사건에 연연하는가? 그 일이라면 이미 범인이 밝혀지고 종결된 것으로 아는데……."
원장은 순진하다는 듯 나를 딱한 눈으로 바라보았다.
"범인은 밝혀졌지만 사건은 종결되지 않았어요. 왜냐면 범인은 살인자가 아니니까요. 스기야마를 죽인 자는 따로 있어요."
"누가 왜 그자를 죽였다는 거지? 그가 어디에 있다는 거야?"
원장은 살인자를 '그놈', 혹은 '그자'가 아니라 '그'라고 지칭했다. 나는 침착해야 했다. 나 자신의 고삐를 조이듯 길게 숨을 들이쉰 후 말을 이었다.
"그자는 의무동에 있어요."

"왜 그렇게 어이없는 생각을 하게 된 거지? 유이치 군?"
그는 우는 아이를 달래는 것처럼 부드럽게 목소리를 고쳤다. 내가 해야 할 일은 애써 침착하려는 원장의 속을 긁어놓는 것이었다.
"스기야마의 입을 꿰맨 실은 수술용 봉합사였습니다. 이 전쟁 통에 수술 바늘과 실을 쓴 걸 보면 살인자는 의료인이 분명하지만 실력 있는 의사는 아닌 듯했어요."
"그런 말을 하는 근거가 있나?"
"시체를 보았더니 봉합 실밥이 삐뚤삐뚤 엉망이더군요. 쥐새끼처럼 겁이 많아 손을 떨었는지 바늘로 엉뚱한 곳을 찔러 상처를 내놓기도 하고, 매듭도 제대로 짓지 못한 채 꽁무니를 뺐어요."
매듭이 없었던 것은 사실이었지만 나머지는 거짓말이었다. 바늘땀은 정확했고, 엉뚱한 바늘 자국도 없었다. 원장의 눈꼬리는 가늘게 떨렸다. 원장은 간신히 감정을 억누르며 미소를 지었다.
"의술에 대해 아무것도 모르면서 함부로 지껄이지 말게. 도대체 규슈제대 의료진이 말단 간수를 죽일 이유가 없지 않은가?"
그의 따뜻한 웃음이 나를 더욱 두렵게 했다. 나는 입 안의 침을 모아 꿀꺽 삼킨 후 말했다.
"의무동에서 무슨 일이 일어나는지 안 스기야마는 몽둥이로 죄수들을 패서 출혈을 일으켜 실험을 방해했어요. 그의 죄는 짐승들의 무리 속에서 인간의 마음을 지녔다는 것이었죠."
딱한 웃음을 짓던 원장이 안경을 추켜올렸다.
"자네 말은 부분적으로 맞지만 많은 부분에서 틀렸어. 난 살인을 한 게 아니라 반역자를 처단했을 뿐이니까. 스기야마는 제국을 위해 멸사봉공해야 할 간수이면서도 감정에 휘둘려 반역을 저질렀어. 몇 차례나 그를 불러 설득했지만 막무가내였어. 한때 그는 제국의 위대한 군인이었지만 타락한 변절자가 되고 말았지. 제거해야 할 암종 말이야."

살인을 자백하는 순간에도 원장의 얼굴에는 웃음기가 사라지지 않았다. 차라리 그가 악한 눈매와 잔혹한 표정을 지닌 자였다면, 그의 목소리가 부드럽고 다정하기보다 음침한 쇳소리였다면 나는 거리낌 없이 그자를 증오할 수 있었을 것이다. 그는 여전히 인자한 눈매로 말을 이었다.

"유이치, 암세포를 왜 제거해야 하는지 알아? 그건 하나의 암세포가 멀쩡한 다른 세포들까지 암세포로 만들기 때문이야. 스기야마가 자네를 그렇게 물들이지 않았기를 바라네. 반역의 사상에 물들기에는 자넨 너무 어리고 순결하니까 말이야."

"암 덩어리는 스기야마가 아니라 우리들이에요."

나는 소리쳤다. 원장은 울부짖는 나를 바라보며 말했다.

"어린 자네가 받아들이기 쉽진 않겠지만 일본은 지금 전쟁 중이야. 군인이라면 그 점을 똑똑히 받아들여야 해!"

"이 더러운 전쟁은 내가 일으킨 것이 아니에요. 전쟁을 벌인 자들은 오로지 자신들의 권력을 위해 수많은 사람을 죽였고, 장애인으로 만들었고, 고통에 빠뜨렸어요. 그들은 대가를 치르게 될 거예요. 반드시 처절하고 고통스럽게 대가를 치러야 해요!"

내가 뱉는 말들이 내 목을 조르는 올가미가 될 것을 알았지만 나는 멈출 수 없었다. 원장은 최대한 인자한 표정을 지어 보이며 나의 악다구니를 묵묵히 들었다.

"자넨 똑똑하고 장래가 촉망되는 젊은이야. 스기야마처럼 어리석고 맹목적인 자와는 다르지. 나는 그렇게 믿네."

내가 할 수 있는 것은 가쁜 숨을 몰아쉬는 것밖에 없었다. 나는 죽음을 두려워할 정도로 비겁하진 않았지만 죽음을 무릅쓸 만큼 용감하지도 못했다. 나는 최치수의 말처럼, 윤동주의 부탁처럼 살아남고 싶었다. 살아남는다고 무엇을 할 수 있을지는 몰랐지만 그래도 살아남고 싶었다.

원장의 얼굴에 차가운 미소가 떠올랐다. 그가 나를 바라보며 웃는다는 사실, 내가 그를 웃게 만들었다는 사실이 부끄러웠다. 그가 나를 믿지 않았으면 좋겠다고 나는 생각했다. 소장이 말했다.

"스기야마는 죽었어. 그것은 돌이킬 수 없는 사실이야. 우리가 지금 해야 할 일은 그의 죽음을 헛되이 하지 않는 거야. 그가 좋은 곳으로 가기를 기도하자고. 비록 생전에는 몹쓸 자였지만 그의 죽음이 값진 결과를 가져올 수 있도록 말이야."

나는 악마의 얼굴을 보았다. 웃고 있는 악마였다. 구토가 치밀어 올랐다. 니는 손으로 입을 가리며 벽으로 달려갔다. 원장이 부드러운 손길로 등을 쓸어주며 말했다.

"녀석, 배짱 센 척하더니 담이 약하군. 그게 자네가 살아갈 세상이야. 더럽고 구역질이 나지만 자넨 똑똑하니까 살길을 찾을 수 있을 거야. 그러려면 이곳에서 들은 말은 구역질과 함께 쏟아버려야 한다는 것도 알고 있겠지?"

나는 달아나듯 원장실을 뛰쳐나왔다. 나는 비밀을 말하고 싶었지만 말할 사람이 없었다. 말한다 해도 믿어줄 사람은 없을 것이다. 믿는다 해도 분노할 사람은 더더욱 없을 것이다. 설사 분노한다 해도 아무것도 하지 못할 것이다.

우리는 결국 아무것도 할 수 없는 무력한 인간에 지나지 않는 것일까?

또 한 줄의
참회록

7월이 되자 습한 바다 공기가 형무소 담을 넘어 들어왔다. 검열실 회벽에 검푸른 곰팡이가 피었다. 공습은 더 빈번했고 폭탄의 성능은 더 좋아졌다. 방공호는 깜깜한 무덤 속 같았다. 불을 켜지도 않은 채 나는 어둠을 응시했다. 어둠 속에서 얼굴들이 떠올랐다. 죽은 사람들과 살아남은 사람들. 나는 살아남은 사람들 중 한 명이었다. 살아남았다는 사실이 나는 부끄러웠다.

8월이 되자 더 습한 공기가 형무소 곳곳에 유령처럼 다가왔다. 검열실 벽의 푸른곰팡이는 짙은 회색으로 변해 기둥에까지 번졌다. 라디오에서 들리는 아나운서의 목소리는 점점 격앙되었다. 더 맹렬한 공습, 더 날카로운 비명, 더 많은 죽음, 더 처참한 도시……

나는 그때까지도 살아남았다. 살아남았다는 사실이 죄를 지은 것처럼 괴로웠다. 나는 진실에 눈을 감았다. 거짓에 굴복했고 악에 동조했다. 내 마음 속에 갇힌 진실은 밖으로 나오지 못하고 동굴처럼 텅 빈 나의 몸속을 떠 다녔다.

전쟁은 여전히 계속되었고 영원히 끝나지 않을 것 같았다.

8월 7일과 9일. 히로시마와 나가사키에 두 차례의 폭격이 있었다. 모든 것이 불탔고 모든 것이 무너졌고 모든 것이 사라졌다. 8월 15일, 전쟁은 끝났다. 나는 손가락을 꼽아 그가 없이 보낸 날들을 헤아렸다. 8월 14일, 13일, 12일……. 거꾸로 꼽아가던 손가락은 2월 16일에서 멈추었다. 정확히 하루가 모자라는 6개월. 종전을, 아니 독립을 겨우 6개월 앞두고 그는 죽었다. 그리고 나는 살아남았다.

전쟁이 끝난 사실을 반겨야 했을까? 살아남은 것을 기뻐해야 했을까? 아마도 그래야 했을 것이다. 하지만 나는 너무 지쳤고 기뻐할 기력조차 없었다.

그렇게 나는 더러운 시대로부터 도망쳐 나왔다.

| 에 필 로 그 |

후쿠오카전범수용소
용의자 심문 기록

조사 일시: 1946년 10월 29일

조사 장소: 후쿠오카전범수용소 심문실

조사자: 태평양사령부 연합군법무국 전범 조사관 마크 헤일리 대위

피조사자: 전범 D29745호 와타나베 유이치

통역자: 일본인 통역관 나가시마 교타로

조사자   지난 일주일간 당신이 1년 동안 감방에서 쓴 방대한 기록물을 검토했습니다. 할 말은 이것이 전부입니까?

피조사자   네, 그것이 전부입니다.

조사자   이 기록은 당신에게 유리한 진술과 불리한 진술을 동시에 담고 있

습니다. 기록대로라면 당신은 전범으로 형을 피할 수 없을지도 모릅니다. 알고 있습니까?

피조사자 　알고 있습니다. 이 기록은 저 자신을 변호하기 위해서 쓴 글이 아닙니다. 전쟁 중에 내 눈으로 보고 내 귀로 듣고 내 입으로 말한 것들에 대한 기록일 뿐입니다. 그것은 많은 사람들이 없었던 일일 거라고 믿고 싶고, 없었던 일로 만들고 싶기도 하겠지만 결코 없었던 일이 될 수 없는 일들에 대한 이야기입니다.

조사자 　당신의 기록은 사실을 기록한 리포트입니까? 허구를 묘사한 소설입니까?

피조사자 　둘 다입니다. 저의 기록은 사실이기도 하고 허구이기도 합니다. 만약 그것이 허구라면 그것은 근거 없는 거짓이 아니라 진실을 말하기 위한 허구일 것입니다.

조사자 　규슈제대 의학부에서 행한 인체 실험은 사실에 근거한 것입니까?

피조사자 　그렇습니다. 당시 사망하거나 생명이 위독한 수감자들의 가족에게 시신을 인도하라는 전보와 함께 시신 인도가 늦어지거나 불가능하면 규슈제대 의학부에 해부용으로 제공할 것이라는 우편 통지서를 함께 발송했습니다.

조사자 　의무 조치에 대한 기록은 이 형무소 안에 한 장도 없으며 당신이 유일한 증인입니다. 그 점에 대해 아는 바 있습니까?

피조사자 　종전 직전의 모든 기록은 불태우라는 상부의 명령이 있었습니다. 문서 소각 업무는 검열관이었던 저의 소관이었습니다. 저는 간수실과 검열실, 소장실의 모든 기록을 소각실로 가져다 태웠습니다.

조사자   왜 아무도 말하지 않고 드러나길 원하지 않는 일에 대해 집필했습니까?

피조사자   누군가는 알아야 하기 때문입니다. 기록되지 않은 역사는 무(無), 심지어는 거짓이 될 수도 있으니까요. 잊지 않아야 돌이켜볼 수 있고, 돌이켜 보아야 과오를 찾을 수 있고, 과오를 찾아야 잘못을 인정할 수 있고, 잘못을 인정해야 용서를 빌 수 있으며, 용서를 빌어야 용서받을 수 있고, 용서받아야 새롭게 출발할 수 있기 때문입니다.

조사자   왜 사실을 그대로 기록하지 않고 소설 형식으로 기록했습니까?

피조사자   사람들은 진실을 말하기를 두려워하고 사실을 받아들이기를 불편해합니다. 어떤 경우엔 허구가 사실보다 더 많은 진실을 말해줄 수 있습니다. 저는 진실을 말하고 싶었지만 그것은 너무나 끔찍하고 참혹해서 저 자신도 감당할 수 없었습니다.

조사자   허구가 진실이 될 수 있다고 생각합니까?

피조사자   진실은 기록하는 것이 아니라 기억해야 하는 것입니다. 기록이 불태워지고 감추어졌다 해도 진실은 여전히 그곳에 있을 것입니다.

조사자   당신의 기록은 일본인에게 부끄러운 역사가 될 수도 있습니다. 알고 있습니까?

피조사자   부끄러운 진실 또한 진실입니다. 자랑스러운 거짓보다 부끄러운 진실을 받아들일 때 우리는 진정한 자유를 얻을 수 있습니다.

조사자   당신은 스스로 무죄라고 생각합니까?

피조사자   아닙니다. 나는 유죄입니다. 나의 죄는 아무것도 하지 않은 죄입니다.

조사자   범죄는 자의로 어떤 행위를 실행함으로써 성립됩니다. 아무것도 하지 않은 것이 어떻게 죄가 될 수 있습니까?
피조사자   나는 전쟁의 광기에 침묵했고 죄 없는 자들의 비명에 귀를 닫았습니다. 더러운 전쟁을 멈추게 하지도 못했으며, 사람들이 죽어가는 것을 막지도 못했습니다.

조사자   당신은 전쟁 중의 군인으로 상부의 명령에 따랐을 뿐이고 직접 사람을 죽인 기록도 없습니다.
피조사자   내가 사람을 죽이지 않았다는 것이 많은 사람들이 죽어갔다는 사실을 바꾸지 못합니다. 잔인한 시대를 살아남았다는 것만으로도 나는 유죄입니다.

조사자   이곳에서 나가고 싶습니까?
피조사자   그렇습니다.

조사자   이곳을 나가면 무엇을 하고 싶습니까?
피조사자   내가 무엇을 하고 싶은지 나는 모릅니다. 하지만 어느 비 오는 날 낯선 거리를 우산도 없이 걸어가는 창백한 사내의 뒷모습을 보면 나는 그 시인을 떠올릴 것입니다. 그때 나는 누구의 명령이 없어도 그에게 달려가 살이 부러지고 찢어진 우산을 받쳐줄 것입니다.

조사자   또 하고 싶은 일이 있습니까?
피조사자   시를 적은 연을 간직한 소녀를 찾고 싶습니다. 그녀는 우리가 제목조차 모르는, 시인의 처음이자 마지막인 시를 가진 유일한 증인입니다.

조사자　마지막으로 하고 싶은 말이 있습니까?
피조사자　창문을 열어줄 수 있겠습니까?

조사자　청명한 밤입니다. 별들이 쏟아질 것 같군요.
피조사자　저 별빛들은 우리가 세상에 오기 훨씬 전의 별들로부터 온 것입니다. 수만 년 전에 사라진 별빛도 있고 수십만 년 전에 사라진 공룡들이 바라보던 별빛도 있습니다. 그는 별이 되어 사라졌지만 그의 시는 저 별처럼 오래오래 빛을 잃지 않을 것입니다.

| 참 고 및 인 용 |

표도르 도스토옙스키, 《죄와 벌》, 홍대화 옮김, 열린책들, 상권 231쪽

요한 볼프강 폰 괴테, 《젊은 베르테르의 슬픔》, 박찬기 옮김, 민음사, 65쪽

막스 뮐러, 《독일인의 사랑》, 차경아 옮김, 문예출판사, 10쪽

라이너 마리아 릴케, 〈가을날〉, 《형상시집》, 구기성 옮김, 민음사

라이너 마리아 릴케, 《말테의 수기》, 문현미, 민음사, 26~28쪽

《구약성서》개역한글

빈센트 반 고흐, 《반고흐, 영혼의 편지》, 신성림 옮김, 예담, 177~178쪽

별을 스치는 바람

1판 1쇄 발행 2012년 7월 4일
2판 5쇄 발행 2025년 2월 3일

지은이 · 이정명
펴낸이 · 주연선

총괄이사 · 이진희
편집 · 심하은 백다흠 하선정 최민유 김서해 이우정 박연빈 허유민
디자인 · 손주영 이다은 김지수
마케팅 · 장병수 김진겸 이한솔 이선행 강원모
관리 · 김두만 유효정 박초희

㈜은행나무
04035 서울특별시 마포구 양화로11길 54
전화 · 02)3143-0651~3 | 팩스 · 02)3143-0654
신고번호 · 제 1997-000168호(1997. 12. 12)
www.ehbook.co.kr
ehbook@ehbook.co.kr

ISBN 979-11-962147-8-4 03810

• 이 책의 판권은 지은이와 은행나무에 있습니다. 이 책 내용의 일부 또는 전부를 재사용하려면 반드시 양측의 서면 동의를 받아야 합니다.

• 잘못된 책은 구입처에서 바꿔드립니다.